基于事故调查的
民航术语认知与翻译研究

朱 波 编著

北京航空航天大学出版社

内 容 简 介

　　安全是民航业的生命线。业内虽有"Aviate,Navigate,Communicate"的警句,但跨语言、跨文化的专业交流却无法避免误解或歧义,语言碰撞经常带来安全隐患。本书以总体国家安全观为指引,基于国际民航组织(ICAO)术语标准,从事故调查中提取实例,在真实情景中开展民航术语认知与翻译研究,力求把术语研究从概念推进到知识本体,从规范性研究推进到描述性研究,从静态研究推进到动态研究,实现翻译、术语和专门用途语言研究的交叉创新。

　　本书适合翻译、术语和专门用途语言研究者和学生使用。

图书在版编目(CIP)数据

　　基于事故调查的民航术语认知与翻译研究 : 汉、英 / 朱波编著. -- 北京 : 北京航空航天大学出版社,2024.8
　　ISBN 978 - 7 - 5124 - 4327 - 3

　　Ⅰ.①基… Ⅱ.①朱… Ⅲ.①民航运输-飞行事故-名词术语-研究-汉、英 Ⅳ.①V328.2-61

　　中国国家版本馆 CIP 数据核字(2024)第 029539 号

基于事故调查的民航术语认知与翻译研究

朱 波 编著

策划编辑 龚 雪 责任编辑 刘 骁 崔昕昕

*

北京航空航天大学出版社出版发行

北京市海淀区学院路 37 号(邮编 100191) http://www.buaapress.com.cn
发行部电话:(010)82317024 传真:(010)82328026
读者信箱:goodtextbook@126.com 邮购电话:(010)82316936
北京九州迅驰传媒文化有限公司印装 各地书店经销

*

开本:710×1 000 1/16 印张:16.75 字数:357 千字
2024 年 8 月第 1 版 2024 年 8 月第 1 次印刷
ISBN 978 - 7 - 5124 - 4327 - 3 定价:99.00 元

本书为江苏省高校哲学社会科学研究重大项目"国际民航术语认知与应用研究"(编号：2020SJZDA012)成果。

前　言

安全是一种远离危险的状态，无危则安，无损则全。"安而不忘危，存而不忘亡，治而不忘乱"。《易传·系辞传下》提醒我们：在安定的时候要不忘危险，存在的时候要不忘败亡，大治的时候要不忘变乱。2014年4月，中央国家安全委员会第一次会议首次提出总体国家安全观。2022年10月，党的二十大报告重申了"统筹外部安全和内部安全、国土安全和国民安全、传统安全和非传统安全、自身安全和共同安全"的安全观，突出了安全的全面性、战略性和重要性。要坚持总体国家安全观，筑牢国家安全屏障。总体国家安全观的关键在"总体"，倡导"大安全"理念，意味着国家安全不再局限于传统的政治安全和军事安全，而是把非传统领域和非传统安全问题也纳入治理范围，使其上升为国家战略。

在全球化背景下，国际安全正从传统的军事安全向社会安全、文化安全乃至人类安全等非传统领域演化，一系列公共问题被逐步"安全化"，其中就包括语言问题。语言安全概念最初指向因个人语言形式和用法不准确而产生的心理不安。研究显示，语言安全不仅包含出自语言本身的使用、地位和身份认同的安全，而且关涉到国家安全、政治稳定和社会发展等语言外部性问题。语言与安全研究的重心从安全问题中的语言现象，或军事、安全和执法机构内部的语言问题和语言规范，日益转向直接由语言产生的安全问题。这些问题可能包括战争、冲突、公共灾难等。语言与安全不仅是语言学研究的重要领域，而且是影响国家和行业安全的重要因素，这给术语和专门用途语言研究带来了挑战和机遇。

民航具有天然的国际性。以英语为通用语言的空中交流是一项专业性高、技术性强的工作，速度快，时间紧，需要及时化解各种复杂问题。要在无线电通信中消除干扰，准确理解指令；在复杂天气下接收有关降落的信息；在发生机械故障或其他紧急情况时，迅速准确地报告相关情况及所需帮助；按照目的地国家规定做好通信工作，确保航班、旅客和货物安全。这些不仅需要过硬的技术能力和丰富的实践经验，而且需要高超的语言能力，尤其是术语能力，因此要准确掌握术语的含义。比如"Traffic on

Final"的意思是"五边上有飞机",而非"最后的飞机";"Squawk 7700"的意思是"把应答机编码设为7700",而非"大声喊7700"。"7700"是国际民航组织(ICAO)制定的特殊代码,表示飞机遇到机械故障或机上人员突发疾病等紧急状况,全球通用。

安全是民航业的生命线。业内虽有"Aviate, Navigate, Communicate"的警句,但跨语言、跨文化的专业交流却无法避免误解或歧义,语言碰撞经常带来安全隐患,严重时甚至会造成重大事故。1977年3月27日,在西班牙特内里费岛机场跑道上,分属泛美航空公司与荷兰皇家航空公司的两架波音747客机迎头相撞,造成总共583人死亡。调查显示,事故在很大程度上是由机组和空管员通话中的口音问题和术语使用不当造成的。飞行员在起飞前应该首先呼出"Request for take-off",而不是直接呼出"We are now at take-off",且后者的正确说法为"We are now taking off";空管人员应立刻制止起飞,果断说出"Negative"或者"Abort the take-off!",而不应该说出"OK"这样的不规范口语指令。如果空管人员和飞行员能够在通话中正确使用术语,灾难或许可以避免。

术语(terminology)是在特定学科领域通过语音或文字来表达或限定科学概念的约定性语言符号,在知识的产生、记录、传播和翻译中发挥着不可替代的关键作用。航空技术是20世纪以来发展最为迅速、对人类生活影响最大的科学技术之一。民航是一个高度标准化的行业,专业交流须使用统一规范的用语。ICAO设定术语标准的目的是清晰、简洁、无歧义地进行语言交流和通信;在总结语言使用不当所酿成灾难教训的基础上,要求各成员国使用统一规范的术语。本书展现了课题组在民航术语认知和翻译领域的探索。课题组以总体国家安全观为指引,参照ICAO术语标准,提出术语是民航语言资产的核心,事关国家、人民和行业安全。基于术语和专门用途语言的"真实性"特点,在研究中追求和践行"五个真":(1)面向民航国际化和安全治理的真需求;(2)聚焦管制域和子域内发生的真事件;(3)建构概念网络和多模态表征的真情景;(4)创造术语范畴化和再范畴化的真体验;(5)探索民航术语识解和翻译的真方案。力求把民航术语研究从概念推进到知识本体,从规范性研究推进到描述性研究,从静态研究推进到动态研究。

尽管笔者尽心尽力,一丝不苟,但水平有限,疏漏之处在所难免,敬请同行和读者批评指正。

朱　波

2023年10月于南京航空航天大学明故宫校区

目　　录

第一章　绪　论

　　1931 年,飞机涡轮机的发明者帕布斯·海恩提出了一个关于飞行安全的法则:每一起严重事故的背后,必然有 29 次轻微事故、300 个未遂先兆,以及 1 000 个事故隐患。这就是著名的"海恩法则"。这一法则体现出安全事故有先兆、可以预防的特性。一起重大事故发生后,在处理事故本身的同时,还要及时对事故征候和事故隐患进行排查处理,防止类似问题重复发生,把危机化解在萌芽状态。在实际操作层面上,再好的技术、再完美的规章都无法取代人自身的素质和责任心的地位。

第一节　研究缘起

　　英语是国际民航通用语。调查显示,1977 年特内里费空难、1990 年哥伦比亚阿维安卡 52 号航班空难和 1995 年美国航空 965 号航班空难,分别涉及地面相撞、燃油耗尽和可控飞行撞地,遇难者总计超过 800 人。这些看似不同的事故实际上有其共通性。在导致每起事故的一连串事件中,机组人员或管制员的英语能力不足是一个重要因素。1996 年,一起因英语能力不足而导致 349 名乘客和机组成员死亡的重大事故①再次引起全球关注。除以上重大事故外,每年还有由语言问题导致的多起事故征候和危险接近报告,这促使 ICAO 决定复审通信程序,建立和执行全球标准,以保障飞行安全。

　　调查发现,很多事故都是由接二连三发生的一连串事件导致的,而非由单一事件或单个因素引发。在一些事故中,语言的使用(错用)直接或间接导致事故的发生。这主要有三种情况:① 错误使用标准术语;② 明语(plain language)能力欠缺;③ 同一空域使用不止一种语言。ICAO 事故/事故征候数据报告系统(ADREP)、美国国家运输和安全委员会航空安全报告系统(ASRS)、英国强制性事件报告系统(MORS)和保密人为因素事件报告计划(CHIRP)等处提供的数据都证实了事故和事故征候中的语言因素。其中,ADREP 报告了数起灾难性和非灾难性事故,把"语言障碍"(language barrier)视为事故诱因。MORS 的数据显示:在不到 6 年时间里,

---

　　① 指沙特阿拉伯航空 763 号航班和哈萨克斯坦航空 1907 号航班在新德里英迪拉·甘地国际机场附近 14 000 英尺高空相撞,详情见官方调查报告和《空中浩劫》纪录片第 7 季第 4 集 *Sight Unseen*。

因语言和沟通问题引发的事件高达 134 起;由沟通失误造成的飞行事故,平均每 1 年多就有 1 起。[①]

为消除由语言引发的事故隐患,保障航空安全,ICAO 在第 32 届大会上通过了 A32 - 16 号决议,敦促理事会指导空中航行委员会高度优先审议这一问题,强化有关语言使用方面的要求和规定,使各缔约国采取措施,确保空中交通管制人员和飞行机组人员能够熟练使用英语进行无线电通信。在一系列工作的基础上,ICAO 于 2004 年颁布了《语言能力要求实施手册》(Doc 9835 AN/453)(简称《手册》),明确了语言能力标准。[②] 这一标准的核心是:飞行及空管人员在无线电频率上用英语进行通话时,除熟练运用标准术语外,还能够熟练地用英语表达正常和非正常情况下的处境、意图和各种愿望、请求以及管制方法,并能迅速对上述情况做出反应。以《国际民用航空公约》(以下简称《公约》)附件 1《人员执照》为代表的系列文件强制规定,自 2008 年 3 月 5 日起,在国际运行的飞机和直升机驾驶员、空中交通管制员和航空电台报务员,必须达到 ICAO 英语无线电通信能力四级或四级以上水平,并在执照上签注具体等级。[③]

我国于 1974 年加入 ICAO,在 2004 年竞选成为一类理事国并连任至今。根据行业统计公报,2022 年我国共有航空运输公司 66 家、在册运输飞机 4 165 架、定期航班航线 4 670 条(含国际航线 336 条)。《中国民航驾驶员发展年度报告 2022 年版》显示,截至 2022 年 12 月 31 日,中国民用航空局颁发的有效民用航空器驾驶员执照总数为 81 430 本,其中航线运输驾驶员执照(ATPL)[④]为 28 214 本。基于 ICAO 标准,帮助专业人员提高语言能力(尤其是术语能力),保证沟通质量,消除安全隐患,保障航空安全,是当务之急。

根据 ICAO 的要求,中国民用航空局(CAAC)修订了《民用航空器驾驶员、飞行教员和地面教员合格审定规则》(CCAR - 61 部),增加了英语语言能力等级测试(1~6 级)的要求,2006 年 11 月 30 日起正式生效。为提高飞行人员的英语水平,更加有效、专业地评价语言运用能力,CAAC 下属飞行标准司参照 ICAO 标准,开发出基于网络的中国民航飞行员英语等级测试系统(Pilots' English Proficiency Examination of China,简称 PEPEC),从以下方面定期测试、评估专业人员语言能力,助其达到 ICAO 标准:① 基本的语言交际用语;② ICAO 标准无线电陆空通话术语;③ 正常、非正常情况及紧急情况下的无线电陆空通话;④ 工作相关内容,包括但不限于飞机、机场、空域、航路、跑道、气象、领航等航空知识、安全规章制度、飞行事故、安全管理等。

---

① 黄大勇,吴土星.民航英语通讯失误引发飞行事故分析[J].中国民航学院学报,2005(1):46-49.

② ICAO: Manual on the implementation of ICAO language proficiency requirements,2004/2010.

③ 详见附件 1《人员执照》1.2.9.4 部分。

④ 英文全称"Airline Transport Pilot's License",为民用航空器飞行执照中的最高等级,准驾机型包括大型客机。

为适应我国社会经济发展对翻译专业人才的迫切需求,完善翻译人才培养体系,创新翻译人才培养模式,提高翻译人才培养质量,国务院学位委员会在2007年1月第二十三次会议审议通过了《翻译硕士专业学位设置方案》,标志着翻译硕士专业学位(Master of Translation and Interpreting, MTI)在我国的正式设立。当年,全国共有15所高校首次开设这一专业,每个学校统一招生人数为20人。截至2022年年底,国内设立MTI的高等院校已有316所,累计招生11.5万余人,毕业约9.7万人。作为高层次、应用型、专业性口笔译人才培养的主力,MTI自设立以来发展迅猛,但仍存在培养理念不清、培养方案不妥、师资队伍不强、教学方法不新、职业证书不接轨等问题。① 很多培养单位照搬教育指导委员会发布的指导性培养方案,没有根据学校特色或区域经济社会发展的需求调整和设置人才培养方案,造成了人才培养的同质化。

民航是技术和风险密集型行业,直接参与国际市场。为民航提供语言服务,译员必须具备术语意识和责任感,不能惧怕难度高的专业翻译,同时应对翻译与安全保持高度敏感。在这一领域,有三个与高度相关的术语——"flight level""height"和"altitude",但不能笼统地将三者译为"高度"。其中"flight level"译为"飞行高度层",指的是以标准大气水平面为基准面,按一定高度差划分的高度层。而"height"和"altitude"分别译为"高"和"高度"。"高"表示某个点距离某个指定参考面的垂直距离,是一个相对值,选择的参考面不同,同一位置的高也会发生变化。"高度"指的是从某一个点或某个高度层到平均海平面的垂直距离。从事民航专业翻译的译员要有过硬的术语能力,如此才能译得准确、译得充分、译得专业。随着MTI教育的发展,从职业能力出发培养术语意识和术语能力已成为业内共识。对民航专业术语的认知和翻译,可以把学生导入专业领域,培养学生聚焦实践经历、增强项目意识、深入产业现实的动力,创新MTI培养模式。

近年来,我国民航业发展迅速,已成为全球第二大航空市场,同时也是世界上机场数量增长最快的国家。2017年5月5日,国产大型喷气式客机C919成功首飞。2023年5月28日,C919圆满完成首次商业飞行。国产大飞机产业化发展进入新阶段。根据《中国商飞公司市场预测年报(2021—2040)》,未来20年,中国航空市场将接收50座级以上客机9 084架,价值1.4万亿美元;到2040年,中国客机机队规模将达到9 957架,占全球客机机队比例22%,成为全球最大的单一航空市场②。市场对语言服务提出了更高要求。以行业标准为指引培养专业语言服务人才,是翻译专业教育义不容辞的责任。通过ICAO术语标准,探索面向民航领域的术语能力和术语翻译,彰显出MTI教育的国际化和校本特色。通过保障并促进翻译安全③与航空安全,为总体国家安全做出贡献。

---

① 仲伟合.我国翻译专业教育的问题与对策[J].中国翻译,2014,35(4):40-44.
② 单一市场是指以单一主权国家为构成主体的消费市场,具有主权单一、人口众多、历史悠久等特点。
③ 许建忠.翻译安全学[M].天津:天津大学出版社,2021:2.

第二节　研究意义

本研究的意义包含理论和实践两个方面。其中,理论意义可概括为以下五点。

一是执行国际标准,顺应术语研究的认知方向。术语标准化指术语用语的标准化和术语工作方法的标准化。术语标准一般分为法理(法律)上的标准(de jure standards)和事实上的标准(de facto standards)。前者即由某个标准化机构或者官方机构制定的标准,后者即由市场占有份额确定的标准。术语标准化还包括术语译名的标准化。几乎每个标准化机构都必须使其术语标准化,这些机构和组织大都遵循 ISO/TC 37 的标准化原则和方法。术语的认知功能从记录知识、发现新知(启智)和传播知识三个方面表现出来,其中启智是最重要的认知功能。把术语作为认识工具,构成系统的术语就能塑造物质世界的认知形象,创建领域和世界图景。ICAO 语言和术语标准是国际民航法理和事实标准。本研究基于这一标准,以认知为导向,以翻译为路径,创新术语研究。

二是深入民航领域,突出术语研究的专业特色。航空是人类跨越自身边界、拓展大气层的产物,经过近百年的快速发展,已成为 21 世纪最为活跃和最具影响力的领域。在该领域取得的重大成就标志着人类文明的高度发展,也表征着一个国家科学技术的先进水平。作为一种特殊的专业用语,术语是专门用途语言中专业知识的语言表达,通过不断发展的概念体系搭建起学科内部的知识框架。民航术语是整个航空学科术语的一部分,许多术语已包含在航空术语中,但也有相当一部分是民用航空专有的。国际化是民航与生俱来的属性。《公约》及其 19 个附件(参见附录 1)中的重要术语和其他现行专用词汇构成民航术语的主体,但同义异名和缺乏系统性反映了单名性和规范性工作的缺失。本研究深入航空领域,突出民航专业特色,深化术语研究。

三是结合事故调查,聚焦术语研究的真实情景。民用航空器飞行事故调查一般依照《公约》的规定进行。事故发生后,各缔约国必须遵循《公约》规定,对事故进行严谨、细致的调查,包括搜寻救援、现场勘查、实验验证、原因分析、提出安全建议等环节。《公约》附件 13《航空器事故和事故征候调查》和技术手册《航空器事故和事故征候调查手册》(Doc 9756)强调,全面深入的调查应该查明造成事故或事故征候的所有直接和潜在的系统原因和(或)促成因素,提出旨在避免危险或消除缺陷的安全措施。调查结束时编写的最后报告,构成事故或事故征候的正式结论和记录。事故调查遵循独立、深入、客观和全面原则,在此基础上形成的调查报告成为一份技术文档,通过情景化表征充分展现术语的认知潜势,为术语研究创造出真实情景。

四是开展危机学习,突出术语研究的本体建构。危机学习指从一个或多个危机中吸取经验教训,为应对未来可能发生的危机构建预防体系,提高应对能力,或者改变政策与制度的不合理之处,以降低类似错误重复发生的概率。事故调查报告的发布与学习过程可分为事故调查、报告形成、报告发布和事后学习四个阶段。针对报告,可以从事实信息、原因分析、调查结论和安全建议等方面,通过术语完成本体建构,围绕安全知识的获取、积累、传播和应用开展危机学习。概念之间的关系在本质上是知识本体关系。概念的逻辑关系是知识本体关系在人类认知上的反映。作为把术语和知识本体统一起来的新范式,本体术语研究侧重概念体系的建构。在特定领域,词表/术语表构成了知识本体,成为提取、理解和处理领域知识的工具。

五是筑牢安全屏障,彰显术语研究的战略规划。民航安全文化是指民航业在民用航空安全实践活动中逐渐形成、占主导地位并为绝大多数从业者所接受的,对待民航安全的态度、理念、价值观、行为方式、行为准则的总称。在继承优良传统、深化"三个敬畏"①的基础上,新时代民航安全文化的核心价值观是"生命至上、安全第一、遵章履责、崇严求实"。通过做好宣传教育、示范引领、实践养成、政策支撑和制度规范等方面,建设并筑牢民航安全文化。语言使人类区别于禽兽,文字使文明区别于野蛮,术语使科学区别于常识。②没有术语,就没有科学;没有术语,就没有知识。术语规划有意识、系统化地为特定的使用群体创造、使用和维护术语,是语言规划的重要领域,而战略性规划需要有政策支撑。民航专业术语(尤其是陆空通话用语)的规划和标准化对筑牢安全屏障、促进民航安全文化建设和总体国家安全具有战略意义。

实践意义主要包含三个方面。一是翻译国际民航事故调查报告,建设基于事故调查的双语语料库和术语库,创新民航专门用途语言和术语研究。二是深入航空英语领域,基于国际标准,面向飞行、空中交通管理、翻译和民航英语专业学生开发ICAO术语课程,创新人才培养模式。三是在民航术语库的基础上开发民航术语知识库,并在网络平台开放,为民航业提供语言和信息服务,助力国产大飞机和民航国际化战略。

第三节 研究目标

本研究旨在实现以下五个目标。

一是在"四新"建设③背景下,推动术语、翻译和航空航天跨学科研究,实现学科交叉。术语和翻译研究以认知、语言和交际为基础,注重应用,依托知识单元,通过特定社会背景下的交际行为表现出来。航空航天汲取了基础科学和其他应用科学领域

---

① 指"敬畏生命,敬畏规章,敬畏职责"。
② 冯志伟.语言规划的重要领域——术语学[J].北华大学学报(社会科学版),2009,10(3):37-46.
③ 指新工科、新医科、新农科、新文科建设。其中,新文科建设指根据经济社会需求,通过文理、文工等学科交叉融合,布局关键领域人才培养,推进文科教育与社会实务紧密结合。

的新成就,高度综合了工程技术的新成果,涉及众多专业领域,技术综合性高。本研究拟通过跨学科研究,促进专业领域的知识整合,把相关学科的知识结合起来,实现学科交叉,解决专业交流中的术语和语言问题。

二是综合认知术语、ICAO 语言能力标准、认知翻译和危机学习的研究成果,在实践基础上推动理论创新。理论创新指在社会实践活动中,对新问题作新的理性分析和解答,突破原有理论体系或框架,运用新方法探索新的未知领域,对实践对象的本质做出新的理性升华。本研究采用认知术语和认知翻译研究的新视角,基于 ICAO 语言能力标准,通过聚焦事故调查报告及其翻译,依托术语体系构建领域知识本体,创新认知术语研究、认知翻译研究和危机学习的对象和方法。

三是对准国际民航组织,采取通专结合的方式,拓宽研究视野,为语言教师插上"翅膀",助其成为领域通。2016 年,国务院办公厅印发《关于做好新时期教育对外开放工作的若干意见》,提出把"国际组织人才"列入"五类人才"加快培养①。为配合新时期教育对外开放工作,外国语言文学学科内涵在语言学、文学、翻译学、跨文化研究基础上开始向国别和区域研究方向拓展。所谓"通专结合","通"是指掌握国别和区域治理及全球治理的基本理论和知识,"专"是指在某个国家或区域深入下去,或专攻某一领域。本研究深入 ICAO 和民航领域,从语言角度助力民航安全治理和国际化战略。

四是提高专业人员的语言和沟通能力,在危机学习中培养和强化安全意识,保障国家、人民和行业安全。确保航空运行绝对安全,确保人民生命绝对安全,是任何时候都不能放松的原则和要求。进入 21 世纪以来,随着技术的进步,空难发生率有显著下降,但死亡率仍然居高不下。根据事发频率排序,空难的主要原因分别是飞行员失误、天气状况和机械故障。本研究通过案例和实证分析,提高民航专业人员对语言(术语和明语)使用的认识,以及对话音通信(特别是跨文化交流中的固有风险)的认识,培养和提高通过沟通发现和化解问题的能力。

五是面向民航领域培养高层次、专业性和应用型口笔译人才,为民航国际化战略输送"国才"。"国才"是响应国家号召、具有中国情怀、助力中华腾飞的国家人才,也是适应时代发展、具有全球视野、能够参与国际事务的国际化人才。进入 21 世纪以来,中国进一步融入世界,国际影响力和关注度迅速提升,我们已经从向中国"翻译世界"进入向世界"翻译中国"的新阶段。翻译对于树立国家形象的重要性愈发凸显,而这对翻译也提出了更高要求。本研究将面向民航领域,助力培养掌握民航专业知识、通晓国际民航规则的高水平翻译和语言服务人才,以期为民航国际化战略输送"国才"。

---

① 参见 http://www.moe.gov.cn/jyb_xwfb/s6052/moe_838/201605/t20160503_241658.html。

第四节 研究设计

本节包含研究问题、语料收集和研究思路等方面的内容,具体如下。

1．研究问题

本研究围绕以下三方面问题展开:

① 在国际民航领域,事故如何定义和分级?事故调查需要执行哪些标准?

② 如何在典型事件界面上创建术语概念网络,展现术语应用及其认知潜势?

③ 如何通过术语认知和翻译,把基于事故调查和专用语料的术语库优化为术语知识库?

2．语料收集

本研究通过"自下而上"(bottom-up)的归纳法和"自上而下"(top-down)的演绎法,从专业领域中提取术语,构建概念系统。前者指从专业文本语料中提取与本知识领域相关的信息。作为研究对象的专业文本(调查报告)均选自飞行安全基金会(Flight Safety Foundation)运营的航空安全网(Aviation Safety Network,ASN)。ASN 提供有关客机事故和安全问题的最新、完整、可靠、权威的信息,包含事故数据库(Accident Database)、维基库(Wikibase)和无人机数据库(Drone Database)。其中,事故数据库每天更新,包含可追溯到 1919 年的 23 000 多架客机、军用运输类飞机和公务机的事故描述。这些信息主要来自官方政府机构,如航空事故调查委员会和民航局。后者是参照行业标准或在领域专家的指导下,从技术文献、专业词典或其他参考资料中寻找信息。本研究所选的标准术语均来自《公约》及其附件等技术文献,其中最具代表性的是《手册》。

3．研究思路

遵循"理论研究—案例研究与实证分析—实际应用"的框架,在理论研究的基础上,按照由"分析"到"综合"、由"部分"到"整体"的研究逻辑进行,包括以下六个部分。

(1) 理论基础

认知是术语的本质属性。术语与知识的内在联系是研究的中心。课题组综合认知术语研究、ICAO 语言标准、认知翻译研究和危机学习等方面的成果,提出从认知角度研究术语单元。基于域事件构建概念网络,把术语句法和组合特征纳入研究视野;考察术语的多维性,突出语境在概念表征中的作用;依托翻译,把专业语料作为概念知识的提取来源。从宏观、中观和微观三个层面开发民航术语知识库,涵盖语言和非语言信息;形成立体化的知识图谱,实现专业知识的体系化与可视化。

(2)域事件

参照《手册》列举的管制域、事件及适用范围,从 ICAO 事故/事故征候数据库(ADREP)中选出对应域事件,具体包括以下事件。机场管制的域事件 4 起:① 荷兰皇家航空 4805 号航班与泛美航空 1736 号航班相撞事故;② 美国航空 587 号航班事故;③ 中国国际航空 129 号航班事故;④ 美国国家航空 102 号航班事故。航路管制的域事件 4 起:① 日本航空 123 号航班事故;② 俄罗斯巴什克利安 2937 号航班与德国敦豪航空 611 号航班相撞事故;③ 法国航空 447 号航班事故;④ 澳大利亚航空 32 号航班事故。特殊情况下的域事件 2 起:① 全美航空 1549 号航班事故;② 德国之翼 9525 号航班事件。围绕事件原因,从类型、过程、结果、责任等方面对域事件进行分析,选取代表性术语和知识点开展术语认知研究。

(3)素材库

根据选定的域事件,从 ASN 网站(https://aviation-safety.net/)查找官方调查报告,从专业网站下载 *Air Crash Investigation*(《空中浩劫》)系列纪录片。翻译调查报告和纪录片脚本,利用 Tmxmall 在线工具进行对齐处理,并对语料进行清洗(修改、编辑、去重等),形成双语语料。根据选定的知识点,使用格式工厂和 Adobe Premiere 对纪录片进行编辑,形成音频、视频文件。对不同形式的术语进行遴选和采集,并以统一格式存储,形成术语素材库。

(4)概念网络

术语单元具有纵向的层级结构和横向的搭配关系。在纵聚合轴上,通过选择,把术语概念归纳在层级结构中;在横组合轴上,通过搭配和句法特征,对术语概念进行识解。利用术语单元构成的概念网络,呈现域事件中的施事、受事、过程和结果等语义角色。以法国航空 447 号航班事故为例,天气变化造成皮托管结冰,进而使自动驾驶系统意外关闭,加之机组操作失误,导致飞机失速、坠毁。失速并非速度不足,而是指机翼在攻角超过临界值后,升力系数随攻角增大而减小的现象。飞机失速会造成俯冲和颠簸,使飞行高度骤降,导致操作异常甚至失控。通过整体-部分(飞机-机翼)、属-种(力-升力)等层级关系,以及攻角(attack angle)、高度(altitude)、警报(warning)、改出(recovery)等搭配关系,可形成表征失速的概念网络。

(5)应用情景

术语表征具有高度情景性,这种情景性与动态性密切关联。参照《手册》列举的空中交流语言任务,基于《空中浩劫》纪录片,在空中交通顺序管理、航空器或车辆的地面活动控制、航路安排或飞行规划、航空器状况监控、航空器冲突情况、气候影响评估、应急响应和应急程序执行、扇区或位置资源管理等方面,通过分析正常和非正常情况下的语言使用展现术语的可变性和多维性,并对术语及其变体进行对比和校正。

（6）术语知识库

基于域事件和素材库，在宏观上参照《手册》划分的域和子域对术语语义进行配置，在微观上围绕术语的纵向和横向关系构建概念网络，在中观上做到术语释义模板与域事件、概念网络保持一致。参照 ISO 12620 对术语数据类别的划分，把术语条目分为概念层、术语层和管理层，分别录入概念知识、术语知识和管理知识。在定义等级与语义关系的基础上，创建实例并对其进行注解，完成形式化编码，组成实例库。由素材库、术语库和实例库构成的术语知识库既包含定义、译名、分类、搭配等语言信息，又包含图形、图像、音频、视频等非语言信息。

综上，对于跨语种阐释专业化文本的译者而言，单纯的语言信息不足以为翻译过程提供知识参考。术语知识库通过对特定领域的术语进行规范化管理，构建出能够清晰表征术语概念间关系的知识本体，在为译者提供术语语言信息的同时，还能更直观地展现该领域的基本知识网络。本研究基于 ICAO 语言能力标准，依托事故调查报告及其翻译，力求把民航术语库升级为民航术语知识库，创新术语和专门用途语言研究，助力民航领域专业化人才的培养。

第五节 本书结构

首先是前言。以总体国家安全观为指引，从语言与安全的角度切入航空领域，彰显专业语言和交流对民航安全管理和安全文化建设的作用和意义。

第一章为绪论。包括研究缘起、研究意义、研究目标、研究设计和本书结构等内容。

第二章为文献综述。从航空英语、术语与翻译、面向翻译的术语研究和事故调查制度等方面，梳理国内外相关研究成果，充分肯定已有研究为本课题奠定的基础，同时指出已有研究存在的可拓展和可深化之处，突出本课题的意义。

第三章为理论框架。依托认知术语研究、ICAO 语言能力标准、认知翻译研究和危机学习等相关理论，为课题搭建理论框架。

第四章为机场管制事件调查。聚焦荷兰皇家航空 4805 号航班与泛美航空 1736 号航班相撞事故、美国航空 587 号航班事故、中国国际航空 129 号航班事故、美国国家航空 102 号航班事故 4 起典型事故和相关调查。

第五章为航路管制事件调查。聚焦日本航空 123 号航班事故、俄罗斯巴什克利安 2937 号航班与德国敦豪航空 611 号航班相撞事故、法国航空 447 号航班事故、澳大利亚航空 32 号航班事故 4 起典型事故和相关调查。

第六章为特殊事件调查。聚焦全美航空 1549 号航班事件和德国之翼 9525 号航班事件两起典型事件和相关调查。

第七章为民航术语认知研究。基于上述每起事故和相关调查,分别提取一个代表性术语单元,展开认知研究。

第八章为民航术语翻译研究。汇集课题组在这一领域的相关研究成果。

最后为结语。总结本研究的发现、创新点和不足之处,为后继研究奠定基础。

此外,还有5个附录:《国际民用航空公约》及附件简介;空中双语——飞行员和管制员之间的非母语交流;走近空难调查员;空中交通管制员的语言任务;管制事件、适用范围和子适用范围。

第二章　文献综述

本章将从航空英语、术语与翻译、面向翻译的术语研究、事故调查制度 4 个方面，展现国内外相关研究动态和趋势，作为课题研究的基础。

第一节　航空英语

1. 定　义

航空英语（Aviation English）在国内业界普遍被称为"民航英语"。从广义上讲，只要是相关从业者（飞行员、管制员、机务人员、空乘人员、机场工作人员等）使用的专业英语，都可以被称为航空英语。从狭义上讲，航空英语专指飞行员和管制员在无线电陆空通话中必须使用的、一种高度受限的英语变体，具有标准术语多、专业词汇量大、交流程式化等鲜明特点。

2. 国外研究

S. Cushing 结合实例，讨论了歧义、同音异义、不确定指代、不确定受话方、隐式推理、词汇推理、完全和部分重复、跨语重复（翻译）等各种语言现象，以及在通话中导致沟通障碍的问题，比如数字、设备、疲劳和机组行为等。[①] 在此基础上，他提出开发用于航空通信的智能语音界面，监控通信并过滤掉潜在的语言混淆，在传达消息前核实并监控飞机状态，自动提供所需呼叫。英语是国际民航法定的通用语言，但国际法很难通过强制要求解决航空中的语言应用问题。

作为一种行业用语，航空英语得到了专门用途英语（ESP）研究者的关注。2013 年出版的《专门用途英语手册》单辟一章聚焦航空英语，从航空英语话语、意义理解与协商、认知负荷与理解、礼貌与缓解、课程开发与测试 5 个方面[②]展现研究态势。由于

---

① CUSHING S. Fatal words：communication clashes and aircraft crashes[M]. Chicago：University of Chicago Press，1994：ix-xi.

② MODER C L. Aviation English[C]//PALTRIDGE B, STARFIELD S. The Handbook of English for specific purposes. Oxford：Wiley-Blackwell，2013.

ICAO 负责制定航空英语水平标准,研究者应认识到社会政治背景如何影响语言政策和使用,从而帮助飞行员和管制员习得语言策略,在压力下做好沟通,保证飞行安全。

2016 年,劳特利奇出版社(Routledge)推出了《航空英语:飞行员与空中交通管制员的通用语言》一书。该书是劳特利奇出版社 ESP 研究系列丛书的第一本,内容包括:① 作为工作语言的航空英语;② 航空英语:语言学描述;③ ICAO 语言能力要求(LPRs)历史与发展;④ 航空语言测试;⑤ 影响航空对话的语境因素;⑥ 英语母语和英语二语飞行员实验性对比研究。① 在三位作者中,D. Estival 为理论语言学家兼飞行教员,B. Molesworth 为通航飞行员与认知心理学家,C. Farris 为国际语言测试协会成员与应用语言学家。该书从多角度深入探讨了航空语言,首次使用模拟飞行实验考察语言因素对无线电通话的影响,具有开创性意义。

与之前的研究不同,2019 年出版的《全球航空英语:背景、研究和教学》更加侧重教学、测试与认证。该书概述了航空语言使用的语言学研究,揭示对语言问题的见解如何影响航空英语教学、学习以及随后的测试,主张语言专家参与并主导航空专业语言课程开发、测试手段和认证方案。② 其中,"背景"部分讨论了英语在航空业中的作用、基于英语的人工短语及其在无线电通信中的应用。"研究"部分涵盖航空英语词典、语法和文本等方面。"教学"部分面向课程或测试开发者,针对客户需求探讨培训课程规划、运营和评估方面的问题和复杂性。

3. 国内研究

1994 年,吴土星发表《陆空通话值得注意的几个问题》,拉开了国内研究的序幕。③ 截至 2022 年底,研究者围绕"航空英语""民航英语""陆空通话""ICAO 英语""中国民航飞行人员英语能力测试(PEPEC)""术语与翻译"等方面的深入研究取得了标志性成果,形成了中国民用航空飞行学院(以下简称"中飞院")、中国民航大学、南京航空航天大学等研究中心。

在中飞院,吴土星参照 ICAO 通话标准,采用"句型-对话-注解-练习"的结构,按飞行进程编排,以单元结构串联,构建出一本兼具专业性与情景性、符合工作程序的《无线电陆空通话教程》。④ 黄大勇根据通讯交流失误,揭示语言是导致飞行事故的重要人为因素⑤;通过解读 ICAO 语言能力要求,探讨航空英语测试的不确定性以及

---

① ESTIVAL D, FARRIS C, MOLESWORTH B. Aviation English: a lingua franca for pilots and air traffic controllers[M]. London & New York: Routledge, 2016: xiv-xvi.
② ROBERTS J, FRIGINAL E, MATHEWS E. English in global aviation: context, research, and pedagogy[M]. London & New York: Bloomsbury, 2019: xxi.
③ 吴土星.陆空通话值得注意的几个问题[J].民航经济与技术,1994(6):30-32.
④ 吴土星.中国民航飞行人员英语:无线电陆空通话教程[M].北京:中国民航出版社,1996:1-2.
⑤ 黄大勇,吴土星.民航英语通讯失误引发飞行事故分析[J].中国民航学院学报,2005(1):46-49.

用语差异等问题①。他深入研究航空英语特种测试，获国家社科基金项目立项。黄德先针对陆空通话的标准化、程序化、语义单一化和内容简洁性特点，提出翻译这类语言应优先考虑译文功能而不是对等原则②，提出《英汉民用航空大词典》的编写设想，探讨民航术语的透明翻译等问题③。此外，他还完成了《国际航线飞行中的英语通讯调查报告》，主编"民航特色翻译硕士教育丛书"。肖凌节选全球十大空难事件，根据官方事故调查报告、舱音记录和空管记录，著成飞行事故案例分析。④ 在上述研究者的带动下，航空英语研究不断推进，成为该院外国语言文学学科的特色和亮点。

在中国民航大学，王爱国探讨了在中国语境下讲授航空英语的方法，提出依托ESP理论，教学在大纲设计上应进行需求评估、重视特殊词语和搭配、采用对比和案例教学等方法。⑤ 周其焕以全国科学技术名词审定委员会公布的"航空科学技术名词"为对象，对航空术语的词性和构型进行了分析，结合实例推导出外来术语的吸纳方法和原则。⑥ 之后，他还讨论了5本航空术语典籍，发现民航专用词汇中同义异名现象较多，提出应开展对专用词汇的规范化工作，通过加强对民航术语的学科系统性和业务针对性来优选词目并精确定义。⑦ 张艳玲提出飞行翻译者必须掌握丰富的专业知识和专业词汇，通晓无线电陆空通话规则，具备良好的语言素养和翻译技能。在语言能力和民航业务上的"双强"，使她在空客A320总装线落户、中欧合作等项目中担任首席翻译，完成相关翻译和培训工作。在航空领域，半技术词体量大、词频高，具有多义性和语义负荷低等特征。吴云涛结合框架语义学，从Skybrary数据库中提取事故/事故征候报告实例，研究半技术词的翻译策略，提出了"准确理解、循规入行和形神兼备"原则。⑧ 研究者注重课程开发，通过口笔译实战与行业紧密结合。

ICAO语言标准所带来的挑战不仅是针对飞行员，而且也针对管制员。在南京航空航天大学，刘继新（2007）建议由局方牵头开发在线测试系统，帮助管制人员达到ICAO要求。⑨ 基于"里森"模型，结合具体案例，研究团队从不安全行为、不安全监督和组织因素等方面，对管制员话语失误进行系统分析，提出应对策略。研究者以

① 黄大勇.民航无线陆空通话用语差异现象[J].中国民用航空,2014(2)：100-102＋94.
② 黄德先.民航陆空通话英语的特点与翻译[J].中国科技翻译,2004(4)：14-16＋46.
③ 黄德先,黎志卓.民航术语的透明翻译[J].北京航空航天大学学报(社会科学版),2017,30(1)：108-114.
④ 肖凌.全球飞行事故案例分析英文导读[M].北京：外语教学与研究出版社,2011：i.
⑤ WANG A G. Teaching aviation English in the Chinese context：developing ESP theory in a non-English speaking country[J]. English for specific purposes, 2007(29)：121-128.
⑥ 周其焕.航空术语的构词分析[J].中国民航大学学报,2007,25(4)：60-64.
⑦ 周其焕.民航术语规范化探索[J].中国民航大学学报,2010,28(4)：41-45＋50.
⑧ 吴云涛.框架语义学视角下航空英语半技术词一词多义现象及汉译策略探究[J].中国科技术语,2018,20(4)：34-39.
⑨ 刘继新,程晨.我国空管如何应对ICAO英语标准的挑战[J].空中交通管理,2007(5)：38-41.

ICAO 术语为例,探讨了航空专业文本中的术语翻译[①];跟踪欧盟航空通信英语语言能力测试(ELPAC)和美国联邦航空管理局(FAA)Versant 航空英语测试[②],与 PEP-EC 进行对比并提出优化建议。通过与澳大利亚格里菲斯大学合作,学校引进了专业课程体系,建立起面向飞行学员的 ICAO 航空英语培训中心。

综上,可以看出:航空英语研究以 ICAO 语言能力要求为指引,以安全为导向,呈现出鲜明的行业特色,在国内外取得了一系列标志性成果。这些成果为本研究奠定了坚实的基础。

第二节　术语与翻译

在翻译研究和术语学领域,许多学者都曾讨论过翻译与术语的关系问题。从翻译角度看,术语被视为一种用来解决特殊问题的工具。在术语研究中,当目的语中没有相关主题的原始文本时,翻译过来的文献可作为术语提取的来源。M. T. Cabré 从以下方面详细阐述了术语与翻译的关系。[③]

1. 相同与不同

术语和翻译存在一些相同之处。首先,作为应用型专业,术语和翻译都有悠久的历史,又都在近期作为学科得到承认。表达专业思想或解决理解问题的需求引发了实践性活动,术语和翻译在这类活动中应运而生。其次,由于认知度不高,翻译和术语都设法提高本学科的地位,强调自身与其他学科的不同之处,坚持主张自身作为知识领域独立存在的理论。再次,术语和翻译都是以认知、语言和交际为基础的跨学科领域。这两个学科同属信息和交际领域,依托知识范畴和单元,通过特定社会背景下的交际行为表现出来。最后,它们都和语言密切相关。语言是一个表达系统,它映射出说话者对现实的理解,让不同个体实现互动、表达各自的想法。

虽然有许多相似之处,但翻译和术语属于两个不同的知识领域,研究对象也不同。前者侧重研究翻译的过程以及译文分析,后者侧重研究专业人员知识体系构建中的词汇形式与内容节点。翻译和术语在目的上也有显著区别。翻译是通过一种语言来表达另一种语言中生成的语义-语用结构。术语旨在收集专业术语,加以编纂,生成术语资源(术语表、词典、词汇表或数据库),方便包括译者在内的各类专业人员访问和使用。此外,翻译和术语存在不对称关系。专业翻译不可避免地需要用术语

① 朱波,王伟. 论民航专业文本中的术语翻译——以 ICAO 术语为例[J]. 中国翻译,2013,34(6):94-98.

② 罗雅丹,朱波. Versant 航空英语测试:构成、特色与启示[J]. 民航学报,2022,6(2):104-108.

③ CABRÉ M T. Terminology and translation[A]//GAMBIER Y, DOORSLAER L V. Handbook of translation studies[C]. Amsterdam & Philadelphia: John Benjamins, 2010:356-365.

来创建合适的文本。在实际术语工作中,术语取自专业人员在真实交际情景中产生的文本。在术语表的创建和注解过程中,应优先从原文而非译文中提取术语。只有当一种语言缺乏相关主题的论述时,才能使用译文并从中提取术语。

2. 作为知识领域的术语学

作为一个知识领域,术语学专注于术语研究。和其他任何学科一样,术语学有应用层面,表现为术语表或数据库内术语单元的收集、分析和标准化。作为知识领域,术语学的研究对象是术语单元,主要从三个方面展开。① 从语言学角度,术语是语言的词汇单元,在具体的语用和话语情景中表达特殊概念。这种特殊概念有准确意义,被各个领域的专业群体识别并稳定下来。② 从认知角度,术语构成表征知识节点的概念单元。它们与专业领域的概念结构紧密相关,以词汇单元的形式通过语言表现出来。所有概念节点组成一个领域的概念结构。对专业人员来说,概念是术语工作的起点;对译者而言,概念则是原文术语与(译文中)对等语的联结点。③ 从交际角度,术语是话语单元,通过它可以从个体中发现专业人员并帮助他们进行交流,还能通过教学来传播知识、培养新的专家。文本的术语密度因专业化程度的差异而有所不同,专业化程度越高,术语越多。表征和传播专业知识是术语的主要功能。

3. 翻译视角下的术语

从翻译的角度看,术语被视为一种为之服务的工具。术语资源可以为译者提供解决疑问所需的信息,包括在目的语中找到对等语、学习原语中术语的含义,以及在若干选项中找到最佳选择。在工具功能外,术语还可以为译者提供获取专业知识的途径。任何专业的术语都通过不同类型的关系相互关联(如通用-专业、因-果、部分-整体、前-后、功能-工具等对应关系),并形成知识结构。了解一个领域的术语意味着获取这一领域的知识。从这个意义上说,术语具有元认知功能,能够帮助译者组织、整合学科认识,为其提供词汇单元(术语),使其准确表达相关领域的专业知识单元。

4. 翻译中的术语问题

在术语和翻译的关系中,需要区分两种不同情况:一是翻译中的术语需求,二是译者的术语需求。在前一种情况下,术语工作涉及专门术语;在后一种情况下,目标是开发对译者有用的术语表。

只有在涉及术语时,翻译中的问题才属于术语问题。术语问题可能与术语理解、原语中的语用属性,以及搜索对等语有关。译者可能遇到的问题包括:① 不了解术语本身或部分、术语意义、术语在原语中的语法用途或语用价值;② 不知道目的语中有无在语义、语用方面都等同于原语术语的词汇单元;③ 不确定目的语中的一个给定选择是否为可选项中最合适的对应语;④ 忽略或怀疑特定专业领域中的词汇。为解决在原语理解过程中遇到的问题,译者会查阅工具书,学习相关词汇单元的含义,以及使用这些单元的语法和语用条件。

在翻译阶段,译者必须从根本上解决对等问题,也就是要找到对应语或选择最合适的词。与翻译不同,解决术语问题的关键不是找到一种策略来确保对等,而是找到一个对等术语。在寻找对等术语的过程中,译者至少应在原则上假设原语中的所有术语在目的语中都有一个对等的术语单元。如果搜索不成功,或找不到对等语(这种情况只有在目的语中没有相关主题讨论时才会出现),译者可以提出解决方案:提出一个新术语。这要求译者具备词形学、词汇学、社会语言学和语用学方面的相关知识。从广义上说,译者必须考虑标准机构设定的其他选项和新词标准,语言的一般结构和可用的词汇资源(包括外来词和可能的调整),提出新术语时的语法问题,引入新术语单元的专业领域的特点,新术语的语言活力,以及该术语被专业人员接受并使用的可能性。一旦考虑过上述所有情况,译者就必须做出决定,选择在译文中使用的术语。由于个体译者不是统一参考术语的来源,故而对每一个新术语都必须进行详细记录,以避免创造出过多的新术语。

5. 译者的术语资源

解决翻译中出现的术语问题,需要搜索对等语或选择最合适的对应语。译者主要会用到以下三种资源。① 单语文本档案资源:关于这一主题的专业文本最好是数字格式的,通常从互联网上获取;② 术语文档资源:包括双语和多语词典、术语和知识数据库;③ 双语或多语文本资源:包括平行或多语可比语料库。

术语库在信息社会中发挥着重要作用。由于术语库最初被认为是面向翻译的工具,所以基本上是双语或多语的,而且注重的是术语的指定形式而非概念。由于术语理论重视"概念-术语"关系和标准形式,一些对译者非常必要的信息(如语境、语法和变体)便没有得到足够关注。为改变这种情况,需要优化专业信息库。如今,术语数据库实际上就是知识数据库,正如 J. C. Sager 所预见的,它们可以:① 整合各种相关数据库,如文本数据库、术语数据库、纪录及事实数据库,以及领域本体;② 包含各种各样的数据,比如命名法、专业术语、搭配与词组,以及识别所有这些单元的必要信息;③ 可同时用作单语、双语或多语词典;④ 允许在线使用;⑤ 可用作编纂词典的基础。具备上述特点的数据库不仅是查询工具,而且是编辑词典和传播知识的基本工具。①

6. 译者参与术语工作的方式

在遇到术语问题时,译者可以采用四种不同程度的参与方式。在第一层次,为解

---

① SAGER J C. A practical course on terminology processing [M]. Amsterdam & Philadelphia: John Benjamins, 1990.

决术语问题,译者通常会查阅词典和专业数据库。在这一层次,译者只需得到咨询中心、数据库以及专业词典的名录,通过适当训练学会正确查询即可。当译者无法为术语找到官方定名时,可发挥自身语言能力,创建一个新术语(以脚注形式标记)来填补空白,此即第二层次。通过这种方式,译者可以在目的语中提出一个符合标准的术语单元,推进翻译过程。从方法论角度,译者只有处在第三层次,即为找到对等语而努力时,才成为术语专家。当问题处在概念结构中时,译者可以通过观察该专业领域术语形成的模式,结合术语在使用中的活力,提出一个新术语来填补术语空白。在这种情况下,译者开始在术语方面表现出活跃性,担任起临时术语专家之职。在第四层次,译者通过自己数据库中的术语信息来解决术语问题,填补名称上的空白。这些数据库包含术语以及之前译文中的术语建议。此外,译者会把术语编成术语表,分享给同一主题/领域的其他译者使用。通过这种工作,译者成为系统的术语专家,必须系统掌握搜索单词及多语术语的正确方法。

为成为一个系统的术语专家,译者还应学习术语工作的一些基本原则,具体为:① 术语工作不应与翻译混淆,术语工作包括寻找术语对等语(即目的语中专家使用的词汇单元);② 术语工作不应与系统的新词工作混淆,只有在无法为一个既有术语寻找到任何可能性时,才能使用新词;③ 术语是语言的词汇单元,应尊重词汇的构成规则和话语中词汇合成的趋势;④ 术语是形式和内容不可分割的单元,既不能无视特定语言中的形式,把术语约简为一个概念,也不能把它视为一个与内容无关的指定;⑤ 术语单元的形式和内容具有双重系统性,首先与通用语言相关,然后归属于更为具体的专业领域;⑥ 术语的形式和内容都具有主题特色,一个词汇单元只有在与专业领域相关联时,才是一个术语;⑦ 所有术语数据必须有真实来源,这意味着单语术语产品中的术语是从专家创造的真实专业话语中收集而来的,对新词来说,其来源则是提出它的作者。

和 Cabré 一样,国内术语学专家也发现:术语一旦和翻译结合起来,就有了诸多问题可以去探索。翻译界也对术语产生了浓厚的兴趣。术语真正的用途是需要借助于翻译来实现的,术语和翻译的关系密不可分。用冯志伟先生的话来说,就是我们"在翻译中传播和创造术语"。

第三节　面向翻译的术语研究

术语是人类的科学知识在自然语言中的结晶。术语使科学区别于常识,其产生和发展与科学的产生和发展密切相关。在人类科学史上,新概念的产生和旧概念的消亡都要通过术语来实现。每产生一个新的科学概念,就要创造一个新的术语来表示它。当旧概念已经过时或者被实践证明是错误的,与之相关的术语或随之消亡,或成为陈旧术语而被封存在科学史中。在众多翻译工作中,科学技术翻译占了绝大部分,科技翻译的知识单元就是术语。术语研究对于科技翻译具有举足轻重的作用,是这类翻译关注的焦点,并逐渐渗透到翻译实践与研究的各个领域。

中国的术语工作实践源远流长,跨语性是贯穿其中的一个重要线索,也是中国学派的典型实践特征。基于中国术语工作及相关理论探索所取得的成就,冯志伟倡导术语学实践与理论研究的中国学派。基于术语与翻译的实践同一性与学理互补性进行系统的理论探索,是中国学派得以立足的关键。① 在其影响和带动下,研究者深入术语和翻译研究,在南京大学、南开大学和黑龙江大学等高校形成了面向翻译的术语研究中心,出现了一批跨学科研究团队和代表性成果,从术语意识、术语能力、术语翻译、术语教育、术语管理等方面表现出来。

1. 术语意识

术语意识是专业交流的基础和保障。何谓术语意识? 通过考察"(经济)增长周期"和"生态环境建设"在使用中引发的问题,郑述谱将其定义为"一种学术自觉性"②,一种基于对术语的性质与功能的认识而产生的严谨、科学地对待本专业术语,并小心慎重地对待其他专业术语的意识。术语意识的关键在于对术语的性质和作用有一定的认识,表现为:对待所从事的本专业术语,应该力求做到严谨、科学;对待自己不熟悉的非本专业术语,至少也要有一种小心、谨慎,甚至敬畏的态度。是否具有术语意识,可能会从一个侧面反映出一个人科学文化素养的高低。

译者是术语工作者。译者的术语意识与素养既需要思想上的高度自觉,也需要知识方面的积极储备。前者主要体现在翻译中对待术语翻译的认真负责态度。具体而言,要了解该术语是属于已译介术语还是新术语,要不厌其烦地查找资料或咨询专业人士。对于已经译介过来的术语,要遵从约定俗成或者统一的专业规范,不能随意翻译或标新立异。对于新术语,则要求译者充分调动自己的知识储备,对该术语进行概念溯源,在充分掌握其概念内涵的同时,还要兼顾所属术语系统中其他相关的概念,然后考虑准确对译的译名。③

2. 术语能力

全球范围内频繁的技术传播与交流凸显了翻译和术语的重要性。20 世纪中期以来,翻译学与术语学得到了长足发展,逐步取得了独立的学科地位。在此背景下,术语能力(terminological competence)作为一种概念被提出,开始得到越来越多的关注。S. Montero-Martínez 和 P. Faber 探讨了译者术语能力的培养,指出为解决术语

---

① 殷健,刘润泽,冯志伟. 面向翻译的术语研究:"中国学派"的实践特征和理论探索——冯志伟教授访谈录[J]. 中国翻译,2018,39(3):74-79.

② 郑述谱. 对开展术语教育的几点思考[J]. 中国科技术语,2009,11(6):25-29.

③ 魏向清. 论大众翻译时代译者的术语意识与素养——从莫言诺贝尔文学奖评语中的翻译谈起[J]. 外语学刊,2016(1):150-153.

翻译问题,译者需要发展策略,完成下列具体任务:① 话语中所激活的专业概念的辨认与习得;② 信息资源的评估、查阅与详细说明;③ 专业领域中基于概念的跨语对应词识别;④ 信息与知识管理以及在翻译中的复用。其中的关键点在于,译者的术语能力不是指对一组或具体术语的掌握,而是指译者习得这些术语所包含的专业知识的能力。①

在国内,梁爱林最早对术语能力展开研究。他把术语能力看成"解决繁杂的专业术语问题的能力",前提是具备通过概念定义术语的系统思维能力和术语管理方面的技术能力,并尝试把这种能力分解为:① 具备术语知识的能力,指掌握语言知识和术语的概念知识与定义的能力;② 技术能力,指用信息技术手段处理术语数据的能力;③ 应用能力,指能够解决具体或者特定术语问题的能力;④ 专业能力,指具有专业知识或者专业主题方面的知识,以及(专业)文本处理能力;⑤ 交际能力,指能够顺畅地传播术语和科技知识,掌握交际策略,了解术语所隐含的科技文化。②

梁爱林所谈的术语能力是指一般意义上从事术语工作所应具备的知识与技能,与 Montero-Martínez 和 Faber 所述术语能力有一定区别。后者专指译者所应具备的、用以应对翻译中出现的术语问题的知识与技能,即面向翻译的术语能力。考虑到术语能力在翻译中的特殊作用,王少爽对译者必备的术语能力进行了构成分析,分解出理论能力、应用能力、文献能力、管理能力、专题能力、技术能力、语言能力 7 种子能力。③ 这些能力相辅相成,任何一种能力的不足都会对术语工作和翻译质量产生不良影响。在翻译教学中,只有注重各种子能力的同步发展,才能培养出翻译所需的术语能力。

3. 术语翻译

术语翻译是跨越术语学和翻译学的重要研究领域。根据现代术语学研究理论,术语翻译的结果就是在不同语言间形成表示同一概念的等价术语。事实上,在两种异域异质的语言间找寻完全对等的词汇单位几乎是不可能的,即便是在概念语义相对比较单一的科技术语翻译方面也较难做到。在翻译人文社科术语时会面临很多选择,但究竟如何取舍,最终还是应该考虑其作为术语的本质属性。除了准确性,还包括单义性、系统性、简明性、理据性、稳定性和能产性等一般性命名原则和特点,也就是术语翻译(译名)的术语化特性。④

国内外语界有一支稳定的术语学研究队伍,术语翻译是研究热点和稳定的研究方向。魏向清认为,从跨学科研究的意义上说,"术语翻译"不等于,或者不仅仅等于

① MONTERO-MARTÍNEZ S, FABER P. Terminological competence in translation[J]. Terminology, 2009,15(1):88-104.

② 梁爱林. 从术语的属性看中国的术语学教育[J]. 中国科技术语,2010,12(4):32-36.

③ 王少爽. 面向翻译的术语能力:理念、构成与培养[J]. 外语界,2011(5):68-75.

④ 魏向清. 人文社科术语翻译中的术语属性[J]. 外语学刊,2010(6):165-167.

"翻译术语"。① 术语翻译实际上是原语术语概念跨语的二次命名,这是术语翻译相对于其他类型文本翻译的特殊性。术语和文化如影随形,须臾不离。在中国翻译史上,术语翻译实践是一个显著的语言文化现象。对于外来汉译术语,对外再翻译时就要解决准确回译的问题;而对于本土原创术语,对外译介则要着重解决汉语术语概念跨语二次命名的创造性翻译问题,因为这样的术语具有文化特殊性,跨语言文化的符号或概念空缺及交际适应都是棘手的问题。

理论是术语构建的系统,术语翻译是理论翻译的基础。翻译活动要基于一定的标准、遵循一定的原则、按照一定的策略、通过一定的技巧来实现。离开标准则无以辨优劣,没有原则就没有方向,不讲策略则意图不明确,没有技巧则达不到目的。术语通常为单个的词或简单的词组。在翻译的标准、原则、策略和技巧(方法)等不同层面,与术语翻译最为相关的是翻译原则。在术语属性的基础上,学界针对术语翻译提出了诸多原则。通过对已有研究的梳理和分析,邵军航提出术语翻译应遵循三个主要原则,按重要性依次为理据性、专用性、系统性。②

在王少爽绘制的术语能力构成图中,应用能力居于核心位置,与其他6种子能力皆有关联。应用能力特指在实际工作中利用所学理论知识,解决包括术语翻译在内的各种术语问题的能力。术语翻译是术语应用能力的标志,在翻译中占据着极其重要的位置。根据Гринёв的统计,译者用于翻译的全部时间中,有75%花在术语翻译上。③ 在面向翻译的术语研究中,其中的关键词一是术语,二是翻译。术语翻译,既可以指一般文本中的术语翻译,也可以指双语词典中术语条目的对应释义。从学科角度,术语还可以分成"自然科学术语"与"人文社科术语"。从翻译角度,郑述谱倾向于把术语划分为"已规范术语"与"未规范术语"两类。对于前者,第一位的是要遵守已有约定,即颁布的标准,做到"照翻无误"。④ 对于后者,可以考虑"相约"一些统一的措施,诸如"不译法""试译法""定义法""连缀法"等。⑤ 针对频繁出现的术语误译现象,还有学者提出"找译法",即依据原语术语的含义,通过适当的方法,直接从译语专业文献中找出与原语术语相对应的译语术语的翻译方法。⑥

4. 术语教育

术语意识的提高和术语能力的培养都离不开术语教育。专业术语课程不仅可以

---

① 唐凤英."术语翻译"并不仅仅是"翻译术语"[EB/OL]. (2022-08-29)[2023-04-28]. http://www.term.org.cn/CN/news/news252.shtml.

② 邵军航.术语翻译的原则及应用——以Cognitive Linguistics一书的汉译为例[J].上海翻译,2021(6):39-43.

③ ГРИНЁВ С В. Терминоведение[M]. Москва:Издательс-кий центр "Академия", 2008:241.

④ 郑述谱.术语翻译及其对策[J].外语学刊,2012(5):102-105.

⑤ "连缀法"指以附录形式把书中的术语及其定义收集在一起,一并列出。

⑥ 李亚舒,徐树德.剖析术语误译,兼论"找译译法"[J].中国科技术语,2018,20(6):67-72.

为术语实践工作和理论研究培养人才,而且对学生素质的提高具有重要意义。除了剖析译者的术语能力,Montero-Martínez 和 Faber 还讨论了为译者开设的术语学课程,包括教学目标与内容、教学方法、教学评估以及课堂组织等,相关内容、练习以及活动设计都围绕翻译所需的术语能力而展开。专业翻译教学旨在为语言服务行业和产业培养人才,应将语言服务行业岗位职责作为第一考量。翻译企业或部门的术语专家,其岗位职责一般包括:① 找出所有现存的术语资源;② 找到信息资源,尤其要找到能够回答术语问题的信息提供者;③ 创建翻译记忆库并及时更新;④ 创建译前词典;⑤ 创建企业或部门的术语资源并及时更新;⑥ 就术语的选择向译者提供建议;⑦ 简化资料查阅,更新资料并补充企业或部门的术语资料;⑧ 告知译者所有与术语相关的问题。① 面向翻译的术语课程设计必须充分考虑上述工作职责。

鉴于翻译与术语的密切关系以及国内本科和硕士翻译专业的设立,面向翻译专业开设术语学课程的呼声越来越多,并逐步转向提出建议和措施。继郑述谱之后,梁爱林讨论了把术语学融入翻译教学的关键问题,围绕"教什么"和"怎样教"提出了具体方案。② 苗菊和高乾聚焦于加拿大高校翻译专业的术语学课程设置,提出把术语学课程纳入翻译专业教学体系,并对教学目标和内容进行了规划。③ 李健民概述了欧洲地区 20 所高校术语学课程的设置情况,提出国内面向翻译的术语教育应结合实际、准确定位。④ 冷冰冰等参照行业岗位职责和国外办学经验,从教学目标、教学内容、教学方法、教学资源、考核方式和师资培训等 6 个方面,对翻译硕士专业学位(MTI)的术语课程进行了详细描述。⑤ 王少爽考察了国外术语教育情况,总结出特点和经验,针对国内现状提出构建产学研一体化的术语教育模式,在翻译产业、翻译院系和科研机构之间形成互惠关系,并以翻译工作坊和案例教学等多种方式,面向产业培养学生的实操和动手能力。⑥ 术语教育相关研究在翻译和语言服务专业领域引发了共鸣,得到了充分肯定和全方位响应。

5.术语管理

术语管理是为了达到某种目的而对术语资源进行管理的实践活动,通常包括术语的收集、描述、处理、存储、编辑、呈现、搜索、维护和分享等。在信息化时代,信息技术已成为营造先进教学文化的催化剂,信息技术与内容整合是现代术语教育和术语管理的重要特征。在 ISO/DIS 26162 标准中,术语管理系统被定义为"专为译员、术

① 葛岱克.职业翻译与翻译职业[M].刘和平,文韫,译.北京:外语教学与研究出版社,2011:48-49.
② 梁爱林.我国翻译教学中术语学培训体系的建设[J].术语标准化与信息技术,2009(3):4-11.
③ 苗菊,高乾.构建翻译专业教学模式——术语学的借鉴意义[J].外语与外语教学,2008(10):57-60.
④ 李健民.面向翻译的术语教育[J].中国科技术语,2010,12(4):24-31.
⑤ 冷冰冰,王华树,梁爱林.高校 MTI 术语课程构建[J].中国翻译,2013,34(1):55-59.
⑥ 王少爽.翻译专业学生术语能力培养:经验、现状与建议[J].外语界,2013(5):26-35.

语专家和其他用户设计,用来收集、维护、获取术语数据的软件工具"①。对于个人译者来说,术语管理贯穿整个翻译过程,是翻译质量的重要考核指标之一。有效的术语管理可以减少译者的重复劳动,降低翻译成本;保证术语译名一致,提升译文质量;避免术语使用混乱,确保翻译沟通顺畅。对于企业来说,术语是全球化企业语言资产的重要组成部分,也是企业信息开发和技术写作的基础。有效的术语管理可帮助企业降低产品内容设计成本,规避本地化术语风险,降低翻译成本,保持内容的专业性、一致性、准确性、规范性,确保术语使用规范,增强品牌形象。② 2017 年,在"面向翻译的术语研究"国际学术研讨会上,中国翻译研究院组织了"面向翻译的术语管理"主题论坛,发布了国内首部《术语管理指南》,致力于传播术语管理知识、提升术语管理能力。

没有术语,就没有知识。从知识管理的角度看,传统的术语库在标准化、知识化和可视化方面存在缺憾。随着语料库语言学、术语学、本体论和知识组织理论的发展与交融,术语管理在术语库基础上日益转向术语知识库,成为知识化的术语库。③ 术语知识库对专业知识进行组织、描述和管理,为专业学习、交流与传播提供帮助。国外在这方面已有成功经验,如世界知识产权组织(WIPO)术语库、北约在线术语库NATOTerm、美国联机计算机图书馆中心(OCLC)术语库、加拿大多领域大型术语库 Termium、西班牙环境术语知识库 EcoLexicon 等。此外,网络知识组织系统(NKOS)、开放元数据注册(OMR)、维基百科等提供术语知识库建设机制,供用户发布和共享术语。术语知识库一方面提供特定领域的术语标准化信息,另一方面展示该领域的知识网络,成为知识服务的基石。国内近年来也有突破,出现了一批标志性成果,如通用型术语知识库 HowNet、面向人文社科领域的动态术语数据库、中国特色术语库的标准化构建、基于领域本体的双语术语知识库建设等。术语知识库研究涵盖知识的融合、集成、管理、服务等方面,是一项系统的知识工程,在理论和应用上值得进一步探讨。双语或多语知识库通过知识本体提供概念框架式知识网络,可以帮助译者"构建自身知识体系,加深对领域知识的理解"④,实现从被动接受知识到主动开拓、管理知识的转变,强化了翻译学习者和语言服务从业者在翻译中的主体性和能动性。

综上所述,从培养术语意识到开发术语知识库,面向翻译的术语研究不断发展,启发我们深入专业领域,探索并推动基于事故调查的民航术语认知与翻译研究。

---

① ISO 26162-2: 2019. Management of terminology resources—terminology database international organization for standardization [S]. ISO.

② 王华树,王少爽. 翻译场景下的术语管理:流程、工具与趋势[J]. 中国科技术语,2019,21(3):9-14.

③ 李双燕,苗菊. 面向技术文档翻译的双语术语知识库建设研究[J]. 中国科技术语,2021,23(1):43-52.

④ 苗菊,宁海霖. 翻译技术的知识体系化演进——以双语术语知识库建设与应用为例[J]. 中国翻译,2016,37(6):60-64.

第四节　事故调查制度

安全是民航业的生命线,也是检验民航发展质量与发达程度的关键评价依据。根据国际航空运输协会(IATA)的数据,每百万次飞行总事故率为 1.01,即每约 99 万次飞行发生 1 起事故。民航虽然是世界上最安全的长途旅行方式,但还不能完全避免事故的发生。与其他事故不同的是,几乎每一起航空事故都源自一个崭新事件的偶发,且影响巨大,这让事故调查成为人们关注的焦点,以及安全管理和安全文化建设的重点。

1. 定义与分级

《公约》附件 13《航空器事故和事故征候调查》对"事故"(accident)和"事故征候"(incident)有明确定义。前者指对于有人驾驶航空器而言,从任何人登上航空器准备飞行直至所有这类人员下了航空器为止的时间内,或对于无人航空器而言,从航空器为飞行目的准备移动直至飞行结束停止移动且主要推进系统停车的时间内所发生的与航空器运行有关的事件,在此事件中:① 由于在航空器内,或与航空器的任何部分包括已脱离航空器的部分直接接触,或直接暴露于喷气尾喷,而使人员遭受致命伤①或重伤②;② 航空器受到损坏或结构故障,并且对航空器的结构强度、性能或飞行特性造成不利影响,且通常需要大修或更换有关受损部件;③ 航空器失踪或处于完全无法接近的地方。后者指与航空器操作使用有关,会影响或可能影响飞行安全的事件。

事故是由事故链中的一系列因素共同造成的。尽管存在事故诱因,民航仍是最安全的交通方式。与事故相比,更常见的是各类事故征候,主要包括鸟击、空中停车、偏出/冲出跑道/场外接地等,发生在起飞、爬升、巡航、进近、着陆等不同阶段。就事故(accident)本身而言,根据航空器的受损程度和人员伤亡的严重程度,从高到低可依次分为航空器全毁事故(hull loss accident)、重大事故(major accident)、致命事故(fatal accident)、轻微事故(minor accident)等。③ 在事故和事故征候之间,附件 13 还专门定义了严重事故征候(serious incident),即"具有很高事故发生概率的事故征候",并以清单形式列出了具体情况,提醒业界防范。

---

① 国际民航组织将事故发生之日起 30 天内导致死亡的受伤归类为致命伤(fatal injury)。

② 附件 13 规定,重伤(serious injury)是指某一人员在事故中受伤并符合下列一种情况:(a) 自受伤之日起 7 天内需要住院 48 小时以上;(b) 造成任何骨折(手指、足趾或鼻部单纯折断除外);(c) 引起严重出血、神经、肌肉或筋腱等损坏的裂伤;(d) 涉及内脏器官受伤;(e) 有二度或三度,或超过全身面积百分之五以上的烧伤;(f) 经证实暴露于传染物质或受到有害辐射。

③ 参见 https://skybrary.aero/articles/accident-classification。

事故调查以"溯因"为主。在一定的制度安排下,调查主体通过询问、观察、检测以及分析等,搜集与事故有关的各类证据和信息,分析和研究事故的可能原因及规律,为事故处理提供依据并且提出针对性措施。[①] 调查是为预防事故所进行的具体过程,包括收集和分析资料、做出结论,其中包括确定原因和/或促成因素,以及酌情提出安全建议。参照附件13,我国对事故和事故征候进行了定义和分级。最新修订的《民用航空器事件调查规定》把事件分为事故、征候和一般性事件。根据国务院《生产安全事故报告和调查处理条例》第3条,事故又分为特别重大事故、重大事故、较大事故和一般事故。[②] 在2021年下发的《民用航空器征候等级划分办法》中,民用航空器征候被定义为"在航空器运行阶段或在机场活动区内发生的与航空器有关的,未构成事故但影响或可能影响安全的事件",分为运输航空严重征候、运输航空一般征候、运输航空地面征候和通用航空征候,并附有具体情况和样例清单。

2. 国际标准

作为ICAO关于事故调查的国际标准及建议措施,附件13自1951年设定以来已历经18次修订,最近一次修订的内容从2020年11月5日起生效。最新版本(第11版)一共包括8章、2个附录和7个附篇,内容涉及定义、适用范围、总则、通知、调查、最后报告、提出事故/事故征候资料报告,以及事故预防措施等方面。在总则中,附件13明确提出调查事故或事故征候的唯一目的是防止事故的发生或事故征候的出现,这一活动不是为了分摊过失或责任。同时,它还特别强调了调查的独立性,即成员国必须建立独立于国家航空当局和可能干预调查的进行或客观性的其他实体的事故调查部门,详情可参见"附录3 走近空难调查员"。

附件13规定,事故调查通常由出事所在国发起并负责,但该国可根据相互安排,并经同意把全部或部分调查工作委托给另一国/地区的事故和事故征候调查组织进行。航空器发生事故后,出事所在国必须尽量不拖延地、用可供利用的最适当和最迅速的方式把事故、严重事故征候或有待调查的事故征候的通知发给航空器登记国、经营人所在国、设计国、制造国,在指定情况下[③]发送给ICAO。在收到通知后,被通知方必须尽快把所掌握的航空器和机组相关资料提供给出事所在国,并有权指派一名代表参与事故调查。蒙受公民死亡或重伤的国家,也有权指派一名代表参与事故

---

① 张涛.从事故中学习:事故调查的社会因素及其制度安排[J].哈尔滨工业大学学报(社会科学版),2015,17(2):55-60.

② 特别重大事故是指造成30人以上死亡,或者100人以上重伤,或者1亿元以上直接经济损失的事故;重大事故是指造成10人以上30人以下死亡,或者50人以上100人以下重伤,或者5000万元以上1亿元以下直接经济损失的事故;较大事故是指造成3人以上10人以下死亡,或者10人以上50人以下重伤,或者1000万元以上5000万元以下直接经济损失的事故;一般事故是指造成3人以下死亡,或者10人以下重伤,或者1000万元以下直接经济损失的事故。所称的"以上"包括本数,所称的"以下"不包括本数。事故等级的划分包括人身、经济和社会三个要素,可以单独适用。

③ 当出事航空器最大质量在2 250公斤以上或是涡轮喷气式飞机时。

调查。

根据事故和调查工作进展,调查国在不同阶段会发布调查报告,具体包括以下三种情况。一是初步报告。调查国必须在事故之日起 30 天内,以传真、电子邮件或航空邮件的形式送出。如涉及直接影响安全的事项,则一有资料就必须立即以现有的最适当和最迅速的方式送出。二是最终报告。调查国必须尽快并在可能时于十二个月之内公开发布最终报告。三是临时声明(中期报告)。如果不能在十二个月之内公开发布最终报告,调查国必须在每年的出事周年日公开发布一份临时声明,详述调查进展情况及所提出的任何安全问题。

为帮助调查国以方便和统一的方式完成最终报告,附件 13 从标题、概述、正文和附录等方面明确了报告格式。标题部分包括:经营人名称;航空器制造商、型号、国籍及登记标志;发生事故或事故征候的地点和日期等。概述部分扼要介绍以下各项有关资料:给本国和外国主管部门的事故通知;事故调查部门和授权代表的名称;调查的组织;发布报告的部门和日期。正文呈现事故调查的关键信息,具体包含事实信息、原因分析、调查结论、安全建议,每部分可细分出小标题。最后,还会以附录形式呈现各种相关数据、图、表等。

通过上述规定,附件 13 从总体上确认了各缔约国在事故调查中的权利和义务,与 ICAO《航空器事故和事故征候调查手册》(Doc 9756)、《事故和事故征候调查政策和程序手册》(Doc 9962)、《地区事故和事故征候调查组织手册》(Doc 9946)一道,形成事故调查的国际标准体系。需要指出的是,ICAO 重视及时通知事故受害者家属并向其传递准确信息,参照空难受害者家属国际联合会建议,以工作文件形式向技术委员会提出"把最后报告翻译成所有所涉国家的官方用语"。[①]

3. 公开发布

调查报告是航空事故调查工作的成果,也是改进安全的重要依据和基础。出于预防事故的目的,附件 13 要求调查国必须尽快公开发布最终报告。但数据显示,并非所有的事故调查报告都被官方公布或及时公布。1990—2016 年,全球最大起飞重量(MTOW)在 5 700 千克以上的民航飞机亡人事故总共有 1 157 起,其中的 720 起在调查后发布了最终报告,占比约 62%。没有发布最终报告的原因主要有:国内法律和调查机构缺失;国际政策变化;电子政务发展不足;调查资源缺乏;调查工作复杂;等等。[②]

事故调查的唯一目的是防止类似事故再次发生,任何分摊过失或责任的司法或行政程序都应当与技术调查行为区分开来。为此,附件 13 特别制定了保护条款,防止驾驶舱话音记录和机载图像记录等重要资料外泄,而被用于事故或事故征候调查

---

① 参见 ICAO 工作文件 A40-WP/149。
② 毛延峰.民航事故调查报告公开制度的发展及对调查信息建设的启示[J].民航学报,2020,4(5):63-65.

以外的目的。ICAO 之所以严格限制调查报告的用途，主要是出于对事故调查根本目的的考虑。尽管有以附件 13 为核心的国际标准，但一些国家(如日本)也有自己的法律和规章，可能先进行刑事调查再进行事故调查，或将二者同步进行。事故调查是一项具有高度专业性的工作，很多情况下都需要有飞机制造商以及航空公司专业人员的参与才能查明真相，而他们很有可能是责任承担者。如果调查报告被用作追责诉讼中对抗航空公司及制造商等的依据，则会在一定程度上扰乱对事故原因的认定，导致最终无法形成有针对性的预防措施，以避免同类事故再次发生，这就背离了调查的根本目的。

鉴于事故报告可能不被发布以及可能被用于背离调查根本目的的行为，ICAO 在附件 13 第十一版中敦促事故调查国必须尽快并在可能时于十二个月之内公开发布最终报告，可将其"登载在互联网上以达到公开发布最终报告之目的，且最终报告并不一定要作为印刷文件出版"。近年来，事故调查报告公开发布的趋势日益显著。美国国家运输安全委员会(NTSB)不仅在官网上发布最终的事故调查报告，而且在"阳光法案"要求下，也向公众公开 NTSB 事故调查过程资料，以及经调查或研究而提出的安全建议及其接受和落实情况，使社会监督的效果最大化。在司法实践中，侵权赔偿民事诉讼开始援引调查报告的事实部分。调查报告与损害赔偿之间的关系越来越受到关注。事实上，事故调查与事故损害赔偿的法律性质不同。调查报告不能决定事故损害赔偿责任的有无，也不是确认事故损害赔偿责任的必要前提和唯一依据。[①] 我国已通过立法建立公布事故调查报告的相关要求。2014 年修订的《安全生产法》第八十三条规定：事故调查报告应当依法及时向社会公布。这项要求同附件 13 的标准与建议措施一致，反映出我国在安全管理方面的发展，表明调查报告是事故调查工作的成果，也是促进安全管理、建设安全文化的重要依据和基础。

4. 安全管理与安全文化

根据《公约》附件 19《安全管理》之定义，安全是"与航空器的运行有关或直接支持航空器运行的航空活动的风险被降低并控制在可接受水平的状态"。安全管理旨在将导致航空事故和事故征候的安全风险主动缓解于未然。通过实施安全管理，各国能够以一种更严谨、综合和有重点的方式管理生产和运行。各成员国对安全管理的作用有了清晰的了解，可助其航空业确定行动的优先次序，以应对各种安全风险，从而更加有效地管理资源，获得最佳航空安全效益。

自航空运输业诞生至今，安全管理的发展历经了四个阶段，管理对象和重点也有所不同。第一阶段是技术。从 20 世纪初到 60 年代末，航空作为一种大规模交通运输的形式应运而生，被确定的安全缺陷最初与技术因素和技术故障相关。因此，安全

---

① 郝秀辉. 马航 MH370 事件的空难赔偿与事故调查报告之关系[J]. 北京航空航天大学学报(社会科学版),2014,27(5)：35-40.

管理集中在技术因素(如航空器)的调查和改进上。之后,技术的改进使事故率逐渐降低,安全管理开始扩展到包括遵守规章和监督方面。第二阶段是人的因素。20世纪70年代初,由于技术的进步和规章的完善,航空事故率大大降低。航空运输成为一种更安全的交通方式,安全管理的重点转向人的因素(包括"人/机接口"等)。尽管在减少差错方面投入了资源,但人的因素仍然是事故中的常见因素。当时,对人为因素的管理倾向于个人,还没有充分考虑操作和组织环境。直到90年代初,人们才认识到个人处在由多种因素构成的复杂环境中并深受其影响。第三阶段是组织机构。从90年代中期开始,业界开始从系统的层面审视安全,在技术和人的因素基础上开始考虑组织机构的因素,引入了"组织机构性事故"概念。除了关注组织机构文化和政策影响外,还积极收集、分析各类数据,监测和控制各种风险,促进安全管理。第四阶段是总系统。从21世纪初开始,许多国家和服务提供者开始实施国家安全方案或安全管理体系,并获得了安全效益。但是,安全系统仍专注于个人安全绩效和局部控制,较少考虑整个航空系统所处的更广泛环境。如今,业界越来越认识到航空系统的复杂性,以及不同组织机构在航空安全中都负有责任。许多事故和事故征候表明,组织机构之间的接口会导致负面结果。比如,早在9·11事件发生的几年前,很多国家的航空公司和管理部门就已发现飞机驾驶舱门在设计上存在安全风险,并采取了相应措施进行加固。但是,美国航空公司却没有这么做,其中部分原因可能是运行成本的提高,以及总系统下不同组织机构之间的沟通存在问题。

安全风险管理(SRM)是安全管理的重要组成部分,包括危险识别、安全风险评估、安全风险缓解和风险接受。安全风险管理是一个持续的活动,因为航空系统在不断发生变化,可能引入新的危险,一些危险和相关的安全风险可能会随时间而改变。此外,必须对所实施的安全风险缓解策略的有效性进行监测,以确定是否需要采取进一步行动。在航空业中,危险被视为系统或其环境内以某种形式潜伏的危害。这种潜在危害可能以不同形式出现,如作为自然条件(如地形)或技术状态(如跑道标志)。安全风险概率是安全后果或结果发生的可能性,通常包括频繁、偶然、少有、不大可能和极不可能五类,根据每个组织机构的特定需要和复杂程度而定。重要的是要设想各种情景,以便能够考虑到所有潜在的后果。一旦完成概率评估,下一步就是评估安全风险的严重性,同时考虑与危险相关的潜在后果。按照严重程度从高到低,ICAO通常将其分为A—E五个等级,具体为灾难级、危险级、重大级、较小级和可忽略不计级,安全裕度(safety margin)逐渐升高。通过结合概率和严重性评分的结果,可创建安全风险指数等级。在概念上,安全风险的评估结果分为可接受的、可容忍的、不可容忍的。经评估落入不可容忍范围的安全风险在任何情况下都是不可接受的。

安全文化是人类航空系统中自然产生的。通常,安全文化被描述为"当没有人监督时,人们在有关安全和风险方面如何作为"。它表达了组织机构中的管理层和雇员如何看待、是否重视和优先考虑安全,并通过个人和团体在以下方面中的表现得到反映:① 意识到组织机构及其活动所面临的风险和已知危险;② 持续采取行动保持和加强安全;③ 能够获取安全运行所需的资源;④ 面对安全问题时愿意并能够适应;⑤ 愿意沟通安全问题;⑥ 持续评估整个组织机构与安全相关的行为。

积极的安全文化具有以下特征。第一,管理者和雇员的个人或集体想要做出决策并采取促进安全的行动。第二,个人和团体能够不断自我检讨,并欢迎他人的批评,随着环境的改变寻找机会做出改变和改进。第三,管理层和员工能够共同认识到组织机构及其活动所面临的危险和风险,以及管理风险的必要性。第四,个人能够根据共同的信念,即安全是工作方式的一部分,来行事和做出决定。第五,个人重视被告知以及告知他人有关安全的信息。第六,个人信任其同事和管理者,与他们分享有关经验的信息,并被鼓励报告差错和错误以改进今后的工作方式。

本章概述了航空英语、术语与翻译、面向翻译的术语研究以及事故调查制度等方面的主要文献和相关资料。通过这些文献和资料可以看出:国内外研究者在上述领域取得了显著成果,这些成果为本课题的研究奠定了坚实的基础,帮助课题组开阔了研究视野,打开了研究思路。与此同时,也可以看到现有研究成果中存在的一些问题,比如:① 航空英语研究缺乏面向领域和知识本体的术语研究;② 术语与翻译以及面向翻译的术语研究对航空(尤其是民航领域)关注不多,缺乏标志性成果;③ 事故调查制度日趋完善,不断推进着民航安全管理和安全文化建设,但对调查报告作用和价值的认识仍需提高。应该看到,报告本身就是一种技术文献,为基于术语的专业知识学习和危机学习提供了真实情景和真实语料。接下来,本研究将直面这些问题,力求在现有基础上进行补足和拓展。

第三章 理论框架

本章为理论框架构建,具体包含认知术语研究、ICAO 语言能力标准、认知翻译研究和危机学习四个方面。

第一节 认知术语研究

传统的术语研究注重规范和标准,在工作中追求标准化和无歧义交流,追求术语与概念之间的严格对应。但实践表明,这一目标在现实中很难实现。认知是知识的习得和使用,它是一个内在的心理过程。认知语言学认为语言是一种认知活动,是对客观世界进行互动体验和认知加工的结果。作为科学知识在语言中的结晶,术语是认知的产物。认知术语研究是认知语言学和术语学交叉形成的一门新兴学科。几乎在认知语言学发展的同一时期,认知视角下的术语研究开始出现,发展迅速。

1. 社会术语学和交际术语学

在“描述性”研究的影响下,社会术语学和交际术语学对传统的术语研究提出了挑战。语言是不断变化的。在术语和专业文本中,多义和同义现象不可避免,概念体系和定义也在不断变化。术语研究应着眼于专业领域的真实文本和术语的实际交流和应用情况。社会术语学把社会语言学的原则注入术语研究,在具体使用中对术语变量进行分析,并对术语变化进行解释,为描述性研究理论的出现奠定了基础。

与社会术语学不同,交际术语学着力于从社会学、语言学和认知科学等方面,研究术语单元的复杂性。代表性人物 Cabré 对传统术语学的批评一针见血:“传统术语学理论让人最不满意的地方不在于缺乏内在一致性,而在于其过于简单,以致不能解释专业交流中的复杂现象。”[①]为此,她提出了一个“门”的理论。借助房子这一形象,假设它有多个门可以进入,主人通过不同的门进入房子,不同的选择决定了进入房子内部的不同方式。房内结构和布置没有改变,改变的是选择到达那里的方式。术语是语符、概念、交际三位一体的多面体(polyhedron)。首先,它是一个语言单位,是语

---

① CABRÉ M T. Elements for a theory of terminology: toward an alternative paradigm [J]. Terminology, 2000,6(1): 35-57.

言符号;其次,它是一个概念单位,因为术语是对概念的表征,是基于概念的;最后,它是要被使用的,是交际单位,和交际语境有着非常密切的关系。术语单元就好比一座可以通过不同的门(方式)来进入的房子。术语学理论应该为术语单元的研究提供方法论的框架,强调术语作为专业知识单元的多维属性。术语研究可以从语言、认知和交际等不同维度展开;选择一种维度时,不能忽视其他维度的存在,不同维度构成了术语的多面性和术语研究的多维空间。①

2. 社会认知术语学

作为认知术语研究的一个重要分支,社会认知术语学旨在展现术语的认知潜势,以及术语在语篇和交际情景中发生变化的情况。借鉴认知语义学和诠释学的观点,以 R. Temmerman 为代表的研究者试图在认知、社会和语言的框架下研究术语,把认知语义学的一些核心概念(如原型理论、隐喻等)引入术语研究。当概念本身没有被建构起来或概念内部特征不明确时,可以借用原型理论,采用“典型性”(Typicality)对其进行分类,通过考察两个概念在多大程度上相似,或者距离原型中心的远近,来决定它们之间的隶属关系。Temmerman 把通过“典型性”方式进行定义的概念称为“理解单位”(unit of understanding)。

通过分析生命科学中的 intron(内含子)、blotting(印迹)、biotechnology(生物技术)等术语,Temmerman 意在展现“理解单位”的认知建构属性。人们对于某一概念的认识始于局部或个体,并在特定语境中发现它与其他概念的联系或激活它的特征。随着语料的积累,概念之间的联系日益丰富和多元,形成一种自下而上的本体建构过程。具体工作方法为:首先建立文本语料库,再通过提取术语的语言特征(如共现和搭配)和概念特征,逐步搭建概念本体。概念的定义实际取决于一系列参数,包括概念的类型(实体概念、行为概念或特征概念)、交际双方的专业化程度,以及术语数据库的使用者等。把术语视为“理解单位”意味着概念自身发展是一个过程,而对其理解也是一个持续渐进的过程。在构成理想认知模型(ICM)的四种认知原则中②,Temmerman 特别重视隐喻映射,认为其能够连接语言系统和外部经验,不断加深和拓展认知。因此,她主张研究专门领域内的专业文本,因为这些能体现不同个人的理解,是交际中的专门语言,能够反映术语的实际语言使用情况,从文本中获取的术语定义可体现概念类型和理解的原型性。③

近年来,社会认知术语学开始注重把“知识本体”(ontology)作为体现概念代表

---

① CABRÉ M T. Theories of terminology: their description, prescription, and explanation [J]. Terminology, 2003, 9(2): 163-199.

② 这四种认知原则具体为命题结构原则、意象图式原则、隐喻映射原则和转喻映射原则,具体可见王寅(2011:64)。

③ TEMMERMAN R. Towards new ways of terminology description: the socio-cognitive approach [M]. Amsterdam/Philadelphia: John Benjamins, 2000.

物的更为可行的手段。"术语本体编纂学"(Termontography)作为知识本体和术语学的混合语,是一个将术语学、本体论和术语编纂学联合起来的混合式术语,目标是使知识本体与多语言的术语信息相连接,把知识本体纳入术语资源当中①。社会认知术语学认为,可以借助术语本体编纂学这一多学科方法,把多语术语分析的理论方法与本体分析的理论方法结合起来。这种方法在实践中困难不小,但是与本体术语学——一种把术语和知识本体统一起来的范式有相通之处。

3. 框架型术语学

认知视角下的术语研究者发现,对术语和词汇进行严格区分的做法在现实中既不可行,也没有成效。研究术语或知识单元的最好方法就是研究它们在专业文本中的行为。以 P. Faber 为代表的格拉纳达研究团队,在框架语义学的基础上勇于创新,提出了框架型术语学(Frame-based Terminology,FBT)。② "框架"(Frame)是一种基于经验的认知结构设计,为语言中词汇的存在及其在话语中的使用方式提供知识背景和诱因。任何一个概念都不是孤立存在的,而是存在于一个更大的结构或事件系统之中,并在特定的情景中得到激活。每个专业领域都有属于本领域的事件模板(event template)。当这些反复发生的行为或事件被人的概念系统捕捉到,就形成了概念事件的结构基础,为新事件或行为的范畴化处理提供框架。就术语而言,每个术语对应着特定领域的一个知识单元,这一知识单元和其他知识单元之间有着各种各样的联系,共同组成知识网络。

在传统术语学中,"域"(Domain)一方面指知识领域本身,另一方面指专业领域中的概念类别。框架型术语学把二者结合起来,在专业领域中构建认知框架,通过域事件(Domain Event)呈现术语与概念系统的相互依存关系。在框架术语学中,概念被分为实体、事件和特性。实体可以是物理客体和精神客体;事件既可以是过程,也可以是状态;特性属于属性。概念关系的激活不仅与概念本质相关,而且受制于与之相关的概念。在前人研究的基础上,FBT 团队考察了属一种(type of)、整体一部分(part of)、构成(made of)、阶段(phase of)、界限(delimited by)、处所和位置(located at)、背景和时空(takes-place-in)、限制性特征(attribute of)、因果(result of)、影响(affects)、触发(causes)、功能(has function)和工具(effected by)等多种关系。

域事件可根据抽象程度分为不同的级别。其中,最抽象意义上的原型域事件可以用语言表述为:自然施事(如地球运动、大气现象)在某个地域引起自然过程,而这些过程又影响其他实体或受事,导致后者被改变。人类施事能够使用工具实施人为过程(如建造),从而产生或消除通常由自然过程施加的影响。以海岸工程(Coastal

---

① 邱碧华. 术语本体编纂学:本体建造和术语描述的社会认知方法[J]. 中国科技术语,2019,21(4):24-29.

② FABER P. A cognitive linguistics view of terminology and specialized language [M]. Berlin/Boston:De Gruyter, 2012:26.

Engineering)为例,域事件为发生于专业领域的专业化过程、行动和参与其中的实体提供了模板,以及各种概念关系产生的具体背景或者语境,形成术语赖以生存的概念网络(conceptual networks)。[①]

在创建术语库时,框架型术语学借鉴了多语词汇数据库,开发出一种类似"框架"的体系结构,覆盖和处理诸如多义词、句法配价信息、词汇化模式以及不同语言的对等物等问题。"框架"让术语单元的语义行为和句法行为清晰可见,也有助于描述概念关系,以及深入挖掘术语的组合潜力。通过"自下而上"(bottom-up)的归纳法和"自上而下"(top-down)的演绎法,研究者从专业领域中提取术语,构建概念系统。前者指从不同语言的文本语料中,提取与本知识领域特别相关的信息;后者是在领域专家指导下,从专业词典和其他参考资料中寻找信息。研究者主要使用前者,对构成域事件的概念构架进行规范。在不同的域中,基础的属类别设置在作为原型的域事件或者"行动-环境"界面上,为其他类别的信息建构提供了模板。术语记录的信息不仅包括层级/纵向关系(如属-种关系和整体-部分关系)的描述,也包括对非层级/横向关系(如因果、目的、方式等语言逻辑关系)等的描述。通过这种方式建立起来的框架结构,可以帮助人们快速获取知识。需要指出的是,对专业域进行描述的"事件"通常是该领域普遍发生的事件,因而具有代表性。每个知识领域都有自己的事件模板。在域事件或"行动-环境"界面上,表示属的类别嵌入其中,为领域内更多相关概念的认知和定义提供了框架。

框架型术语学把术语视为微型知识的代表物,对术语的定义源自从语料中提取的各种信息,包括术语的词形变化和各种组合关系。它强调在域事件中,不同概念间的关系是一种"动态"结构,所有概念都是过程或者事件的组成部分。使用"框架"作为定义术语的模型,对术语的描述可以做到更为动态、更为灵活、趋向完整、突破传统的属-种关系。[②] 对 EcoLexicon 等成果的分析表明:框架型术语学基于事件概念组织把术语的句法和组合特征纳入了研究视野,通过考察术语概念的多维性突出了语境要素在术语概念表征中的重要作用并且把专业语料库作为提取概念知识的主要来源。此外,它的另一创新点在于充分利用图像对专业概念进行表征。[③] 语言和图像可以相互结合,相辅相成。图像既可以凸显概念的多维度,也可以显示专业领域中概念间的各种关系。结合认知-符号视角,图像可以分为形象、抽象和动态3种类型,形成不同的图像组合(image profile),为术语的描述提供更为全面的信息。从译介到

① FABER P, LINARES C M, EXPÓSITO M V. Framing terminology: a process-oriented approach[J]. Meta: translators' journal, 2005, 50(4). FABER P, MARTÍNEZ S M, PRIETO M R C, et al. Process-oriented terminology management in the domain of coastal engineering [J]. Terminology, 2006(12:2): 189-213.

② FABER P. The dynamics of specialized knowledge representation: simulational reconstruction or the perception-action interface [J]. Terminology, 2011(17:1): 9-29.

③ FABER P, ARAUZ P L, PRIETO VELASCO J A, et al. Linking images and words: the description of specialized concepts [J]. International journal of lexicography, 2007(20): 39-65.

应用,国内已有学者参照框架型术语学开发出面向专业领域的双语学习型词典等标志性成果。[1]

4. 俄罗斯学派

认知术语学是现代术语学与认知科学、认知语言学交叉的产物。在同一时期,术语研究在俄罗斯出现了认知转向。1998 年,阿列克谢耶娃率先使用了"认知术语学"这一术语。在她之前,著名术语学家格里尼奥夫曾使用过"认识论术语学",从记录知识、发现知识和传播知识三个方面强调术语的认知功能。这一名称虽与现在的认知术语学有所区别,但反映出这一领域已形成一个独立的认知学科。如果把术语作为认识工具,构成系统的术语就能塑造物质世界的认知形象,创建世界图景。[2] 2006 年,塔塔里诺夫将"认知术语学"作为词条入典,标志着认知术语学作为一门独立的交叉学科被学界接受。之后,戈罗万诺娃详细阐述了认知术语学的研究方向,包括术语的认知属性、认知术语学的核心问题、行业交际语言的发展规则、认知术语的启智效用、核心术语体系等方面。

俄罗斯的认知术语研究与语言学、心理学、逻辑学、科学学、信息技术科学密切相关。认知术语学的产生和发展得益于该国得天独厚的语言学土壤,其从问世之初就沿用了认知语言学的研究范式。在新的研究范式下,认知术语学研究主要遵循扩张、人本中心、新功能主义和阐释等原则。扩张是指以跨学科的视角审视术语研究,主张不同学科相互交融,即术语研究要秉持跨学科的理念。人本中心主要包括两方面:一是自然语言与个体行为、思维的互动,以及在这一互动框架下人所具有的特定世界图景;二是人对术语使用、术语创造性活动的主观能动性,关注行业思维与术语结构的关系、科学世界图景中概念的研究问题。新功能主义关注术语作为研究对象所具有的功能,认为术语是行业交际的手段、媒介、渠道和人认知活动中实现特定动机的机制,探讨术语、行业词等语言单位的交际认知功能,反对纯形式研究术语和片面术语理据要素等。阐释原则认为认知术语学是一门体验科学,经验和逻辑可以在语言内实现共鸣,通过分析术语语料能够探究人的心智活动、认知机制等;强调术语是一个动态系统,只有观察研究其在话语中的使用情况才能揭示术语发展的内部规律。

俄罗斯学派研究目标明确,学理作用突出,定位精准,通过"整七化一"、立志高远和独"术"一帜等方面表现出来。[3] 所谓"整七化一",是指认知术语学有七大目标:① 研究不同类型话语中术语的生成、发展及功用;② 系统化建构目标域内的术语体系;③ 确立术语体系的建构规则;④ 研究术语体系的具体语言现象(如术语构成、术语语义发展规律等);⑤ 构建某一行业术语的概念模型;⑥ 揭示认知模型语言体现

① 卢华国.框架术语学视角下的双语专科学习型词典设计研究[D].南京:南京大学,2016.
② 格里尼奥夫.术语学[M].郑述谱,吴丽坤,孟令霞,译.北京:商务印书馆,2011:235.
③ 句云生."术"业专攻——俄罗斯认知术语学[N].中国社会科学报,2019-04-02(3).

的途径;⑦从认知语言学、称名学的视角分析、描写术语的概念模型。立志高远是指认知术语学从实际出发,发现问题,解决问题,通过对术语要素的词源分析揭示术语单位的结构语义和句法特点,通过对行业交际领域概念的结构、本质的研究展现术语在术语体系中的实际用途。称名不仅是给客观世界命名的过程,而且是认知、建构、评价、描写世界的过程。对术语单位特点、术语生成、术语称名的研究展现了术语概念言语化的前景,对构建术语体系的框架、描写特定领域的概念域和范畴意义重大。独"术"一帜表现为,认知术语学改变了术语与概念之间的相互关系,深化了学界对于术语和概念的理解,围绕概念、概念结构、知识结构等建立起核心术语体系;承认术语是具有认知功能的词更是具有首创性意义。此外,把术语视为行业认知、行业活动进程中的动态结构,可以加深对术语本质的认识。在特定知识活动领域内,术语与其他行业要素一样,都是认知交际相互作用的产物。

俄罗斯认知术语学是术语学科外在属性和内在属性共同作用的产物,承认术语背后不仅有科学知识,还有行业经验的具身认知,为研究科技术语、行业概念、行业话语提供了方法论基础,并经由翻译对国内的术语研究产生了较大影响。以郑述谱、吴丽坤为代表的俄语学者,从译介格里尼奥夫等人的著作开始,不断深入俄罗斯学派的研究成果,在译介的基础上加以创新。多年来,研究者从称名原则、术语学科建设、术语定义研究、行业术语研究、术语整合研究、术语符号性研究、核心术语辨析、术语应用研究、汉语术语实证研究等角度进行了细致而深刻的探索,形成了以认知为特色的术语研究团队和系列成果。孙寰认为,在术语认知功能范畴中,启智功能是最能体现术语特点的一种功能,她把这种功能进一步划分为系统化功能、模式化功能与预示功能。① 李海斌认为,当前术语研究的特点是把认知功能提到首位,把术语视为专业概念的言语化结果;在认知过程中,术语不断接近专业知识,直至与其等同。② 陈雪总结了俄罗斯认知术语研究,把认知术语学定义为一门从认知和信息的角度来研究术语,研究术语的称名、交际、概念等,着力揭示语言结构和知识结构之间不断变化的校正关系,研究术语在科学认知和思维中作用等问题的新兴的、跨领域的交叉学科。③ 句云生提出,在科学理论中,核心术语是衍生新术语的基础环节。它能够助力术语生成新知识,而且作为一种认识工具,可反映物质世界的认知形象,帮助人们在认知中形成相应的世界图景。核心术语集认知、工具、体系和信息等多种功能于一身,成为人们认识世界和自身的利器。④

在认知视角下,术语研究取得了突破,这表现在以下5个方面:① 获得了新的名称"言语化符号",动态特征得到确认;② 术语被视为在某一专业知识领域或活动领域进行认知和交际的重要手段;③ 开始更多关注人的因素,把认知看成人的体验,关

① 孙寰.术语的启智功能[J].中国科技术语,2009,11(4):22-26.
② 李海斌.认知术语学:术语学研究的新方向[J].外语学刊,2014(3):149-154.
③ 陈雪.认知术语学概论[M].北京:商务印书馆,2017:59.
④ 句云生.加快发展中国特色术语学[N].中国社会科学报,2020-08-11(3).

注术语的语言结构与知识结构之间的内在联系;④ 运用语篇分析的方法,研究术语在知识形成和发展过程中的作用;⑤ 聚焦于语言结构和知识结构之间不断发生的校正关系。

第二节　ICAO 语言能力标准

1. 背　景

英语是国际民航的通用语言(de facto common language)。《公约》附件 10《航空电信》规定,无线电陆空通话应使用地面台站的语言或英语,当飞行员不会说地面台站语言时应使用英语。调查显示,语言能力不足是导致航空事故发生和事故征候出现的重要因素。在某些事故中,语言的使用(错用)直接或间接地导致事故的发生。有时,语言是使问题恶化的一连串事件的衔接点。

由语言导致的事故和事故征候主要有三种情况。一是错误使用标准术语。设立术语的目的是用清晰、简洁、无歧义的语言进行通信。一项针对航路无线电通信的实证研究显示,尽管 ICAO 规定了标准术语,但约有 70% 的工作通话用语不符合标准。[①] ICAO 标准术语涵盖了很多方面,但不可能满足飞行员和管制员的所有通信需求。二是明语能力欠缺。比如,曾有一架飞机偏离航线,撞上山腰。在调查过程中,管制员坦承航班报告位置与他所理解的位置不一致,但语言能力的不足导致其无法在有限时间内与机组人员进行明确的沟通并加以纠正。三是在同一空域使用不止一种语言。多种语言的使用会影响机组人员对形势的感知,因为他们听不懂空域内使用的其他语言,这经常导致险情或事故发生。

2. 标准和建议措施

作为政府间国际组织,ICAO 是负责国际民航事务的联合国专门机构,总部设在加拿大蒙特利尔。1944 年,芝加哥会议通过了《国际民用航空公约》(Convention on International Civil Aviation,通称“《芝加哥公约》”),宣告 ICAO 正式成立。ICAO 的职能包括制定国际民航标准和规则、促进国际合作;进行安全、安保审计,以及解决国际争端。截至 2022 年,该组织有 193 个成员国。各成员国在总部均设有代表处。ICAO 的日常管理机构是理事会,由 36 个理事国组成。一类理事国有 11 个,由在航空运输方面占主要地位的国家组成;二类理事国有 12 个,由对提供国际民用航空的空中航行设施做出较大贡献的国家组成;三类理事国有 13 个,由代表世界各主要地

① MELL J. Étude des Communications Verbales entre Pilote et Controleur en Situation Standard et Non-Standard[D]. Toulouse: Université du Mirail Toulouse, 1992.

理区域的国家组成。①

根据《ICAO 出版物条例》(Doc 7231),ICAO 出版物体系分为 4 个层级,从高到低依次为:《国际民用航空公约》(简称"《公约》");《国际民用航空公约》附件(简称"附件");空中航行服务程序(PANS)/地区补充程序(SUPPs);指导文件。② 层级不同,对应出版物的性质也有所不同,可能是国际标准和建议措施、具体操作程序或指导性文件。以技术手册(Manual)为例,它是为了补充国际标准和建议措施及空中航行服务程序并促进其执行而制定的,帮助各成员国具体实施的指导性文件。

2004 年,ICAO 制定了《语言能力要求实施手册》(Doc 9835　AN/453)(简称"《手册》"),并对《公约》附件 1《人员执照的颁发》、附件 6《航空器的运行》、附件 10《航空电信》、附件 11《空中交通服务》和《空中航行服务程序——空中交通管理》(PANS-ATM,Doc 4444)中的有关条款进行了修订,明确要求专业人员在 2008 年 3 月 5 日前达到英语通话标准要求。具体包括:① 强化使用英语无线电通信的相关条款,无论是在地面工作站还是在所要求的空域内,使用英语的要求都应从推荐级提升至标准级别;② 为飞行机组成员和空中交通管制员设立语言能力最低技能等级要求;③ 引入同时适用于母语人员和非母语人员的语言能力评分标准;④ 明确简明通用英语和航空术语的使用要求;⑤ 标准化 ICAO 术语;⑥ 建议测试时间表以逐步展示语言能力;⑦ 为服务供应商提供监管,监督其人员是否符合要求。语言应当成为识别和解决问题的工具,而不是需要投入更多注意力去克服的障碍。ICAO 语言能力标准旨在通过政策与规划,让语言发挥积极作用,从而降低乃至消除由沟通不畅造成的安全隐患。

在《手册》的基础上,ICAO 与语言能力相关的标准和建议措施大体可分为三类:附件 1 的标准和建议措施确定了作为颁发执照前提条件的语言能力要求;附件 6 和附件 11 规定了航空公司或服务提供商对语言能力的监管;附件 10 的标准和建议措施明确了可用于无线电通信的语言。ICAO 语言能力标准的核心是:飞行及空管人员在无线电频率上用英语进行通话时,除了能够熟练运用 ICAO 标准术语外,还要能够熟练地用英语表达正常和非正常情况下的处境、意图和各种愿望、请求以及管制方法,并能迅速对上述情况做出反应。

3. 整体指标和具体要求

附件 1 和《手册》均以附录形式明确了对无线电话通信中语言能力的要求,包括整体指标和《语言能力评级表》。其中,整体指标要求会话熟练者必须做到:① 在仅用话音(电话/无线电话)和面对面的情况下进行有效交流;② 准确和清楚地就共

---

① 姬瑞鹏,陈曦先,许家祺. 国际民航组织概论[M].北京:北京航空航天大学出版社,2017:75.

② 鲍梦瑶,李迅.国际民航组织出版物的体系架构及制定特征研究[J].航空标准化与质量,2017(6):49-54.

同、具体和与工作有关的题目进行交流;③ 使用适当的交流策略在一般或与工作有关的范畴内,交换信息并识别和解决误会(例如核对、确认或澄清信息);④ 成功和较为轻松地处理因日常工作范畴内的复杂或突发事件或因不熟悉的通信任务造成的语言挑战;⑤ 使用航空界能够听懂的方言或口音。

《语言能力评级表》则把语言能力分为 6 个等级,从准初级(1 级)到熟练级(6 级),中间依次为初级(2 级)、准工作级(3 级)、工作级(4 级)和高级(5 级)。每个等级都从 6 个方面(发音、结构、词汇、流畅、理解、互动)对语言技能表现进行了详细描述。以工作级为例,在发音方面:发音、重音、节奏和语调受到第一语言或地区差异的影响,但只是有时妨碍对语言的轻松理解。在结构方面:能够创造性地使用并且通常能够很好地驾驭基本语法结构和句型;可能会出现错误,特别是在异常或预想不到的情况下,但是很少妨碍语义的表达。在词汇方面:词汇范围和准确度通常足以就常用的、具体的和与工作相关的话题进行有效交流;在异常或始料不及的情况下词汇匮乏时,常常能够顺利地解释表达意思。在流畅度方面:能够以适当的节奏说出一些片段的话语;从经演练过的或程式化的话语转为自然互动时偶尔会不流畅,但是并不影响有效交流;能够使用有限的话语标记或衔接词;一些赘语不会使人分散注意力。在理解方面:当所用口音或语言变化足以为国际社会讲英语的人所充分理解的情况下,对常用的、具体的和与工作相关的话题的理解大多准确;当遇到复杂语言或复杂情况,或情况发生始料不及的转变时,理解会减慢,或可能需要采用澄清策略。在互动方面:回应通常是及时、适当和有意义的;即使在处理始料不及的事件变化时,也能启动并保持交流;能够通过核对、确认或澄清的方法,适当地处理明显的误解。

与其他语言能力标准相比,ICAO《语言能力评级表》在一些方面有其独特之处。第一,等级评定标准仅涉及口语(说和听),而不涉及读写。第二,主要考查工作(航空)环境下的语言使用、纯话音通信、在出现复杂情况或意外情况时进行安全交流的策略能力,并强调可理解性。第三,工作级(4 级)不以语法正确或说类似母语的发音为目标。对语法、句法、词汇和发音的评判,主要以不妨碍有效的口语交流为标准。第四,最终评定等级不是上述六项语言技能的平均或总体水准,而是六个分项评定等级中最低的一个。附件 1 和《手册》都明确规定,飞行员、空中交通管制员以及航空电台话务员等执照人员必须达到工作级 4 级或以上级别,并对低于 6 级的人员定期进行测试。达到 4 级的人员至少每三年测试一次,达到 5 级的至少每五年测试一次。以整体指标和《语言能力评级表》为标志的相关要求把语言能力上升到前所未有的高度,将其与执照申请与颁发直接关联起来,使其成为飞行和管制等专业人员的核心就业力之一。

4. 标准用语和术语要求

上述附件和《手册》对语言能力的要求,都一致强调优先使用 ICAO 标准用语(standardized phraseology)。标准用语具体可见附件 10 第二卷第 5 章、Doc 4444 号文件第 12 章和《无线电通话手册》(Doc 9432)。以 2010 版《手册》为例,标准用语总共出现了 96 次。在中文版中,"standardized phraseology"被同时译为"标准用语"和"标准术语",二者之间没有严格区别。此外,还有一个单独的词条"Fomulaic Speech"(套话),指对语言有限制的或编码使用的,包含为高频率重复通信的开发或为实现特定或专业目的的,正式且固定的标准短语或词语套话。

标准用语的主要语言特征是:① 词汇少,仅包含约 400 个单词;② 每个单词都具有精确含义,比如"cleared"的意思是"authorized to proceed under the conditions specified",中文译为"许可",表达肯定或同意要说"affirm"或"approved"而不是"yes",表达否定或不可以要说"negative"而不是"no";③ 仅限于航空领域;④ 句子短,删去了"功能词",如限定词(the,your 等)、助动词和系动词(is/are)、主语代词(I,you,we)和很多介词;⑤ 句子时常包含名词化动词。大部分句子(约 50%)为祈使句或被动句。[①] 示例如下:

Cleared to land.

Report when ready.

Say rate of climb.

Requesting low pass.

ICAO 语言能力标准面向无线电通话(Radiotelephony)英语,对象其实就是两类专业人员(管制员和飞行机组人员)使用的、高度专业化的航空英语分支。ICAO 坚持使用标准用语的重要性。尽管标准用语涵盖了很多方面,但还是不可能满足管制员和飞行员的所有通话需求。运行专家和语言学家都认为,没有哪一套标准用语可以囊括所有可能发生的情况和回答,尤其是出乎意料的危险情况。比如,某个经验不足的驾驶员迷失方向、航空器上出现技术问题、一位旅客突然发病、有人声称有炸弹、空中交通管制设备故障,或其他难以预料的事情。发生这些情况时,没有现成的标准用语以供通信使用,通话双方必须使用明语。在这种情况下,对明语以及术语能力的要求便大幅提高。

提高术语能力,不能满足于对数量有限的标准用语的掌握。在航空英语领域,存在着大量专业术语和缩略语。[②] ICAO 标准用语与无线电通话英语和航空英语之间有何关系?航空英语又该如何界定?航空英语涵盖领域内不同专业人员(工程师、技术员、商务人员、飞行机组人员,等等)语言的所有使用情景,包括诸如航空器制造、航空器维修、航空器运营、空中交通管制、管理、机场活动、旅客服务、飞行机组运行等专业。无线电通话英语是无线电通信中使用的语言,可视为航空英语的一个分支。它包括但绝不仅限于标准用语,很多时候需要使用明语或普通英语。标准用语则是

---

① PHILPS D. Linguistic security in the syntactic structures of air traffic control English[J]. English world-wide, 1991, 12(1):103-124.

② 宋子寿. 缩略语也是术语[J]. 中国科技术语, 2006, 8(2): 23.

ICAO 批准的、用于无线电通信的标准单词和短语,是一种非常狭窄、特殊且严格的子语言。[①] 自上而下,航空英语、无线电通话英语和 ICAO 标准用语是英语语言中逐渐细化的分支。ICAO 特别强调,仅仅知道并记住标准用语并不构成语言能力,面向语言能力标准的培训也不应局限于标准用语。《手册》在培训课程内容(7.4.3)部分明确指出:"语言能力是知识、技巧和能力的一种错综复杂的交互作用,需要做的要比记住词条多得多。只记住国际民航组织用语并不能构成语言能力,而且还是一种不安全的做法。"因此,航空语言培训必须超越数量有限的标准用语,覆盖与航空语言相关的不同专业领域,重点是围绕无线电通话中的主题和话题,聚焦可能涉及的多种功能、任务、事件情况和适用范围。

5. 空中交流的主题和话题

在无线电通话中,要求飞行员和管制员具有的词汇能力涉及与主题和话题相关的单词和短语。《手册》在通信语言具体特征部分(3.4.2)总结出 19 个主题和话题,具体如下:

——缩写词、缩略语

——动物、鸟

——航空、飞行

——行为、活动

——货物、商品、包装、材料

——起因、条件

——地理、地形特征、国籍

——卫生、医学

——语言、口头交流

——情态(责任、概率、可能性)

——数字

——感知、感觉

——问题、错误、事故、失灵/故障

——规则、执行、违反、协议/规程

——空间、移动、位置、距离、尺寸/范围

——技术

——时间、持续时间、计划

——运输、旅行、车辆

---

① 子语言(sublanguage)在语言的专业化使用过程中产生。它源自自然语或明语的语言材料,并不带有任何贬低含义,只是表示语言的从属关系。其特点是使用"非标准"的语言形式和高度专业化的词汇。子语言可能很难,尤其是对非专业人士来说。子语言可能是自然而然产生的,也可能是人为设计或使用的,或者是二者相结合的产物。

——天气、气候、自然灾害

以缩写词、缩略语为例,《手册》引用《空中航行服务程序》(Doc 4444)中的规定,要求电报在任何情况下都应以标准用语或明语发送,不得改变电文含义。发送至航空器的电文若包含缩略语,通常应修改为非缩略语形式的词或短语,除非是经常和普遍使用,或专业人员都明白的标准用语。

6. 功能与任务

话语具有交际功能,此功能与说话者的意图有关。作为发生在航空领域的专业话语,无线电通话具有鲜明的功能性和任务性。根据通话目的以及飞行员和管制员在工作中的角色,《手册》把无线电通话可能涉及的交际功能分为以下 4 类:① 引发动作;② 共享信息;③ 协调通话方之间的关系;④ 管理对话。其中,引发动作是无线电通话的核心功能。支持这一核心功能的是"共享信息",只有在飞行员和管制员对实时情景有充足的共享信息时,正确的动作才能被引发。后两种主要发挥调节作用。由于飞行员和管制员在工作中的角色不同,有些功能一般只适用于某一方,在功能检查单中分别标注"P"(指 Pilot,飞行员)或"C"(指 Controller,管制员),比如发布指令 C 或请求许可 P。有些功能(如请求信息)同时适用于飞行员和管制员,则标注"P/C"。

无论是引发动作,还是管理对话,话语的交际功能都要通过具体的语言任务(language task)来实现。《手册》把空中交通管制员需要完成的语言任务分为八大类,分别是:① 管理空中交通顺序;② 控制航空器或车辆的地面活动;③ 安排航路或规划飞行;④ 监控航空器状况;⑤ 处置航空器冲突情况;⑥ 评估气候影响;⑦ 应急响应和执行应急程序;⑧ 管理扇区或位置资源。以控制航空器地面活动为例,管制员需要完成的任务包括:发布在登机口等待指令、告知预计离场许可时间、接收和宣布取消管制限制和发布机场状况信息等。参照专业机构的研究①,《手册》汇编了管制员的语言任务,具体可参见"附录4 空中交通管制员的语言任务"。

7. 事件和适用范围

事件可分为三类:想象的事件、象征的事件、实在的事件。事件是一个激进的转捩点。在事件中,发生改变的不仅仅是事物本身,转捩点改变了事实所呈现的整个场域的面貌。事件涉及的是我们籍以看待并介入世界的架构的变化。② 为帮助专业人员提高航空术语能力,同时为语言培训提供支持,《手册》以清单形式总结出无线电通话可能涉及的事件、适用范围和子适用范围(子域),以及相关事件和适用范围中的通

---

① RAMOS R, CHATHAM R, HENNING G, et al. Language tasks in air traffic control English language project (ATCELP) 1: identifying basic English language proficiency for international air traffic controllers (FR-EADD-99-62). HumRRO/FAA, 1999.

② 齐泽克.事件[M].王师,译.上海:上海文艺出版社,2016:13.

信用语。事件代表管制员必须能处理的可控情况、正常或非正常情况。每一事件均要求熟悉并掌握相关的词汇和术语,与框架型术语学在专业领域中构建认知框架、通过域事件(Domain Event)呈现术语与概念系统依存关系的做法高度契合。

基于专业机构的研究,《手册》把"事件和适用范围"分为三类,分别是:① 机场管制下的事件、领域和子域,共 24 个;② 与航路空中交通管制相关的事件和领域,共 18 个;③ 特殊/其他适用领域,共 6 个。词汇和术语共有约 1 300 个,具体可参见"附录 5　管制事件、适用范围和子适用范围"。例如,围绕"approach delays"(进近延误)这一属于机场管制领域的事件,需要掌握的相关用语主要有"holding instructions"(等待指令)、"holding procedures"(等待程序)、"aerodrome circuit"(机场起落航线)、"endurance"(续航时间)、"diversion/alternate"(改航/备降机场)、"necessary conditions"(必要条件)、"CAT 3"(三类盲降)和"all-weather landing"(全天候着陆)等。

8. 对母语者的要求

ICAO 语言能力标准对航空语境下的英语会话和交流能力提出了具体要求。英语母语者是否天然具备上述能力而无需进行培训或相关测试呢?并非如此。研究显示,英语母语者在工作交流中存在两种问题。一是用语不规范。在英国民用航空局(CAA)航空英语研究报告中,研究者发现,37%由通信问题引发的事故/事故征候涉及飞行员与管制员之间的沟通问题,比如指令复诵错误、呼号与航路点发音混淆、语速过快、术语使用不当等。[①] 令人吃惊的是:通信失误的出现很多时候是因为英语母语者不遵守规则,而不是由非英语母语者所造成。[②] 二是与非英语母语者在沟通上存在问题。在国际民航英语协会(ICAEA)2019 年年会上,Estival 根据沟通失败的情况,总结出英语母语者方面的具体原因,包括:缺乏术语训练;在通信中使用俚语、行话或口语化表达;对非英语母语者缺乏耐心和同情心;对异域文化了解不够,没有跨文化意识;不遵守通话程序及标准;语速过快。

对语言差异认识不足,以及"英语优越"的偏见,不仅会阻碍航空语言培训和 ICAO 语言标准的实施,形成安全隐患,严重时甚至会酿成大祸。鉴于无线电通话英语的专业性,英语母语者应当把它视为"另一种语言",而非其驾轻就熟的母语。《手册》明确规定,ICAO 语言能力要求对英语母语者和非英语母语者同样适用。减少直至消除通信失误的风险需要共同努力和广泛的合作。在与非英语母语者的通话交流中,英语母语者应当承担更多责任。因此,各缔约国,尤其是以英语为母语的国家,要

① CLARK B. Aviation English research project: data analysis findings and best practice recommendations [M/OL]. Civil aviation authority, 2017. [2017-03-21]. https://publicapps. caa. co. uk/modalapplication. aspx? catid=1&pagetype=65&appid=11&mode=detail&id=7802

② KIM H, ELDER C. Understanding aviation English as a lingua franca[J]. Australian review of applied linguistics, 2009, 32(23): 1-17.

确保其用语尽可能与 ICAO 标准用语保持一致。英语母语者和语言熟练使用者可通过策略提高通信质量,尽量不使用习语、俗语或其他行话,并控制语速,确保自身话语能被非英语母语者理解。

第三节　认知翻译研究

认知翻译研究是认知科学、认知语言学(CL)与翻译研究交叉的产物。在理解原语和输出目的语的过程中,译者的知识(语言知识和世界知识)及基于知识的推理发挥着重要作用。语言转换是一个复杂的心理过程:不管是对原语的理解还是目的语的产出,都要受到心理表征(即认知)的制约。因此,从认知角度研究翻译问题,翻译的本质、语言转换的心理机制等一些问题可以得到合理的解释。

1. 认知翻译观

国外翻译研究的认知转向始于 20 世纪 90 年代。R. T. Bell 率先区分了作为结果的翻译(translation)和作为过程的翻译(translating),在信息加工串行方法论的基础上建立起新的翻译模式。① 把翻译作为一种过程进行研究,实际上就是探讨语言转换的认知心理过程。1997 年,J. H. Danks 等编辑出版了 *Cognitive Process in Translation and Interpreting*(《口笔译认知过程》),标志着翻译学进入了新时期。2010 年,由 G. M. Shreve 和 E. Angleone 编辑的 *Translation and Cognition*(《翻译与认知》)更是把认知翻译研究向前推进了一大步。在这部论文集中,R. M. Martin 正式提出了"Cognitive Translatology"(认知翻译学)这一术语。② 之后,他又明确了翻译、语言与 4EA 认知(embodied,embedded,enactive,extended,and affective cognition)的关联接口。在 4EA 认知观下,认知是涉身的、环境内嵌的,是身体与环境共构并具有赋使特性的,是扩展的且与情感相关的认知,展现出涉身认知哲学或涉身现实主义的认识论立场。③

体验哲学和 CL 认为认知源于实践,语言是体验和认知的结果。翻译以对现实世界体验为背景的认知主体所参与的多重互动为认知基础。以王寅为代表的国内研究者认为,在翻译的过程中,体验和认知先于翻译活动,译文是体验和认知的结果。翻译始于译者对原文语篇各种意义的理解,而理解必定来自体验和认知。只有从认

① BELL R T. Translation and translating: theory and practice [M]. New York: Longman, 1991: 27-35.

② MARTIN R M. On paradigms and cognitive translatology [C]//SHREVE G M, ANGELONE E. Translation and cognition. Amsterdam/Philadelphia: John Benjamins, 2010: 169-187.

③ MARTIN R M. Looking toward the future of cognitive translation studies [C]//SCHWIETER J W, FERREIRA A. The handbook of translation and cognition. New Jersey: John Wiley & Sons, 2017: 556-572.

知角度才能对翻译做出始源性的理论解释。参照 Lakoff、Johnson、Langacker 等倡导的 CL 基本原理，王寅提出了"认知翻译观"，初步阐述了从 CL 角度建构翻译理论的思路。① 根据这一观点，翻译是以现实体验为背景的认知主体(包括作者、读者、译者)所参与的多重互动作用为认知基础的，译者只有把交际过程中的三个环节(作者、文本、读者)紧密结合，充分考虑体验和认知要素的制约，处理好各种互动关系，才能实现解释的合理性。作为一种特殊的认知活动，翻译具有体验性、互动性、有限创造性、语篇性与和谐性等特点，通过识解集中表现出来。

2. 何为识解?

识解(Construal)是人类认知的一种主要方式，也是认知语法的核心概念之一。Langacker 在认知语法框架中提出"识解"概念，把它定义为"人类用不同方式理解和描述同一场景的能力"②，强调语言表达式的意义不仅取决于概念内容，而且还取决于识解该内容的特定方式③。W. Croft 和 A. Cruse 对意义持有动态识解(dynamic construal)的观点，认为词和句子本身没有意义，意义是人借助语言要素的局部线索等多种属性，并参照与听者心智相关的源于语境、知识和推测的信息等非语言知识进行识解的结果。识解最明显的功能是为同一情景提供可替代的语言表达形式。④ 由此可见，对于相同的认知对象和概念内容，倘若识解方式不同，语言表达的形式和语义则会不同。

3. 识解要素

最初，Langacker 把识解分为详略度(specificity)、辖域(scope)、背景(background)、视角(perspective)、突显(prominence)5 个要素，用来解释人们在面对相同场景时会产生不同的语言表述。详略度指语言使用者对同一情景进行描写的详细程度。对于同一情景，语言使用者可以选择细颗粒度(fine-grained)或粗颗粒度(coarse-grained)方式进行观察。辖域指表达式所涉及的相关经验和被激活的概念域配置。理解一个表达式的意义或结构需要相关的经验，并且需要另外一个或多个表达式的意义或结构作为背景，这与我们常说的百科性背景知识有关。辖域制约着人们对于一个表达式或一个文本准确意义的理解，因为这和个体的背景知识相关。背景知识常作为参照系，帮助人们把握相关概念域中那些被前景化(foregrounding)

① 王寅. 认知语言学的翻译观[J]. 中国翻译,2005(5):15-20.

② LANGACKER R W. Foundations of cognitive grammar, Vol. 1: theoretical prerequisites[M]. Stanford: Stanford University Press, 1987:138.

③ LANGACKER R W. Essentials of cognitive grammar[M]. Oxford: Oxford University Press, 2013:43.

④ CROFT W, CRUSE A. Cognitive linguistics[M]. Cambridge: Cambridge University Press, 2004:41.

的成分。有了辖域和背景,之后就是考虑从哪一视角来观察问题。角度和位置不同,看到的景色和问题也不尽相同。视角涉及观察者与事物之间的相对关系,以及语篇的人称、分句的语法主语等问题。语言表达在很大程度上可被视为讲话者对周围环境进行概念化过程的反映,这个过程受到注意力突显原则的制约。突显有多种含义和用法,直接反映了人在主观上对某一事体感兴趣乃至最感兴趣的部分,通过时隐时现或运动过程中的变化表现出来。

在作上述区分时,Langacker 未考虑认识上的顺序性。王寅曾多次与 Langacker 讨论,指出这五项内容似有重复,后者坦率承认这一点。鉴于此,王寅提出把"辖域"和"背景"合并,并将各要素按从大到小、从宏观到微观的顺序,重新排列为辖域、视角、突显和详略度,使其更加符合认知规律。根据新的划分,识解被定义为"(人)通过确定不同辖域、选择不同视角、突显不同焦点、权衡不同精细度来观察事态和解释场景的一种认知能力"[①],成为形成概念体系、语义结构和进行语言表达的必经之路。具体来说,讲话人在语言表达时首先要确定一个范围或辖域,表明主要将论述哪一方面的事情、涉及哪些背景知识,然后再考虑论述的视角。与此同时,讲话人不可能将场景中的所有信息都表达出来,而只能选择相对于背景而言更为凸显的部分,采取从详或从略的方式来论述或表征事态。

识解对语言现象有很强的解释力,通过三个方面表现出来。一是解释词义,指在某一语义域内被凸显的对象,如"机身"(fuselage)以"飞机"(airplane)为背景语义域,"大厅"(concourse)涉及"机场航站楼"(Terminal)的背景知识。这与"神经元激活网络""语义的百科性"等观点相吻合。二是解释隐喻和转喻。隐喻不仅贯穿于日常生活,渗透于字里行间,还体现在思维和活动中。隐喻在传统上是一种语言现象和修辞手法。随着认知语言学的发展,人们开始从认知角度考察隐喻。隐喻中的"喻体"和"本体"就相当于"背景"和"凸显对象",前者为后者提供一个理解本体的背景,本体则是背景中被凸显的事体。我们借以思维和行动的普通概念系统在本质上是隐喻的,通过隐喻性术语表现出来。比如机头和蒙皮,英文分别是"Nose"和"Skin",这是把对人体的认知投射到飞机的相应位置上。换喻则可理解为某一事件中凸显对象的转移。比如机场跑道,通常用"runway",有时也可以用"tarmac"(字面意为"柏油碎石路面")来指代,以凸显跑道的材质。三是划分词类。根据凸显原则,可把词汇分成事体(凸显对象的三维空间)和关系(凸显对象之间的关系或一维性时间)。名词指向事体,强调了"事体本身";动词强调了"动作、过程、特性、关系"。按照凸显原则往下切分,就能获得词类分布情况。[②]

---

① 王寅.认知语言学的"体验性概念化"对翻译主客观性的解释力——一项基于古诗《枫桥夜泊》40 篇英语译文的研究[J].外语教学与研究,2008(3):211-217+241.

② 王寅.什么是认知语言学[M].上海:上海外语教育出版社,2011:91.

4．识解与术语认知

识解与术语研究（尤其是认知视角下的术语研究）关系密切，通过以下方面表现出来。

（1）域

识解在特定的辖域或领域内发生。无论是框架型术语学中的域事件（Domain Event），还是事件域认知模型（Event-domain Cognitive Model，ECM），都强调域在识解中的作用。

框架型术语学认为每个专业都有属于本领域的事件模板，这些事件能够被概念系统捕捉，构成概念事件的结构基础，可在框架中对新行为或新事件进行范畴化处理。参照原型概念，框架型术语学把专业域中反复发生的事件称为"原型域事件"（Prototypical Domain Event）。它把专业域中的基础层面范畴配置在一起，产生了一个适用于所有层面信息架构的模块，把体现专业域特色的典型状态和事件以及参与其中的实体都纳入进去，确立起一个组织具体概念的框架。范畴中的具体概念被置于网络中，通过层级和非层级关系联系在一起。作为一种以认知为导向的术语理论，框架型术语学的核心理念在于：在科学和技术传播中，术语作为特定知识单元激活与用户专业背景知识相对应的专业领域语义框架。在此基础上，Faber 领衔开发出 EcoLexicon——面向环境领域的多语术语知识库。经过不断改进、完善，该库已在环境领域汇集 3 631 个概念，总共包含 20 342 条术语，以 6 种语言呈现。[1]

ECM 认为，人们以"事件域"为单位来体验和认识世界，并将其作为知识储存于大脑之中。在对许多具体事件进行体验和认识的基础上，人们逐步概括出事件的抽象概念结构，并逐步形成语言中的种种表达。一个事件可包含很多行为要素和事体要素，各要素呈现出层级性关系。[2] 以空难为例。在第一层级上，事件主要包括动作要素（行为，包括动态性行为和静态性行为）和事体要素（事体，包括人、事体、工具等实体）。在第二层级上，这两个要素又包括很多子要素。在第三层级上，各子要素又各自包括很多典型信息，如特征和分类等。作为一种更概括、更适用的认知模型，ECM 还可用于对词性转换、词义变化、反义同词、间接言语行为等进行研究，也适用于句法、语篇、语用等层面的分析。

（2）共享知识

识解与说话者的视角、所涉及的言语行为及使用术语（而不是另一个具有相似含义的表达式）的交流意图有关，通过共享知识表现出来。由专家编写的专业文本面向具有一定专业知识的读者。这类文本大量使用术语，且没有定义或解释，预想读者具

---

[1]　MARTÍN A S, CABEZAS-CARCÍA M, CASTRO M B , et al. Recent advances in EcoLexicon [J]. Dictionaries, Journal of the Dictionary Society of North America, 2017, 38(1)：96-115.

[2]　王寅.事件域认知模型及其解释力[J].现代外语,2005(1)：17-26＋108.

备相应程度的专业知识。在专业交流中,文本创作者/发布者通常提供由术语和标准用语构成的专业术语表(nomenclature),表明共享知识的存在。在科学知识普及过程中,同一文本可以用另一种方式书写,目标读者为专业知识较少的群体。这种不同的识解方式表现为使用更普遍的、在同一辖域内位于更高层级的术语。以关于肺癌化疗的专业肿瘤学文本为例:如果读者是医生这一专业群体,文本中就会出现更多如 etoposide(依托泊苷)、cisplatin(顺铂)、carboplatin(卡铂)、cyclophosphamide(环磷酰胺)等专业药名;如果面向病人群体,则会使用更简单的"drug"(药物)一词,以方便他们进行识解。

(3) 语　境

术语是语言和思维单元,同时也是知识和认知单元。[①] 识解差异造成了术语的多维性,即对某一领域的对象/事件从不同角度定义的属性。多维性是术语的重要属性。正视术语的多维性,意味着正视术语的认知建构性和情景性。认知系统并不是被动地接收概念,而是以一种加工整合的方式对其进行吸收。在完成这个过程之前,术语概念其实存在一种不确定性,其意义有多重可能性。术语之所以有意义,是因为它们"激活"了多种知识和经验领域。说话人对语境的领悟和把握构成语言意义的基础。语境的任何方面都可能被激活,而成为术语实际语义值的一部分。意义的不确定性在具体的语境中得以消除。

语言中的所有单位都依赖于语境。Langacker 把语境分为系统语境(systemic context)、情景语境(situational context)和组合语境(syntagmatic context)三类。根据这种分类,可以探讨语境对实际用例[②]语义概念化的作用。系统语境借助规约单位,对用例做出范畴化判断。情景语境利用言者/听者、说话的时地、交际目的意图、文化背景等情景因素,对语义的概念化起到补充和支撑等作用。组合语境利用上下文等语言的内部组织结构所提供的信息,对用例进行阐释、限定和支撑。

以"fly"为例,其原始意义为"鸟扇动翅膀,推动自身在空气中前进",比如"A bird flew over my head"。当这个词出现在"Jets fly in the sky"中时,"fly"为适应新的主语"jets"而延伸出一个语义变体,即"靠机器推动自身在空气中前进"。这样,原来的词就被限制在主语为"飞机"或"飞行器"这样的语境中,鸟与飞机(飞行器)之间的范畴化关系进入言者的语言系统,成为动词"fly"语义网络的一部分。基于语境的上述功能,认知语法的语境观可以概括为:语境不仅是语义(语用)的,而且是语法的。语境是语法和语义赖以生存的基础。认知语法视角下的"语境观"是一个"三位一体"的

---

① 梁爱林.论认知术语学的理论基础及其应用[J].术语标准化与信息技术,2009(1):4-10+18.

② 使用实例(usage event,简称"用例")指说话人在某一情形下为某一目的建构的象征表达式,即一个由详细的、依赖语境的概念化和实际发出的声音(vocalization)组成的对子(pairing)。参见 LANGACKER R W. Foundations of cognitive grammar: theoretical prerequisites [M]. California: Stanford University Press, 1987: 66。

语境观：一个以认知为基础的语境观，一个基于用法的语境观。① 语境在术语识解和翻译中起到视角定位(perspectivising)的作用。在不同语境中，术语的定义或通过激活概念表征的不同维度，或通过建立与其他概念的不同关系，而渐渐趋向于确定。②

（4）翻　译

识解与翻译密切相关，前者不但作用于后者，而且对后者的认知过程具有很强的解释力。翻译是对各种意义的理解和翻译。翻译中的概念化，尤其是术语翻译，主要通过识解来实现。在 Langacker 的研究基础上，王寅把体验性概念化推进为体验性识解观，从体验和识解两个角度来解释翻译。前者可用于解释翻译的客观性，后者可用于解释翻译的主观性。在翻译过程中，识解不仅可用于分析语言层面的表达，更为重要的是，它为解释人类主观性提出了一个可行的分析方案，而且还适用于研究翻译的认知过程。③ 识解作为认知翻译学中的基本内容，具有广泛的应用性。

语言符号转换只是翻译的表现形式，翻译本质上是原文表征的识解与识解方式通过译文得以再现的过程。语言表达的意义即说话者/作者对情景的识解，语言形式直接反映说话者/作者对情景的识解方式。针对同一情景，说话者/作者可能采取不同的识解方式。在识解理论观照下，肖坤学提出"译文表达即识解重构"的观点，并讨论了译文表达的原则和具体方法。在翻译中，译者应当遵守的原则为：以理解阶段对原文作者的识解解读为基础，运用符合译文读者识解方式的译文形式重构原文作者对情景的识解。具体方法有三：① 译文与原文表征的识解和识解方式对应；② 译文读者的识解方式与原文表征的识解方式置换；③ 在译文中移植原文表征的识解方式。④

意义并非先在的被解码的对象，翻译也不是一个将先在的意义进行移植的过程，而是一个基于翻译活动语境、在两种语言文化间进行意义建构和重构的过程。围绕识解，谭业升将认知语言学与翻译学结合在一起，率先建立起翻译识解的理论系统，涵盖五个方面：① 建立翻译识解基本的理论范畴；② 确立翻译识解的原则；③ 建立翻译识解运作的层级化模式；④ 明确对于具体识解过程的规约允准；⑤ 创建翻译识解的风格公式。⑤ 识解理论为翻译转换带来了新的思路，识解与翻译转换的认知本质之间存在两方面关系：① 识解在意义建构中起着不可或缺的作用；② 翻译转换的认知本质在于识解的重构和选择。翻译中的转换不是一次性的，而是受认知制约的选择过程。翻译离不开知识表征。翻译中的识解"既有体现当下语境体验的入场识

① 牛保义.认知语法的"语境观"[J].解放军外国语学院学报,2017,40(6)：78-86＋158.
② ROGERS M. Multidimensionality in concepts systems[J]. Terminology, 2004, 10(2)：215-240.
③ 王寅.认知翻译学与识解机制[J].语言教育,2013,1(1)：52-57.
④ 肖坤学.识解重构：认知语言学视角下的译文表达[J].外语研究,2013(4)：81-87.
⑤ 陈吉荣.认知翻译研究的可贵探索——评《跨越语言的识解：翻译的认知语言学探索》[J].中国翻译,2010,31(5)：25-28.

解,也有与体现社会文化经验的百科知识相联系的入域识解"①。因此,识解可作为翻译能力体系中的核心子能力,为翻译教学和译者培养开拓新的途径。

识解表现为说话者呈现概念表征时所选择的方式,在某种意义上等同于概念化。认知语言学的识解观强调,识解是人的一种认知能力,它一方面产生意义,一方面追寻意义,在语言产出和理解中扮演着双重角色。文旭、肖开容认为识解在翻译中有助于听者或读者准确理解说话者或作者的真正意义,为正确理解一个表达式及原文本意提供了一个新的视角。对说话者或作者来说,不同的识解产生不同的意义,不同的意义要求能反映出情景中被凸显的不同成分、成分之间的关系及时空顺序,因而形成不同的表征方式、语法构式、语篇模式。对译者来说,识解就是对意义的追寻:一是通过语码找出表达背后的识解方式及维度变量;二是在对说话者或作者识解方式的追寻中,想象性地构建或还原识解场景,并对其加以识解。从这个角度讲,翻译是意义建构或概念化的过程,意义建构或概念化是识解的结果,翻译在某种程度上就是识解化(construalization)。②

近年来,识解理论助力翻译的研究和实践,在术语翻译领域的作用日益显现。孙凤兰利用识解理论,从辖域和背景、视角、突显以及详略度等 4 个方面,分析了《黄帝内经》英译本在术语翻译方面的差异,并对产生这些差异的原因做出解释。她指出,在术语翻译中,译者辖域和背景尽可能接近原文世界,视角与原文实现最佳关联,突显上最大可能接近原文的认知参照点,详略度上体现认知努力和认知增量,将有助于最大程度准确翻译原文本义。③ 杨红燕和王旭年利用识解理论,分析了政治术语不同译名中的认知识解表征,发现识解过程反映为译文适切性的不断提高,证实了识解能力在翻译中的作用,指出在政治术语翻译中,识解通过揭示术语潜在的意识形态自上而下地提高译文准确性。④ 樊林洲和陈胜男从知识翻译的角度出发,分析了"metaverse"的发生、传播和接受过程,发现术语翻译中知识译介的符号载体与媒介模式对知识传播与转化的效率至关重要,并指出在认知互动过程中,知识客体的低识解成本可能会激发认知主体的主观能动性,使其积极建构自我认知,从而反向助推信息传播,促进信息符号向知识的转化。⑤ 这些研究为本研究打开了思路,为其展开奠定了基础。

① 谭业升.翻译能力的认知观——以识解为中心[J].中国翻译,2016,37(5):15-22+128.

② 文旭,肖开容.认知翻译学[M].北京:北京大学出版社,2019:130.

③ 孙凤兰.识解理论视角下的《黄帝内经》医学术语翻译[J].外语学刊,2016(3):107-111.

④ 杨红燕,王旭年.政治术语翻译过程中的认知识解——以"新型大国关系"英译为例[J].外国语文研究,2020,6(3):69-77.

⑤ 樊林洲,陈胜男.术语翻译的识解成本与传播模型——"metaverse"在汉语文化中的译介传播与知识转化[J].中国科技术语,2023,25(2):78-84.

第四节 危机学习

1. 何为危机学习？

危机是对一个社会系统的基本价值和行为准则架构产生严重威胁，并且需要在时间压力和不确定性极高的情况下对其做出关键决策的事件。突然发生、信息缺失、后果严重、涟漪效应，这些表象让人们容易把危机与"事件""事故"和"风险"联系在一起。但实际上，危机与它们有所不同，它在本质上是一种对组织生存价值、运行规则与生态系统造成威胁的态势与情景。

学习是指通过阅读、听讲、理解、思考、研究、实践等途径获得知识的过程。教育学认为，学习是人们掌握知识和能力的特殊活动。心理学把学习定义为由经验引起的相对持久的行为变化。管理学认为，学习是一种对既有状况不满足的心理状态，一种反省和调整的能力。因此，学习包括两层最基本的含义：一是对未知知识或经验的获取，二是发生行为上的改变。

危机学习是组织学习与应急管理结合的重要产物，反映了理论与环境的互动适应过程。D. Smith 和 D. Elliott 把危机视为一种现象，把学习视为一个过程，认为二者之间存在三种关系：为了危机而学习（Learning for Crisis）、作为危机的学习（Learning as Crisis）、从危机中学习（Learning from Crisis）。"为了危机而学习"强调学习的目的是发展与组织响应相关的反应能力；"作为危机的学习"强调学习结果对组织核心理念及管理设想带来的挑战；"从危机中学习"强调从其自身经历的危机中学习，目的是帮助组织形成规范并提高弹性。[①] 本研究依托第三种关系，即"从危机中学习"，特指从一个或多个危机中吸取经验教训，为应对未来可能发生的危机构建预防体系、提高应对能力，或者改变产品、政策与制度的不合理之处，以降低类似错误重复发生的概率。

2. 学习主体

危机学习在管理学领域诞生，在传统上其主体是政府、公共组织或公共服务机构，以公共部门为主。但是，组织本身是无法学习的，组织的危机学习必须依靠组织中成员的学习来实现。在日益严峻的风险形势下，危机的复杂性、级联性、跨域性特征不仅会导致危机应对超出单一主体的能力范围，而且会导致"结构式减灾"和"非结构式减灾"同时失灵。由于主管部门发起的危机学习效果往往有限，而危机学习和灾

---

① SMITH D, ELLIOTT D. Moving beyond denial: exploring the barriers to learning from crisis [J]. Management learning, 2007, 38(5):519-538.

后恢复所需资源又分布于不同层级和领域的部门中,这就要求危机学习不能仅通过主管部门和安监部门的灾难调查、信息收集与事故问责来进行,而是需要多类型公共部门的全面加入,对危机展开多角度、全方位的学习与反思。

随着危机学习理念的推广和深入,人们愈来愈认识到这种学习是全社会对于公共安全的反思,目的在于更好地维护与分配公共安全这一核心价值。反映多元主体利益诉求、弥合多方认知差异,是通过危机凝聚共识、提高学习质量的关键。作为危机学习的核心主体,政府在面对突发事件时,要发挥应急动员、应急评估、应急决策、应急组织、应急追踪等作用,更快、更准、更深地进行数据收集,形成危机知识图谱、开展调查评估、更新认知,实时对整个事件进行情景建构、趋势分析和应急决策、容错纠错。① 作为危机学习的关键主体,社会组织和企业要发挥专业优势、分布优势和一线优势,针对突发事件对所在领域或行业造成的影响进行数据搜集、情景识别、风险评估,通过供应链、行业协会、社会组织等进行知识共享、知识迭代与追踪纠错。无论是政府组织还是社会企业组织,都是由公民个体组成的,公民个体是危机学习的重要主体。突发事件往往对个体的心智模式、思维方式和风险感知等方面产生强烈冲击。公民把个体风险感知和利益诉求反馈给政府、企业或社会组织,有助于实现个体知识向组织知识的转化,实现组织和个体间的交互式学习。

3. 学习过程

在研究组织学习的过程中,C. Argyris 和 D. A. Schön 提出了单环学习和双环学习模式。② 单环学习是指组织在发现问题后,不改变其制度和战略目标,而是调整组织的行为策略及规范,用以改善自身的组织绩效,最终达成既定的目标。这种学习在发现错误和立即纠正错误的过程中进行。它能够对日常程序加以改良,但不会改变组织的基本性质。它是一种受外部环境刺激而不得不进行改进的被动学习过程,因而是表面的、被动的学习过程。

与单环学习不同,双环学习指组织在发现问题后,通过修正当前的目标、规范、政策及标准,最终有效化解各类问题。这种学习是一种动态过程,依赖于组织当前的知识体系,通过深入分析共性问题提出新的目标、政策及发展模式,用以克服现实问题。因此,双环学习也被称作"变革型学习"。影响双环学习的主要因素集中在两个方面:一是组织开展建设性自由对话的能力;二是组织克服行为障碍和防御性心理的能力。双环学习是对最根本的制度规范、政策或者组织目标的纠正。E. C. Deverell 认为,单环学习与双环学习不是相互对立或排斥的关系,在实际操作中,以单环学习为开端

---

① 赵宇. 非常规突发事件危机学习的内涵、情景和模型分析[J]. 领导科学,2021(18):16-21.
② ARGYRIS C, SCHÖN D A. Organizational learning: a theory of action perspective [M]. Reading: Addison-Wesley, 1978: 22.

的危机学习可能会以双环学习的形式来结束。①

在单环和双环学习的基础上,戴万稳提出了三环学习——一种战略层面的学习模式,即从战略角度上思考组织自身的产品、程序、系统是否适应当前发展要求。②三环学习从战略层面上考虑,视角不同,对问题研究的深度和广度也不同。这种学习的主要功能是实现知识的生成、创新和传播,并在此基础上进行组织战略的变革。相较于既定规则的优化和改进,三环学习更多关注学习是否对组织战略发展有所帮助。如果说单环学习关注的问题是"我们是否做对了",双环学习关注的问题是"我们做得是否对",三环学习关注的问题则是"我们是否能参与并引发战略或目标等的变革"。

从知识管理的角度出发,Elliott 提出理想的组织危机学习过程包括知识获取、知识转移、知识同化 3 个环节,是一个线性过程。③当某个焦点事件给组织的信念和规范带来了挑战,知识获取的过程随即开始,主要方式是公共质询和调查。公共质询是危机出现后获取知识最主要的方式之一,主要围绕议题设定、倡议联盟和意义建构展开。公共质询的结果是形成规范和标准,并在经编码后成为知识转移的核心。知识同化则以组织学习障碍或者加速器的形式出现,诸如组织正式的体系、目标、优先次序和资源、文化氛围和个体态度等。这些因素都有利于组织从危机中学习。当组织成员接受新的规范或标准时,知识同化就会带来组织文化的调整和改变。在随后的研究中,Elliott 对危机学习过程有了新的认识,认为组织从危机学习到发生改变的过程并不是线性的,而是循环的,从而把知识获取、知识转移和知识同化视为一个相互联系的整体。④

4. 学习内容

事故征候/事故是危机显现或爆发的突出形式。事故调查是指对事故发生原因、应对过程等进行客观公正评估、总结经验教训、提出整改措施、避免类似事故再次发生的过程,最终结果以调查报告的形式呈现。这种报告最早起源于 20 世纪 70 年代,美国军方将其作为记录灾害或灾害响应关键过程的评估工具,目前已在非军方机构、商业企业、医疗和公共卫生部门等广泛采用。我国《突发事件应对法》和《生产安全事故报告和调查处理条例》(国务院令第 493 号)等相关法律法规均对事故调查作了规定,明确了"四不放过"(事故原因未查清不放过、责任人员未处理不放过、整改措施未落实不放过、有关人员未受到教育不放过)和"科学严谨、依法依规、实事求是、注重实

---

① DEVERELL E C. Crisis-induced learning in public sector organization[M]. Utrecht: Utrecht University Press, 2010: 128, 176.

② 戴万稳. 跨文化组织学习能力研究[M]. 南京:南京大学出版社,2007:121.

③ ELLIOTT D. The failure of organizational learning from crisis — a matter of life and death? [J]. Journal of contingencies & crisis management, 2009, 17(3):157-168.

④ ELLIOTT D, MACPHERSON A. Policy and practice: recursive learning from crisis[J]. Group & organization management, 2010, 35(5):572-605.

效"的处理原则。

作为经验分享的重要工具,调查报告在西方国家被广泛用于公共部门的应急准备和响应,是危机学习的主要内容。研究者不仅认识到事故调查报告作为原始数据或二次数据具有重要的方法论意义①,而且围绕报告展开实证研究②。L. Drupsteen 把基于事故调查的危机学习分为 4 个阶段(调查和分析阶段、计划阶段、干预阶段、评估阶段),共计 11 个步骤,每个阶段都会形成一个结果,为下一阶段做好准备。调查和分析阶段包括事故报告、事故登记、确定事故的深度和范围、事故分析 4 个步骤;计划阶段包括优先级和紧急性的确定、制定建议、制订行动计划 3 个步骤;干预阶段包括沟通行动计划、寻找资源来执行 2 个步骤;评估阶段包括评估操作是否执行(单环学习)、行动是否有效(双环学习)2 个步骤。③

危机有危,危机有机;乘之为机,失之为危。近年来,事故调查报告在国内危机学习研究中得到越来越多的关注。重大突发事件(如交通事故)反复发生的原因有很多,其中一个重要方面就是未能从已发生的事件中真正学习和汲取教训。重大突发事件具有破坏性与转折性,在造成人员伤亡、经济损失、环境破坏的同时,往往暴露出工作中存在的短板和不足,从而为分析问题、解决问题、改进工作提供了契机。事故调查不能仅仅停留在调查的层面,既要"查",又要"改",要以查促思、以查促改、以查促进。要发挥事故调查的最大社会效益,既要建立调查结果公开机制和社会监督机制,更要建立从事故中学习提高的机制。④ 作为安全知识的重要来源,事故在带来科学、技术、管理方面知识的同时,也带来了具有隐性知识特征的操作技能知识。在探究事故原因的基础上,学习主体"依据所获取的安全知识调整原有作业方式,避免同类事故发生,形成了一个完整的学习过程"⑤。事故调查报告是危机学习的重要材料,危机学习的部分效果可以从调查报告的总结与发布中体现出来。⑥ 为提高学习质量,首先要明确调查的目的是用证据来寻求事故的真正原因,然后在此基础上进行危机学习而不是过度的问责。其次,要确保调查主体的独立性,为危机学习提供客观真实的信息。第三,要提高事故调查报告的科学性和规范性,为危机学习提供详尽的

① BUCHANAN D A, DENYER D. Researching tomorrow's crisis: methodological innovations and wider implications[J]. International journal of management reviews, 2013, 15(2):205-224.

② LUNDBERG J, ROLLENHAGEN C, HOLLNAGEL E. What you look for is what you find-the consequences of underlying accident models in eight accident investigation manuals[J]. Safety science, 2009, 47(10):1297-1311.

③ DRUPSTEEN L, GROENEWEG J, ZWETSLOOT G I J M. Critical steps in learning from incidents: using learning potential in the process from reporting an incident to accident prevention[J]. International journal of occupational safety and ergonomics, 2013, 19(1):63-77.

④ 钟开斌. 事故调查如何变教训为财富[N]. 光明日报,2014-04-14(11).

⑤ 张涛. 从事故中学习:事故调查的社会因素及其制度安排[J]. 哈尔滨工业大学学报(社会科学版),2015,17(2): 55-60.

⑥ 马奔,程海漫. 危机学习的困境:基于特别重大事故调查报告的分析[J]. 公共行政评论,2017,10(2):118-139+195-196.

原因分析和具有操作性的措施。

在梳理国外危机学习的过程中,研究者发现事故调查及事故调查报告的撰写与发布是"危机学习的主要方式和工具"①,从调查报告的角度探讨了危机学习的挑战。事故调查报告可以视为危机学习的对象和材料,学习情况可以从事故调查报告的形成和发布这个横断面体现出来。参照西方危机学习过程模型,危机学习中的经验学习阶段可细分为"经验识别-经验总结-经验传播";事故调查报告的形成和发布过程可细分为"事件调查-事故分析"和"报告撰写-报告发布",并使之与经验学习过程相呼应。通过对报告文本的分析,提取"调查者"等 10 个与事故调查报告有关的关键词,构成事故报告的分析维度。它们在一定程度上与组织危机学习的概念框架密切相关,就此形成面向危机学习的调查报告分析框架,如图 3 - 1 所示。②

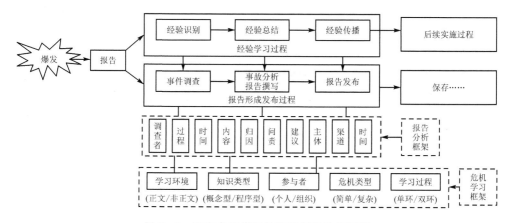

图 3 - 1　面向危机学习的调查报告分析框架

综上所述,事故调查为危机学习提供了依据,专业的事故调查能够帮助查明事故发生的真相以及探测潜在的不安全因素,为危机学习提供基础和保障。作为事故调查的典型,民航事故调查可扩展为一个动态的危机学习过程,具体包括 4 个有机联系的环节,即"安全知识的获取、积累、传播和应用"③,为安全管理走向正规化和体系化奠定基础。在国外有学者发现,一定数量的调查报告沦为只有形式而缺乏实际内容的文件,没有提出针对问题的有效解决策略,也很难去检验事故发生之后是否进行了学习,很多调查报告在发布之后就被束之高阁。④ 其实,事故调查报告是危机学习的重要材料,危机学习的部分效果可以从调查报告的总结与发布中得到体现。根据危

① 张美莲.西方公共部门危机学习:理论进展与研究启示[J].公共行政评论,2016,9(5):163-191+208.

② 张美莲.危机学习面临的挑战——一个事故调查报告的视角[J].吉首大学学报,2016,37(1):91-99.

③ 张涛.从事故中学习:事故调查的社会因素及其制度安排[J].哈尔滨工业大学学报(社会科学版),2015,17(2):55-60.

④ BIRKLAND T A. Disasters, lessons learned, and fantasy documents[J]. Journal of contingencies and crisis management, 2009, 17(3):146-156.

机学习的过程,并结合调查报告的总结,可以把事故调查报告的发布与学习过程分为事故调查、报告形成、报告发布与事后学习 4 个阶段,形成基于危机学习过程的分析框架。每一次危机事件的处理都将产生新的危机知识,就此生成并不断丰富突发性公共危机管理知识库。[①] 危机知识中的显性知识,可通过危机管理知识库在组织内部和外部进行共享;而隐性知识,则可通过知识管理工具进行显性化处理,或者以交流学习的方式来共享。

危机学习的质量与事故调查密切相关。民航领域的每一条规章、每一本手册的背后都是血淋淋的教训,不敬畏规章就是不汲取教训,无视血淋淋的警告。"三敬畏"是民航工作中的敬业态度,更是对生命的庄严承诺。知敬畏,行长远。目前,在中国民用航空局官网上,已经可以公开查阅到 2019 年之后的民用航空器事故调查报告,这些报告在隐去公民个人隐私信息后全文公布。2020 年 6 月,民航局公布了 2018 年 5 月 14 日四川航空 3U8633 航班风挡玻璃空中爆裂脱落事件的调查报告,引起行业内外高度关注。平时多流汗,战时少流血。在会见机组全体成员时,习近平总书记充分肯定机组在危急关头表现出来的强烈责任意识、严谨工作作风和精湛专业技能。这凸显了危机学习的重要性,为基于事故调查的危机学习和安全管理指明了方向。

本章从认知术语研究、ICAO 语言能力标准、认知翻译研究和危机学习等方面,为本研究搭建了理论框架。在下文中,我们将深入民航领域的典型事件和相关调查,开展术语认知和翻译研究,把危机学习贯穿其中。

---

① 李志宏,王海燕.知识视角下的突发性公共危机管理模式研究[J].科技管理研究,2009,29(10):51-53.

第四章　机场管制事件调查

本章包含 4 节,分别聚焦荷兰皇家航空 4805 号航班与泛美航空 1736 号航班相撞事故、美国航空 587 号航班事故、中国国际航空 129 号航班事故、美国国家航空 102 号航班事故 4 起典型事故和相关调查。

第一节　荷兰皇家航空 4805 号航班与泛美航空 1736 号航班相撞事故

1. 事故概要

1977 年 3 月 27 日 17 时 06 分,在西班牙自治属地加那利群岛中的特内里费 (Tenerife)岛上的洛司罗迪欧机场(今"北特内里费机场"),临时停靠的荷兰皇家航空(以下简称"荷航")4805 号航班在起飞时与泛美航空(以下简称"泛美")1736 号航班相撞,造成两机损毁、多达 583 人(乘客和机组人员)遇难,酿成航空史上伤亡人数最多的特大事故,又称"特内里费空难"。部分现场见图 4-1 所示。事故发生后,西班牙交通部下属民航事故与事故征候调查委员会(CIAIAC)组织调查,约 70 名来自

图 4-1　事故现场(荷航 4805 号航班的残骸)

西班牙、荷兰、美国的调查员及事故双方航空公司的代表参加调查。调查报告于1978年10月发布。

2. 事实信息

(1) 飞机状况

两架失事飞机均为波音747。荷航客机为波音747-206,注册号为PH-BUF,序列号为20400,产于1971年。事发前飞行时长为21 195小时,降落5 202次,装配4台普惠P&WJT9D-7发动机。泛美客机为波音747-121,注册号为N736PA,序列号为19643,产于1970年。事发前飞行时长为25 725小时,降落7 195次,装配4台普惠P&WJT9D-7发动机。两机均装配数字飞行数据记录器(DFDR)和驾驶舱话音记录器(CVR)。事发后,荷航客机DFDR损坏严重,泛美客机DFDR和CVR较为完整。

(2) 飞行记录

事故发生后,调查人员根据现场发现的DFDR和CVR记录数据,以及特内里费塔台提供的通话记录,还原了两架飞机在碰撞前约1分15秒内发生的机动和通话情况。

① 17时05分36秒,荷航4805号副驾驶完成起飞检查单,约5秒后,油门启动。

② 17时05分41秒,副驾驶说:"等一下,我们还没有起飞许可。"机长回答:"没有,我知道,去问一下。"

③ 17时05分44秒,机组联系塔台:"荷航4805,准备起飞,正等待管制放行许可。"

④ 17时05分53秒,塔台回复:"荷航4805,同意去P信标台,爬升并保持飞行高度90,起飞后右转航向040切入拉斯帕尔玛斯甚高频全向信标(VOR)台325度径向线。"

⑤ 17时06分09秒,荷航4805号副驾驶复诵管制员指令:"嗯,收到,先生,允许去P信标台,右转航向040切入325度径向线。我们在起飞点(我们要起飞了)。"

⑥ 17时06分11秒,荷航4805号机长松刹车,对副驾驶说"准备,检查推力",在移动中加速。

⑦ 17时06分14秒,荷航4805号头部开始转向。

⑧ 17时06分17秒,荷航4805号升力和速度增加,对准跑道。

⑨ 17时06分18秒,管制员回复荷航4805号:"好的,请等候起飞,我会通知你们。"(机组只听到"好的",其余部分内容因无线电台啸叫声没有听到)听到塔台和荷航4805号的通话,泛美1736号机长发出:"不,啊!"副驾驶接着说:"我们还在跑道上呢,泛美1736。"泛美机组对话在荷航4805号驾驶舱内引起刺耳噪声。

⑩ 17时06分19秒,荷航4805号速度达到起飞要求。

⑪ 17时06分25秒,塔台联系泛美机组:"泛美1736,离开跑道后请报告。"荷航

4805 号机组可清楚听到。

⑫ 17 时 06 分 29 秒,泛美 1736 号回复塔台:"好的,脱离跑道后报告。"荷航机组可清楚听到。

⑬ 17 时 06 分 32—35 秒,荷航 4805 号驾驶舱内传来以下对话(荷兰语):

"他还没有离开跑道吗?"

"你说什么?"

"是的。"

"他还没有留空跑道吗,那架泛美航班?"

"喔,是的。"

⑭ 17 时 06 分 40 秒,泛美 1736 号驾驶舱内传来机长的声音:"它(荷航 4805 号)在那儿,看啊……见鬼! 它朝我们冲过来了!"紧接着,泛美工程师高喊:"快! 快! 快点离开!"

⑮ 17 时 06 分 43 秒,荷航 4805 号副驾驶喊出:"V－1,决断速度。"

⑯ 17 时 06 分 44 秒,荷航 4805 号拉高攻角。

⑰ 17 时 06 分 47 秒,荷航 4805 号机长在浓雾中发现躲避的泛美客机,大喊:"天哪!"

⑱ 17 时 06 分 50 秒,两机相撞,传来撞击声。

(3) 机组人员

① 荷航 4805 号:

机长,男,50 岁。1956 年获 ATPL 执照,有效期至 1977 年 6 月。1971 年 1 月获准驾驶波音 747 机型,之前曾驾驶过道格拉斯 DC－3、DC－6、DC－7C、DC－9,康威尔 CV240/340,洛克希德 L749/1049,维克斯 803 等机型。总飞行时长为 11 700 小时,波音 747 工作时间为 1 545 小时。事发前最后一次体检的时间为 1976 年 12 月,业务水平测试时间为 1977 年 1 月,结果均合格。

副驾驶,男,42 岁。1970 年获 ATPL 执照,有效期至 1977 年 6 月。先后驾驶过比奇 D13S、福克 F-27、道格拉斯 DC－8 等机型,1977 年 1 月获准驾驶波音 747 机型。总飞行时长为 9 200 小时,波音 747 工作时间为 95 小时。事发前最后一次体检的时间为 1967 年 12 月,业务水平测试时间为 1967 年 1 月,结果均合格。

飞行工程师,男,49 岁。1950 年 12 月获飞行工程师执照,1970 年 6 月获无线电通话执照。先后在道格拉斯 DC－3、DC－6、DC－7C、DC－8 和波音 747 机型上工作。总飞行时长为 17 031 小时,波音 747 工作时间为 543 小时。事发前最后一次体检的时间为 1976 年 8 月,结果合格。

② 泛美 1736 号:

机长,男,57 岁。持 ATPL 执照,准驾波音 747 和波音 707 机型,总飞行时长为 21 043 小时,波音 747 工作时间为 564 小时。事发前最后一次体检的时间为 1977 年 3 月,业务水平测试时间为 1976 年 11 月,结果均合格。

副驾驶,男,40岁。持 ATPL 执照,准驾波音 747 和波音 707 机型,总飞行时长为 10 800 小时,波音 747 工作时间为 2 796 小时。事发前最后一次体检和业务水平测试的时间均为 1977 年 1 月,结果均合格。

飞行工程师,男,47岁。持飞行工程师执照,可在涡轮喷气飞机上工作,总飞行时长为 15 210 小时,波音 747 工作时间为 559 小时。事发前最后一次体检的时间为 1976 年 6 月,结果合格。

(4) 气象条件

根据机场提供的信息,16 时 30 分(事发前约 36 分钟)的气象条件为:进近水平能见度为 10 千米,跑道能见度为 3 千米,进近斜程能见度为 7～8 千米,伴有小雨,有雾,云量偏少,修正海压(QNH)1 023,场压(QFE)949,温度为 14℃,露点为 13℃,之后机场起雾。伴随着雾气的增加,到 16 时 50 分,进近水平能见度降到 2～3 千米,跑道能见度降到 2 千米;到 17 时 02 分,进近水平能见度降到 500 米,跑道能见度降到 300 米。

(5) 事故背景

事发机场位于加那利群岛中的特内里费岛,但整个事件可以追溯到当日下午发生于加那利群岛自治区首府拉斯帕尔马斯的一起恐怖袭击。加那利群岛位于北非西部国家摩洛哥外海 250 海里(1 海里=1.852 千米)左右的大西洋上,是西班牙海外属地。这里气候宜人,一直是欧洲人在冬季避寒的度假胜地。此外,加那利群岛也是美洲旅客进入地中海的门户,经停航班和旅客均为数不少。当地时间 13 时 15 分,拉斯帕尔马斯国际机场(现"大加那利机场")大厅发生爆炸,造成 8 人受伤。爆炸发生后,加那利群岛一个独立运动组织联系机场,声称对事件负责,并警告还有一枚炸弹。由此,机场被迫关闭,当日国际航班被全部转到仅有一条跑道的洛司罗迪欧机场。随着班机不断涌入,洛司罗迪欧机场陷入混乱,停机坪和滑行道被来自世界各地、临时起降的飞机占据着。

当地时间下午 13 时 10 分,荷航 4805 号降落在洛司罗迪欧机场,进入由机场主停机坪与主滑行道构成的临时停机区,等待拉斯帕尔马斯机场重新开放。荷航对机组工作时间有严格的限制,如超时,机组会受到处分并更换人员。因为转降,机组的工作时间已接近上限。为节省时间,机长决定在等待时加油,以在余下航程中省去加油时间。与荷航 4805 号一样,泛美 1736 号也是一个包机航班,满载到地中海度假的游客。机长曾要求在空中盘旋,以便在拉斯帕尔马斯机场开放后直接降落,但还是被指挥降落到洛司罗迪欧机场而加入等待的队伍。

16 时左右,传来了拉斯帕尔马斯机场重新开放的消息,各航班准备再次起飞。此时洛司罗迪欧机场开始起雾。由于泛美 1736 号航班的乘客没有下机,故理应优先安排起飞。但当飞机进入跑道口时,却被荷航 4805 号及其加油车挡住,因宽度不够(仅差约 3.7 米)而无法越过,于是只能等待并尾随荷航 4805 号。16 时 56 分,荷航 4805 号呼叫塔台请求滑行,塔台许可。为节省时间,塔台也准许泛美 1736 号离开等候区,跟随荷航4805号在主跑道上滑行,并在左边第3出口转弯离开,留空跑道。

3.调查结论

调查显示,荷航4805号机组对通讯内容的误读和泛美1736号机组错认跑道出口是造成事故的直接原因。根据通话记录,事发时塔台管制员要求荷航4805号在出发点等待,机组却理解为允许起飞。尽管存在一些争议,但以下作为事故主要原因已得到相对普遍的认同,具体为:① 荷航4805号机长在未获管制员许可的情况下强行起飞。② 荷航4805号机长在听到泛美1736号机组报告还在跑道上滑行时,没有及时终止起飞操作。③ 荷航4805号飞行工程师对泛美1736号是否已经让出跑道提出质疑时,机长判断错误。④ 无线电通讯出现问题,在不同机组与塔台同时通话时,发生啸叫和通信中断。⑤ 荷航4805号副驾驶在通话中用词(at take-off)不符合标准。⑥ 天气恶劣,大雾影响视线,影响到飞行员的操控和反应时间。由此可见,事故并不是由单一因素引起,而是由一连串因素造成的。有些因素看似无害,但叠加到一起就是致命的,这从人员、设备、组织和环境等方面表现出来。

首先是人员方面。荷航4805号机长错误地决定在起飞前加油,耗时近35分钟,错过在天气相对较好的条件下起飞的时机;机长急于返航,未获管制员许可便起飞;副驾驶英语能力不强,未能正确使用标准用语,导致与管制员的沟通出现问题;机组未做到相互监督,副驾驶未能及时发现并制止机长的错误决策和操作。泛美1736号机组在沟通时未使用标准用语,导致与管制员的沟通出现问题,错认跑道出口。塔台管制员责任心不足,在工作时收听足球比赛广播,导致注意力分散,未能高度关注跑道上飞机状况;表达能力差,导致与泛美机组沟通出现差错,与荷航机组沟通出现致命失误。

其次是设施方面。洛司罗迪欧机场是一个小型机场,只有一条跑道和一条与之平行的滑行道,平时业务量不大,设施较为陈旧。飞机数量的突然增加,使机场内一时较为混乱。机场设备不完善,无雷达监控飞机以辅助管制员指挥,导致管制工作量剧增,负荷增大。跑道中心线灯出现故障,导致飞行员看不清跑道。无线电信号多次被覆盖,导致管制员和机组沟通不畅,出现严重错误。

再次是组织方面。荷航针对机组未按时返航的惩罚制度过于严苛,导致机长急于起飞;对机组人员的安排不够合理,驾驶舱职权梯度(Trans-cockpit Authority Gradients,TAG)过大,导致副驾驶对机长的决策和操作不能起到监督作用;对机组英语标准用语培训不足,导致机组与管制员的沟通出现差错。泛美对机组的标准用语培训也存在不足,导致机组与管制员的沟通出现差错,错认跑道出口。机场对硬件设施(如跑道灯)未能做到及时维护;缺乏针对特殊情况(如天气恶劣、交通拥挤等)的应急预案;对管制员监督和管理不力,使其在工作时有机会听广播,影响指挥。

最后是环境方面。特内里费岛的特殊天气条件是造成事故的显著因素。事发当日下午一直在下雨,伴随着雾气的增加,能见度不断降低。到17时左右,进近水平能见度降至 500 米,跑道能见度仅有 300 米。根据调查,事发时影响能见度的并不是雾,而是变幻莫测的低层云。随着风力的变化,漂浮而至的低层云让能见度瞬间由 500 米降为零,给起飞和降落带来意想不到的困难。此外,当日下午的恐怖袭击也是导致事故的间接因素。

在调查报告中,CIAIAC 把事故主要归咎于荷航 4805 号机组,尤其是荷航机长。对此,荷航和荷兰民航局持有不同意见,并发布了官方回复。在回复中,荷方承认飞机起飞"偏早",但认为不应把管制员与机组之间发生的"相互误解"单纯归咎于机长,而应更多地考虑无线电通信带来的限制和问题。尽管不愿指责机长及机组,但荷航最终承担了事故责任。在欧洲赔偿公约框架下,荷航向事故受害者或其家属支付了总额约 1.1 亿美元的赔偿金,平均每名受害者获赔 189 000 美元。

4. 安全建议/措施

根据上述结论,事故调查组给出了安全建议,主要包括三点:① 大力强调完全执行指令和许可的重要性;② 在无线电通信中,使用标准、简洁和没有歧义的航空专业语言;③ 在管制放行许可中避免使用"take-off"(起飞、起飞点)一词,在管制员放行许可和起飞许可之间要有足够间隔。

事故在全球范围引发了航空公司规章和飞机运营的修改与调整。各国民航管理局都对标准用语提出了要求,强调对作为国际民航通用语言的英语的应用能力,为 ICAO《语言能力要求实施手册》(Doc 9835　AN/453)的制定和推行奠定了基础。在这份文件中,国际民航组织要求各缔约国采取措施,以确保在要求使用英语的空域进行飞行运行的管制人员和飞行机组人员,在使用英语进行表达和领会无线电话通信时达到熟练程度,并优先使用标准术语。比如,向已进入指定位置但未获准起飞的飞机发出指令时,建议使用"line up and wait"(排队等待)。在一些国家,飞行员如不服从管制员指令,将受到安全管理部门的处罚。在通话中,飞行员不能仅用"Roger"(收到)来回复空中交通指令或许可,而应采用复诵方式确认,确保通话双方彼此正确理解。此外,只有在发放起飞许可时才能使用"take off"。在此之前,机组和管制员必须使用"departure"(出发、离开)一词,比如"ready for departure"(准备出发)。驾驶舱管理程序也发生了变化,机组成员之间的等级关系被淡化,转而更为强调相互协商和团队决策。

1978 年,特内里费岛上的第二个机场落成,即新的特内里费岛南机场(TFS),主要为国际航班提供服务。洛斯罗迪欧机场更名为(TFN),仅用于国内和岛际航班。2002 年,TFN 建成新航站楼,开始重新接待国际航班,包括经济型航班。事故发生后,西班牙当局在北特内里费机场安装了地面雷达。

第二节　美国航空 587 号航班事故

1. 事故概要

美国东部时间 2001 年 11 月 12 日约 9 时 16 分 15 秒,美国航空(以下简称"美航")587 号航班在起飞后发生事故,坠毁在纽约皇后区贝尔港附近的居民区。航班从纽约约翰·肯尼迪机场起飞,计划飞往多米尼加首都圣多明各亚美利加国际机场。机上载有 251 名乘客、9 名机组人员。事故造成 265 人(机上 260 人、地面 5 人)遇难、1 人受伤。飞机残骸主要位于机场 31 号跑道西南 4 英里(1 英里≈1.61 千米)处。垂直尾翼从机体上脱落,在距离主体残骸以北约 0.75 英里处的牙买加湾(Jamaica Bay)被发现并打捞上来,见图 4-2。事故发生在 9·11 事件后仅两个月,伤亡惨重,引发全球关注。根据 ICAO 的规定,美国国家运输安全委员会(NTSB)对事故发起调查。

图 4-2　从牙买加湾打捞上来的垂直尾翼

2. 事实信息

(1) 飞机状况

事故飞机为空客 A300-605R,注册号为 N14053。空客 A300-600 系列飞机的研制始于 1980 年 12 月,1983 年 7 月首飞。出事飞机于 1988 年 7 月 12 日交付美国航空公司。事发前,飞机已累计飞行 37 550 小时。根据美国航空公司起飞性能系统以及《空客 A300-600 飞行机组操作手册》,飞机当日重量和计算结果均在限制范围内。飞机以 349 370 磅(1 磅≈0.45 千克)重量起飞,低于最大起飞重量限制 353 500 磅。对应重心为 29.1% 平均气动弦长(MAC),前限为 20.3% MAC,后限为

34.3% MAC。

(2) 飞行记录

飞机按照适用条例配备了飞行数据记录器(FDR)和驾驶舱话音记录器(CVR)。前者由 L-3 Communications 生产,型号为 Fairchild FA2100,序列号为 1186;后者型号为 Fairchild A-100A,序列号不详。相关数据记录了出事前的飞行状况,择要如下。

① 8 时 59 分 58 秒,地面管制员发出推出许可,约 2 秒后指示美航 587 号机组滑行至跑道 31L。

② 9 时 02 分 05 秒,机长要求副驾驶(当日主驾)检查方向舵,FDR 记录左、右向蹬舵各 1 次,之后复位,副驾驶报告"检查完毕"。

③ 9 时 06 分 53 秒,地面管制员指令日本航空(以下简"日航")47 号(波音 747-400)滑行至跑道 31L,约 1 秒后要求日航飞行员联系塔台。随后,地面管制员联系美航 587 号机组,指令机组跟随日航 47 号,然后联系塔台。美航 587 号副驾驶确认收到。

④ 9 时 11 分 08 秒,塔台准许日航 47 号起飞。约 30 秒后,提醒美航 587 号机组注意尾流,指示机组滑行到 31L 跑道口,准备起飞。

⑤ 9 时 13 分 05 秒,塔台指示日航 47 号采用标准仪表离场(SID)程序,联系纽约终端雷达进近管制(TRACON);约 8 秒后,美航 587 号机长对副驾驶说:"你来飞。"

⑥ 9 时 13 分 28 秒,塔台准许美航 587 号起飞,机长确认。副驾驶问:"(这个)间隔如何?"机长回答:"飞起来就好。"约 3 秒后,飞机开始加速。

⑦ 9 时 14 分 29 秒,美航 587 号起飞,此时与前机(日航 47 号)的起飞时间间隔为 1 分 40 秒。起飞 1 分钟后,雷达数据显示美航 587 号爬至 1 700 英尺(1 英尺≈0.30 米),机翼水平。

⑧ 9 时 15 分 36 秒,飞机纵向载荷因数下降 0.04 G,侧向载荷因数左移 0.07 G,垂直载荷因数下降 0.3 G,表明遭遇尾流。

⑨ 9 时 15 分 36—41 秒,FDR 记录下操纵杆、手轮和方向舵的使用情况,其中方向舵从 0°变为左偏约 2°,再变为右偏约 0.6°,然后回到 0°。在此期间,飞机俯仰角从 9°增加到 11.5°,又降到约 10°,然后再次增加到 11°。飞机坡度角从 0°变为左翼向下 17°。

⑩ 9 时 15 分 44 秒,机长问:"小尾流?"副驾驶回答:"是。"

⑪ 9 时 15 分 48 秒,副驾驶把空速设为 250 节,即 10 000 英尺高度下的最高速度。此时,飞机高度约为 2 300 英尺。

⑫ 9 时 15 分 51 秒,载荷系数再次变化。纵向载荷系数从 0.2 G 下降到 0.14 G,横向载荷系数左移 0.05 G,垂直载荷系数从 1.0 G 降到 0.6 G。坡度角从左翼向下 23°增至 25°,手轮右移到 64°,方向舵右侧踏板位移为 1.7 英寸(1 英寸≈2.54 厘米)。CVR 先后记录下 1 声重击、1 声咔嗒声,接着又是两声重击。

⑬ 9 时 15 分 54 秒,副驾驶喊出"全速",此时速度达到 240 节。机长问:"你行吗?"副驾驶回答:"行,可以的。"1 秒后,机长喊:"坚持,坚持!"

⑭ 9 时 15 分 58 秒,CVR 传来巨响。飞机速度达到 251 节。在此之前 6 秒内,方向舵踏板位移变化记录为:从右 1.7 英寸变到左 1.7 英寸,接着到右 1.7 英寸、右 2.0 英寸,马上到左 2.4 英寸,然后再次到右 1.3 英寸。

⑮ 9 时 16 分 00 秒,CVR 传来咕哝声。约 1 秒后,副驾驶喊:"天哪(骂声)!"

⑯ 9 时 16 分 04 秒,CVR 传来疑似失速警告重复铃声,持续 1.9 秒。副驾驶喊:"怎么回事,我们被卡住了!"

⑰ 9 时 16 分 12 秒,机长高喊:"改出,改出!"CVR 记录在 2 秒后终止。

(3) 机组人员

机长,男,42 岁。1982 年 6 月加入美国空军预备役,曾先后驾驶过 T-37、T-38 和 C-141 机型。1985 年 7 月被美国航空公司聘用。2001 年 6 月 5 日获 ATPL 执照和 FAA 一级体检合格证书。1988 年 9 月完成 A300 型别等级认证,并于 1991 年 12 月获波音 727 型别等级认证。1998 年 8 月首次作为机长驾驶空客 A300。飞行总时长为 8 050 小时,其中空客 A300 飞行时长为 1 723 小时。

副驾驶,男,34 岁。1991 年 3 月被美国航空公司聘用。2001 年 10 月 18 日获 ATPL 执照和 FAA 一级体检合格证书,需佩戴矫正镜片。飞行总时长为 4 403 小时,其中空客 A300 飞行时长为 1 835 小时。

FAA 数据库显示,机长和副驾驶均无事故记录。

(4) 气象信息

美国国家气象局自动观测系统资料显示,事发当日,约翰·肯尼迪机场风力为 11 节,风向 310°,能见度 10 英里,4 300 英尺高度有零星云。9 时 01 分 24 秒,副驾驶确认收到自动终端情报服务系统信息:风力 11 节,风向 330°,能见度 10 英里,3 400 英尺高度有少量云,温度 4 ℃,露点 -6 ℃,高度表拨正值 30.42。9 时 25 分(事发后约 9 分钟),机场发布事故特殊播报:风力 8 节,风向 270°,能见度 10 英里,4 800 英尺高度有少量云,温度 6 ℃,露点 -6 ℃,高度表拨正值 30.44,有事故发生,南部有烟雾飘起。

(5) 垂直尾翼

A300-600 垂直尾翼由复合材料制成,主要由碳纤维或玻璃长纤维组成,由环氧树脂聚合物固定。这些材料被制成纤维层(或片材),与未固化的柔性环氧树脂预混合。层片沿一个方向排列,沿直角与纤维编织在一起。层板在模具中成型和堆叠,在一定温度和压力下固化,形成固体结构,刚度和强度取决于层片数量和纤维方向。

垂直尾翼由扭矩箱、前缘、尖端以及后缘等部分组成。扭矩箱为主要结构部件,由碳纤维复合材料制成,具有前梁、中梁和后梁,还有左右蒙皮壁板和 18 条加强肋(包括顶部和底部封闭肋材),每个蒙皮壁板上有 24 个纵梁。前缘和尖端是由玻璃纤维增强塑料制成的弯曲面板,并以机械方式固定到扭矩箱(可拆卸)上,后缘面板由玻璃纤维增强塑料制成,并固定到后缘支撑结构(可拆卸)上。该支撑结构由被机械固定到扭矩箱上的轻合金框架构成。

垂直尾翼通过三对主连接配件和三对横向负载配件连接到机身后部。所有配件均由碳纤维复合材料制成。主附件配件厚达 1.6～2.5 英寸,位于扭矩箱底部,集成在蒙皮壁板中。横向负载配件厚达 0.5 英寸,集成在扭矩箱中。每个配件都有自身的组件,由在固化过程中粘合到蒙皮壁板的内外侧半配件组成。

(6) 方向舵

方向舵安装在垂直尾翼上,用于控制飞机转向以及在侧风着陆时与跑道对齐,由扭矩箱、前缘和尖端等部分组成。扭矩箱为主部件,具有前翼梁和上下肋。前缘和尖端以机械方式固定(可拆卸)。方向舵通过七个铰链臂组件连接到垂直稳定器后翼梁上,这些组件包括铰链臂、垂直尾翼蒙皮板和后翼梁铰链附件。每个铰链臂有三个自对准轴承,使方向舵能够围绕铰链线旋转。垂直尾翼铰链附件由碳纤维复合材料制成,方向舵铰链附件由铝制成。此外,方向舵还通过支撑组件与后翼连接,保持上下对齐。

方向舵控制系统包括:① 方向舵踏板、方向舵配平执行器、偏航阻尼执行器和偏航自动驾驶执行器,负责方向舵的移动;② 推杆、曲柄、张力调节器和传递指令的缆线(也称为连线);③ 上、中、下三个伺服控制器,用于操作;④ 行程控制器,通过可变装置控制踏板行程;⑤ 差动单元,为一种发送伺服控制命令的机械装置,最大偏转角度为左右各 $30°$,最大运动速率(无负载)为每秒 $60°±5°$,踏板最大位移为 4 英寸。

前排两个飞行员座位下各有一对方向舵踏板,通过推杆和曲柄连接到驾驶舱下方的张力调节器。张力调节器保持恒定张力,将杆运动传递到两条缆线,后者沿机身延伸到位于压力舱壁后部和垂直尾翼下方的控制象限。控制象限把缆线运动转换为沿垂直尾翼后翼梁行进到伺服控制的曲柄和连杆运动。方向舵踏板受力值最低为 22 磅,即只有当踏板受力达到并超过 22 磅时,方向舵才会启动,以避免误踩的情况。当飞机需要左转时,飞行员踩动左方向舵踏板,气动力就会产生一个使机头向左偏转的力矩,航向随之改变。同理,飞行员踩动右方向舵踏板,飞机会在气动力的作用下向右偏转。

3. 调查结论

调查显示,美航 587 号在起飞后遭遇前机尾流。作为操作飞行员的副驾驶大幅出舵,导致垂直尾翼所受负荷过大,与机身分离,飞机失去平衡后坠毁。结构研究、维修记录以及气象信息可排除机身材料故障以及外界影响等原因。NTSB 确定,事故系副驾驶对尾流反应过度所造成。在接受公司培训时,副驾驶被告知使用方向舵从尾流等扰动中恢复平衡,导致其误把尾流与激进的滚转恢复技术联系起来。随着空速的增大,空客 A300-600 方向舵控制系统的灵敏度提高。在遇到尾流后,副驾驶反复满舵调控,酿成了这起事故。

　　调查人员采访了多名曾与副驾驶一起工作的美航飞行员。大部分受访者对其操控表示认可，但有两名同事提到其对尾流的应对和处理存在问题，其中一名是曾与其合作的波音727机长。他回忆起1997年的一次飞行经历，当时飞机正在爬升，在1 000～1 500英尺高度遭遇少量尾流。在这种情况下，飞行员只需稍微调整副翼就能使机翼保持水平，可是操控飞机的这名副驾驶却快速、不断地出满舵。机长称副驾驶动作非常大，自己受到了惊吓。这种操控会产生较大的侧向负荷，导致较大的偏航力矩。在受访过程中，机长称自己从未见过其他同事以这种方式应对尾流。当他向副驾驶提出疑问时，对方回应称这样做（快速满舵）是为了使机翼保持水平，并强调这种操作是基于公司的高级飞机机动计划（AAMP）培训。在之后的一次飞行中，副驾驶在遭遇尾流时采取了相同的应对方法，虽未使用满舵，但踩踏板的动作非常快。

　　另一名是与副驾驶合作过的飞行工程师。在受访时，他提到了1997年的另外一次经历。在那次飞行中，副驾驶同样负责操控波音727飞机，计划在纽约纽瓦克机场降落。在仪表进近阶段（距跑道约7英里处），前机（一架波音737）复飞，产生了尾流。727飞机在前机尾流影响下出现横滚，但坡度角小于30°。在这种情况下，副驾驶立即决定复飞，并把油门加到最大。据飞行工程师回忆，当时飞机高度约为3 000～5 000英尺，没有触地危险。副驾驶应对的尾流方式给他留下了深刻印象。安全委员会指出，波音727比前机（波音737）大，当尾流出现时，飞机仍处在安全高度，在这种情况下不需要复飞。可见，副驾驶对尾流反应过度。

　　此外，还有两点需要注意。一是在事发前，美航587号机组在收到起飞许可后，副驾驶曾询问机长与前机（日航47号航班）的间隔是否合适。机长认可后，副驾驶才执行起飞，说明他已经意识到起飞后可能遭遇尾流。二是在9时15分36秒，美航587号遭遇一股尾流，这是典型的小尾流，飞机纵向载荷因数下降0.04 G，侧向载荷因数左移0.07 G，垂直载荷因数下降0.3 G。面对这股小尾流，副驾驶却快速左右移动手轮数次，偏转到右37°和左34°。通过模拟测试，可以发现这种操作属于反应过度。

　　飞行员通常很少大角度出舵，做出此种操作可能是因为无法完全理解其影响或导致飞机偏转的因素。此外，美国航空公司的培训可能引导副驾驶对尾流做出过度反应，飞行员没有接受过关于随空速增加要减小出舵角度的培训。记录显示，美国航空公司训练课中有一项内容：让飞行员从90°横滚中改出。为提高效率，模拟机程序在设计时不会对动作进行任何改变，飞行员只能通过不断踩舵实现改出。1997年3月，副驾驶从培训中知道可使用方向舵控制飞机在颠簸和异常姿态时的侧倾角。1997年4月，培训人员指出，在某些情况下，与手轮方向保持一致地、小而平稳地使用方向舵是一种高超的驾驶技术。此外，培训手册中指出尾流会使飞机横滚，是导致失控的一个因素，而飞行员在极端情况下可采用满舵。这些培训引导飞行员使用方向舵来控制偏转、应对尾流，会使其养成不良操作习惯。

4. 安全建议/措施

基于调查,NTSB 提出了安全建议:

第一是改进飞行员培训计划。在这起事故中,航空公司的训练课程对飞行员有误导,导致飞行员反应过度。建议在训练中明确告知飞行员,方向舵偏转角度过大会增加垂直尾翼的负荷。在允许速度范围内,朝一个方向使用满舵或接近满舵,紧接着用同样的力反向使用或降低力度、不断变换方向使用方向舵,都会给垂直尾翼带来额外负荷,造成危险。另外,需要向飞行员指明:随着速度的增加,以较小的力度操控方向舵踏板即可实现方向调控。FAA 要对操作手册的相应修订进行监督。

第二是调整模拟机训练。在训练课程中,模拟机程序不会对飞行员的动作做出改变,导致飞行员只得依靠不断出舵实现改出。实际上,这会引导飞行员过度使用方向舵。模拟机训练应更加符合现实情况,避免延迟现象,引导飞行员在特定情景下做出合理操作。

第三是增加驾驶舱报警装置。事故飞机上并无方向舵相关保护装置。从安全角度考虑,方向舵偏转过大时,应有相应警报或提醒,以免造成危险。驾驶舱可安装新型警示灯,当感应到偏转角度大于正常值时便触发,警告潜在危险,避免方向舵偏转过度。

第四是审查维修手册。要求制造商加强审查维修手册。在审查时,修改手册中的检查标准,并特别关注严重湍流和极端情况下的操作情况,确保飞机在垂直和水平方向上的加速或减速处于对应的安全值范围内,以减少对系统或相关部件的负荷或损伤。

第三节　中国国际航空 129 号航班事故

1. 事故概要

2002 年 4 月 15 日 11 时 21 分,从北京飞往釜山的中国国际航空(以下简称"国航")129 号航班在釜山金海国际机场 18R 跑道口以北 4.6 千米处、海拔 204 米的山体上坠毁,现场见图 4-3 所示。事发时,这架波音飞机正处在进近着陆阶段,驾驶舱内有机长 1 名、副驾驶和第二副驾驶各 1 名。事故造成飞机完全损毁。在总共 166 名人员中,包括机长和 2 名空乘在内的 37 人幸存,其余 129 人(包括两名副驾驶)遇难。根据《公约》附件 13 和《韩国航空法》,韩国航空事故调查委员会(KAIB)启动调查,邀请中国(飞机注册和运营国)和美国(飞机设计和制造国)代表参与调查。

图 4 - 3　飞机坠毁后的现场

2. 事实信息

(1) 飞机状况

失事机型为波音 767-200ER,产于 1985 年,序列号为 23308,是波音公司制造的第 127 架 767 型飞机。1985 年 10 月 9 日首飞,10 月 29 日交付中国民航,1988 年 7 月 1 日转到国航旗下。飞机装配两台惠普 JT9D-7R4E 发动机。维修、修理与大修(MRO)由北京飞机维修工程有限公司(AMECO)承担执行。事发前,飞行时长为40 409 小时,起落约 15 000 次。适航证、国籍登记证和无线电台许可证均有效,最后一次定期检查于 2002 年 3 月 7 日完成。

(2) 飞行轨迹

根据飞行数据记录器(FDR)和驾驶舱话音记录器(CVR)的数据,飞机坠毁前30 分钟的飞行状况和陆空交流内容摘要如下(由于 CVR 通道编号插头插错,严重影响了记录质量,导致录音不全)。

① 10 时 49 分 15 秒,国航 129 号机组收到金海机场航站自动情报服务系统(ATIS)信息 OSCAR:风向 230,风速 6 节,能见度 2 英里,下雨且有雾,场温 16 ℃……使用跑道 36R 或 18L。由于通信质量问题,机组回应听不清。

② 10 时 56 分 12—30 秒,机组完成进近检查单程序。

③ 10 时 57 分 25 秒,机组收到 ATIS 信息 PAPA:风向 220,风速 7 节,能见度2 英里,下雨且有雾,场温 16 ℃……通告 36R 跑道 18L,平行滑行道将关闭。机组回应听到。

④ 11 时 06 分 30 秒,机组与地面进近管制员联系,后者发出“航向 190,下降到6 000 英尺”指令。此时航班位于机场西北 32 海里处,高度 17 000 英尺。

⑤ 11 时 08 分 53 秒,管制员要求告知进近类别,机组回应 CHARLIE(C)。

⑥ 11 时 08 分 56 秒,ATIS 信息改为 QUEBEC:风向 220,风速 12 节,能见度 2 英里,下雨且有雾,场温 16℃……使用跑道 18R,最低气象条件低于 D 类和 E 类最低着陆条件。

⑦ 11 时 09 分 30 秒,管制员更新指令:跑道改为 18R,风向 210,风速 17 节,盘旋进近到 18R。

⑧ 11 时 10 分 19 秒—12 分 29 秒,机组根据指令把着陆跑道改为 18R,把最低下降高度设为 700 英尺,讨论目视机动和着陆后退出跑道及滑行道的程序,机长提醒:"航线不能过大,那边全是山。"

⑨ 11 时 13—15 分,机组根据进近指令调整方向和高度,襟翼 1°～5°,左转航向 030,准备仪表着陆(ILS,盲降)进近 36L,盘旋到 18R。

⑩ 11 时 17 分 54 秒,高度为 2 208 英尺,空速 175 节,地速 222 节。机组报告看到跑道。

⑪ 11 时 18 分 44 秒,管制员要求机组联系塔台 118.1,机组向西盘旋,但没有复诵指令。

⑫ 11 时 19 分 08 秒,飞机下滑道警告响起。机组关闭 ILS,稍后接上自动驾驶仪,保持高度 700 英尺。管制员再次要求机组联系塔台。机组确认并复诵,但没有联系。

⑬ 11 时 19 分 52 秒,塔台管制员通过紧急频道 121.5 呼叫机组,机组听到并回复:金海塔台,国航 129,盘旋进近 18R。副驾驶说:"风太大,难飞。"约 20 秒后,机长接过飞机操控权。

⑭ 11 时 20 分 25 秒,机组报告三转弯,稍后断开自动驾驶仪,回复塔台:"盘旋,跑道 18R,修正海压(QNH)3 000。"

⑮ 11 时 20 分 41 秒,塔台副管制员询问能否着陆,机组没有回复。6 秒后,进近管制员通过内部电话询问塔台:"是否复飞?"塔台管制没有回复。

⑯ 11 时 20 分 51 秒,塔台副管制员要求机组重复意图,但机组没有回应。副驾驶先后两次提醒注意高度。机长询问:"看见跑道了吗?"副驾驶喊出:"没有,看不见。必须复飞!"

⑰ 11 时 21 分 15 秒,副驾驶喊:"拉起! 拉起!"仰角增至 11.4,推力未变。地面副管制员发出着陆许可:"国航 129,可以着陆 18R。"

⑱ 11 时 21 分 17 秒,CVR 传来撞击声。FDR 数据显示高度为 704 英尺,空速 125 节,地速 133 节,航向 149,右坡度 26.8°,俯仰 11.4。

(3) 机组人员

机长,男,30 岁。1994 年加入国航,1997 年 8 月获 ATPL 执照,随后以副驾驶身份驾驶波音 767 机型,2001 年 11 月获波音 767 机长飞行资格。持有一级体检证书,有效期至 2002 年 11 月。持飞行机组人员英语合格证,通过模拟空地英语对话考试和飞行专业英语考试。总飞行时长为 6 497 小时,其中 289 小时以机长身份执飞。

2002 年 1—4 月,先后 3 次作为机长驾机在金海机场起降。

副驾驶,男,29 岁。1993 年加入国航,1997 年 6 月获 ATPL 执照,2002 年 1 月获波音 767 机型副驾驶资格。持有一级体检证书,有效期至 2002 年 11 月。持飞行机组人员英语合格证,通过模拟空地英语对话考试和飞行专业英语考试。总飞行时长为 5 295 小时,其中有 1 215 小时在波音 767 上完成。作为第二副驾驶,先后两次在金海机场起降,成为副驾驶后并没有执飞过金海航线。

第二副驾驶,男,27 岁。1997 年加入国航,1998 年 2 月获航线运输飞行员 AT-PL 执照,成为第二副驾驶。2000 年 11 月通过考试,获得波音 767 副驾驶资格。持有一级体检证书,有效期至 2002 年 8 月。持飞行机组人员英语合格证,通过模拟空地英语对话考试和飞行专业英语考试。总飞行时长为 1 775 小时,其中有 1 078 小时在波音 767 上完成。

(4) 气象信息

事发前 20 分钟,金海机场天气实时数据为 500 英尺散云,1 000 英尺碎云,2 500 英尺密云,小雨,能见度 3 200 米,西南风,风速每小时 7 节,后在 8 分钟内增至 12 节。这一变化迫使机场把原定的降落跑道 36L 改为 18R。当时天气条件符合 C 类航空器盘旋进近最低气象条件。由于云层遮挡了部分视线,机组和地面管制员无法做到相互之间全程目视。

(5) 事故影响

中国国际航空公司成立于 1988 年 7 月 1 日,是国内唯一载国旗飞行的航空公司。公司前身——民航北京管理局飞行总队,于 1955 年 1 月 1 日成立。在事故发生前,国航运营 68 架飞机,定期飞往 43 个国际目的地和 71 个国内目的地,共计 114 个机场。调查显示,国航在 129 号航班事故前从未发生过重大安全事故。世界上没有一家永远无事故的航空公司。129 号航班事故为国航 47 年的安全记录画上了一个沉重的句号。

3. 调查结论

2005 年 5 月,KAIB 发布了调查报告。调查员通过残骸分布判断国航 129 号是尾部先触地,这表明机组在坠毁前曾试图拉起。飞机为何会在距离跑道咫尺之遥的地方坠毁?根据管制员提供的信息,飞机准备降落时,机场风向突变(需逆风降落)。飞机被迫从直接进近改为盘旋进近,降落跑道也从 36L 更换为 18R。在进近过程中,管制员更换了一次无线电频率,但直到最后时刻才和机组联系上。经分析,造成事故的主要原因归结如下:① 当飞机转向 18R 跑道时,机组没有按照国航的运作和训练程序执行,没有注意重型机着陆的最低气象条件,在最后进场程序中没有做出应对进场失败的预案。② 驾驶舱在人力资源管理方面出现问题,机组在转向 18R 跑道时缺乏警惕,导致飞机偏离预定航线;转向时间拖延,飞出安全区。③ 机长在转向 18R 跑道时,因山体遮挡没有看见跑道,也没有选择立即复飞,导致撞山。④ 撞山前 5 秒,副驾驶建议机长再次爬升,机长并未回应,副驾驶也没有取消进场程序。

除上述原因外,调查报告还总结出与事故相关的一系列危险因素,具体为:
① 机组人员仅在北京首都国际机场内使用模拟器进行盘旋进近训练,未接受过金海机场 18R 跑道盘旋进近训练。② 针对波音公司为加强地面迫近警告系统(GPWS)功能而发布的服务公告(SB)767-34-0067(1989 年 5 月 31 日),国航没有执行对应的改进。③ 国航仅向机组提供了一套杰普逊手册;机长在仪表进近中使用手册时,机组其他人员无法核对相关信息。④ 机组使用的仪表进近图没有绘出金海机场以北的高地。⑤ 在盘旋进近中,机组没有使用国航设定的标准呼叫模式。⑥ 金海机场 C 类盘旋进近最高速度为 140 节,但国航 129 号在下风边速度达到 150~160 节,且宽度不足,改出不当。⑦ 负责无线电通信的第二副驾驶没有正确回应管制员指令,机长和副驾驶也没有及时纠正。⑧ 当塔台控制员在下风边和底边无法目视飞机时,只是用肉眼识别飞机,没有使用塔台高亮度雷达显示设备(BRITE)。⑨ 管制员发出着陆许可后,没有看到飞机;管制员询问机组是否可以着陆时,机组也没有回答。⑩ 进近管制员发现国航 129 号航线超出正常情况时,通过对讲机询问搭台管制员:"它要复飞吗?"但塔台管制员说没有听到这个问题。⑪ 塔台管制员询问飞机位置时,没有根据自身的情景意识向机组发出任何直接警告或建议。⑫ 针对盘旋进近,"韩国标准空中交通管制程序"和"金海基地地方程序"都没有明确规定通过 BRITE 和最低安全高度警告系统(MSAW)对飞机进行雷达监控。⑬ 事故发生时,金海塔台安装的 MSAW 系统仅有目视警告功能,与 ICAO 要求发出听觉警告的建议不一致。除非管制员密切监视 BRITE,否则无法及时发现低空警告。⑭ 根据金海机场的 MSAW 程序设计,飞机在盘旋进近时,系统会在机场北面高于进近航线的高度上启动并发出警告;由于存在这种预警功能,系统直到飞机转到底边后才会再次启动。⑮ 当飞机从雷达上消失、塔台与飞机之间失去联络后,塔台管制员没有在第一时间通知搜救部门。⑯ 金海机场 18R/36L 的跑道视程(RVR)测量设备在很长时间内处于故障状态,无法支持二类盲降。

除以上因素外,参与调查的中方人员认为,管制员处理不当、恶劣天气、机场环境和设备缺陷也是事故诱因,具体为:① 金海机场当值塔台主管制员没有取得韩国建设交通部颁发的民用航空交通管制员资格,对国航 129 号航班机型(波音 767)缺乏了解。② 管制员按照 C 类标准而非 D 类标准指挥飞机下降到错误的高度。飞机应降到 1 100 英尺,而管制员指示机组降到 700 英尺。③ 天气原因致使之前 8 个航班都转到其他机场降落,管制员没有把这一情况告知国航 129 号机组。④ 金海机场的雷达和灯光系统都存在缺陷,盲降系统没有正常运行,导致机组无法看清跑道。

在 2002 年 11 月 25—26 日举行的事故调查听证会上,中韩双方出现严重分歧。韩方在听证会还没有结束时,在未与中方协商的情况下,单方面发布调查报告和通话录音内容,将责任推向中方。不仅如此,调查委员会中的韩国小组直到 11 月 21 日才将报告提交中方小组,违反了应于听证会前两周提交给对方的国际惯例。事故通常涉及多方面原因,由一个事故链中的诸多环节出错而造成。对于听证会中的不客观和不公正做法,中方表现出极大的克制,目的是顾全大局,以便各方采取相应措施,促进和改善国际航空安全。

4. 安全建议/措施

基于事故调查,KAIB 向相关组织和机构发出了安全建议。KAIB 建议中国国际航空公司审查"盘旋进近"培训计划,确保受训人员:① 了解 ICAO 空中航行服务——航空器运行体系(PANS-OPS)和美国(也包括韩国、日本等国)采用的终端区仪表程序(TERPS)规则在仪表飞行程序之间的差异,理解两套程序基于不同的安全层级和运行层次而设立;② 在盘旋程序中注意自动飞行和模式选择;③ 在盘旋时检查襟翼配置和转弯半径;④ 检查盘旋区域,密切注意障碍物高度,加强防范;⑤ 在盘旋着陆过程中,一旦超出目视,需检查并迅速启动复飞;⑥ 在盘旋进近时注意风速变化,随时做出调整。此外,KAIB 还建议国航提高机组的简报内容和程序标准化程度,包括标准呼叫程序、每个阶段的清单项目和清单执行情况、高度意识和各种操控方法。

KAIB 建议中国民用航空局审查国航"盘旋方法"培训计划及落实情况,确保建立培训程序,让机组了解如何避免可控飞行撞地(CFIT)事故,审查目标机场在进近中的风险因素并做好预案,同时加强对机场环境的跟踪和监测。CFIT 是指飞机在飞行中没有失控迹象的情况下,与地面、水或障碍物发生碰撞。这类事故涉及航空器以可控方式飞向地面的所有情况,不管机组人员的感知如何。国航 129 号航班事故发生后,中国民用航空局飞行标准司将金海机场标注为特殊机场(因距离山区较近,容易出现恶劣天气)。

KAIB 建议韩国建设和交通部提高对金海机场的管理。作为国际机场,金海机场空中交通量持续增加,建设和交通部应审核与军方的相关协议,审查民航管制员的任务和责任分配。针对塔台高亮度雷达显示设备(BRITE),除安装认证系统外,还应补充经官方认证的维护程序。检查 18 号跑道仪表进近程序,根据附近地形确定最终进近程序,同时引入雷达监测或最新安全警报系统。

KAIB 建议韩国机场公司加强与相关机构的合作,明确对自动开关照明系统设备的责任,记录好系统开/关时间,建立并实施定期维护程序。

KAIB 建议韩国国防部检查雷达地图上描绘盘旋进近区或安全线的方法,帮助管制员精确把握地形,在仪表气象条件(IMC)盘旋进近区外飞行时提供安全警报;审查并建立管制员与相关部门合作发出安全警报的具体方法和程序;审查建设和交通部的相关协议,分配符合实情的任务与责任给民航管制员。

KAIB 建议 ICAO 制定一项新的标准,以航空器最大着陆重量和着陆形态的失速速度为参照,把航空器分为不同的进近类别,将其列入飞行计划。航空公司应使用特定术语标注宽体飞机;除标注进近类别外,还要明确飞机的最低盘旋高度。

第四节 美国国家航空 102 号航班事故

1. 事故概要

当地时间 2013 年 4 月 29 日 15 时 27 分左右,美国国家航空 102 号航班在阿富汗巴格拉姆空军基地起飞后不久,坠毁在 3 号跑道东北方向约 590 英尺处。这架波音 747-400 改装货机由美国国家航空旗下货运公司运营,与美国运输司令部合作,装载五辆防雷装甲车(MRAP Vehicle),见图 4-4。飞机从阿富汗堡垒营出发,经停巴格拉姆,目的地是阿联酋迪拜阿勒马克图姆国际机场。事故造成整机和货物损毁,7 名机组人员全部遇难。事故发生后,阿富汗民航管理局和美国国家运输安全委员会(NTSB)发起调查,FAA 和波音公司代表参与并提供支持。

图 4-4 机上装载的防雷装甲车

2. 事实信息

(1) 飞机状况

涉事波音 747-400BCF 飞机属于波音 747-400 系列,根据 FAA 核准的服务公告 747-00-2004 改装而成,以货机配置运行,注册号为 N949CA。飞机配备了机组休息设施和特雷尔(Telair)主甲板货物装卸系统。出厂时间为 1993 年,飞行时长为 76 940 小时,发动机循环 10 813 次,维修记录中没有发现异常情况。事发当日,飞机从堡垒营起飞,飞行约 1.7 小时,于 13 时 53 分到达巴格拉姆。载货清单显示,机上装载了五辆防雷装甲车辆,均被固定在托盘上。其中,两辆是重达 12 吨的全地形防雷装甲车,另外三辆是重达 18 吨的美洲狮。根据设计,飞机最大起飞重量为 87 万磅,起飞重心点范围是 15.5%～33%。经计算,本次航班货物重量为 207 497 磅,起飞重量为 675 296 磅,起飞重心点为 30.4%。

（2）飞行记录

飞机配备一部霍尼韦尔 4700 固态飞行数据记录器,安装在机尾设备区。事发后,记录器应急记忆单元与底盘分离,受损明显。经修复,调查人员获得时长达 25 小时的、超过 600 个数据参数。数据显示,在 15 时 25 分 25 秒,飞机 4 个引擎的低压转子转速（N1）开始增大,在 15 点 26 分 11 秒达到最大功率,声音约在 34 秒后结束。机上同时配备一部霍尼韦尔 980 - 6022 驾驶舱话音记录器,产品序列号为 9713。该记录器有轻微热损坏和煤烟,但内部电路卡和内存芯片完好,记录了事发前约 1 小时内的通话情况,主要内容如下。

① 14 时 27 分 33 秒,副驾驶发现用于固定装甲车的捆扎带发生松动,提醒机长注意。

② 14 时 27 分 54 秒,机长询问松动发生的位置,要求副驾驶检查并采取措施。副驾驶报告松动情况,并扎紧。机组开玩笑,机组人员（后备机长）说:"弄不好,我们就会摔下来,摔到跑道上。"

③ 14 时 45 分 13 秒,机长询问货物移动情况,装卸长回应（装甲车）移动了几英寸。

④ 14 时 45 分 39 秒,机长说这些家伙太重了,很难想象它们也会发生位移。

⑤ 14 时 45 分 42 秒,装卸长回应:"扎不紧,肯定会动;所有货物都一样,不分大小。"

⑥ 14 时 58 分 47 秒,收到巴格拉姆机场自动终端情报服务系统信息,提醒有中度雷暴和侧风。

⑦ 14 时 58 分 48 秒,副驾驶声音,国际安全援助部队（ISAF）,呼号 95AQ。

⑧ 15 时 14 分 52 秒,副驾驶呼叫塔台,"ISAF 95AQ 准备滑行";塔台回答"95AQ,经 JG1 滑行至 3 号跑道,到达后报民用呼号"。

⑨ 15 时 15 分 10 秒,副驾驶回答民用呼号为 NCR5102,塔台确认收到。

⑩ 15 时 15 分 32 秒,地面管制发出离场许可:"95AQ,准许引导下飞往 SIBLO,跑道起飞,经 3 个测距仪（DME）,左转航向 210,爬升,保持高度 280,应答机 0473,离场频率 124.8。"约 15 秒后,副驾驶复诵指令。

⑪ 15 时 16 分 36 秒,地面管制发出指令:"ISAF 95AQ 注意避让,跟在右侧 C-17后面,让它先走。"约 4 秒后,副驾驶回复并确认。

⑫ 15 时 18 分 17 秒,副驾驶做起飞前准备:"决断速度 140,跑道航向 027,高度280,大推力起飞。"

⑬ 15 时 18 分 59 秒,机组开始起飞检查。

⑭ 15 时 19 分 12 秒,在副驾驶提示下,机长逐一确认,用时约 60 秒。

⑮ 15 时 21 分 01 秒,副驾驶联系塔台,报告准备完毕,在 3 号跑道等待起飞;约

14 秒后,塔台确认收到,指令等待。之后机组闲谈,抱怨工作和等待时间偏长。

⑯ 15 时 24 分 20 秒,塔台呼叫:"ISAF 95AQ,3 号跑道空出,进跑道等待。"约 5 秒后,副驾驶确认并复诵。

⑰ 15 时 25 分 33 秒,塔台呼叫:"ISAF 95AQ,3 号跑道空出。"并提醒机组注意风速。

⑱ 15 时 25 分 44 秒,塔台发出起飞许可,机组复诵确认,发动机启动和加速声,"速度 80 节,推力设定"。

⑲ 15 时 26 分 34 秒,机长喊出"决断速度""抬轮"。仅 13 秒后,即 15 时 26 分 47 秒,录音终止。

(3) 机组人员

机长,男,34 岁。持 ATPL 执照,准驾波音 747-400 系列和道格拉斯 DC-8 等机型(盘旋进近均为目视气象条件下)。拥有单引擎和仪表飞行教官证书,以及单、多引擎和仪表飞行商用执照。2004 年受聘于美国国家航空公司,2012 年 6 月以来一直驾驶波音 747-400,曾担任 DC-8 机长。总飞行时长约为 6 000 小时,其中约 4 700 小时担任机长,约 440 小时为波音 747-400 机长。事发前 24 小时内飞行 14 小时,最近一个月飞行 74 小时。最后一次体检时间为 2012 年 5 月,需佩戴视力矫正镜。

副驾驶,男,33 岁。持多引擎陆地飞机商用执照,准驾波音 747-400 系列和道格拉斯 DC-8 等机型(盘旋进近均为目视气象条件下)。拥有单引擎和仪表飞行教官证书,以及单、多引擎和仪表飞行商用执照。2009 年受聘于美国国家航空公司,2012 年 7 月以来一直担任波音 747-400 副驾驶,曾任 DC-8 副驾驶。总飞行时长约为 1 100 小时,其中约 451 小时担任波音 747-400 机长,约 209 小时担任副驾驶。事发前 24 小时内飞行 14 小时,最近一个月飞行 71 小时。

装卸长,男,36 岁。2010 年 11 月受聘于美国国家航空公司。2004 年至 2010 年 11 月,担任地勤主管和培训员。在执行本次航班任务前,没有处理防雷装甲车辆货物的经验。事发前最后一次工作水平测试于 2012 年 12 月 16 日进行,等级为优秀。在此之前,定期参加装卸长培训课程。

由于未能获准飞越巴基斯坦领空,本次航班路线较之前有所调整,分为四段:首先从法国夏托鲁到堡垒营,然后飞往巴格拉姆;返程从巴格拉姆起飞,经停堡垒营,然后飞往迪拜。由于飞行时间较长,美国国家航空公司参照美国联邦法规 121.153 的规定,为航班配备轮换机长和副驾驶各一名,另外机上还有两名机械师。四人连同当班机组一同遇难。

(4) 气象条件

根据机场提供的信息,15 时 25 分时风速 7 节,20°,4 000 英尺处少云,8 000 英尺处积雨云破顶,15 000 英尺处有碎云,温度为 18 ℃,露点为 6 ℃,高度表拨正值 29.94。备注显示,当地 14 时 35 分风速达到 26 节,60°,14 时 57 分风向转变,西北方向远处出现闪电和积雨云。15 时 28 分,风速从 11 节增至 17 节,350°,5 000 英尺几乎无云,8 000英尺积雨云破顶,15 000英尺碎云,温度为14 ℃,露点5 ℃,高度表拨正值29.93。西北方向远处有闪电。

（5）装卸系统

飞机配备了特雷尔主甲板货物装卸系统,包括托盘锁、侧导约束、中心线导向约束,以及可伸缩装置和止动装置。所有货物约束设备均安装在座椅轨道、地板配件或其他货物部件内。约束系统旨在将集装设备锁定到位,防止设备向各个方向移动。本次货物为防雷装甲车辆,没有固定索道,需要用绳索进行固定。根据堡垒营货运公司装卸人员提供的信息,货板装载间隔约为3～4英寸,货物(装甲车)没有使用主甲板地板锁,每辆车都用5 000磅额定绳索固定在主甲板上。每辆全地形装甲车用24条绳索固定,每辆美洲狮用26条绳索固定。离开堡垒营之前,只有装卸长和地面人员检查货物固定情况,飞行员未出现。

（6）现场情况

事发时,正在地面行驶的一辆汽车上的仪表盘摄像机拍下了飞机坠毁前的视频。图像显示,飞机在到达最高点并向右滚动前,以高俯仰姿态爬升。当飞机向右翻滚时,摄像机捕捉到类似于发动机推力的声音。随后,飞机开始快速下降,向左翻滚;机头向下,以机翼水平姿态快速坠落、撞地。事故发生后,主要残骸散落在距离坠落点大约394英尺处,方向75°。飞机前部全部碎裂。四个引擎因撞击和火灾全部损毁,内部组件被分离、烧毁或压碎。尾部耐压舱壁、升降舵部件、起落架组件、水平安定面和配平装置残骸散落在现场。防雷装甲车没有被大火烧毁,车内发现了飞机主甲板内板碎片。

3. 调查结论

根据调查,失事原因是装载货物(防雷装甲车)固定不当,导致其在机尾移动,至少有1辆防雷装甲车滑进飞机尾部,穿透尾部耐压舱壁,损坏了1号和2号液压系统以及尾翼水平安定面部件,导致飞机失控。与之前的数据相比,飞机在抬轮之前的性能和运动尚属正常。从起飞到坠毁,时间持续大约30秒,但飞行数据记录器和驾驶舱话音记录器在起飞十几秒后就停止了工作。最后3秒的数据显示,飞机起飞时已偏离之前的起飞和基线模拟,姿态更陡。视频片段显示飞机在到达最高点之前以高俯仰姿态爬升,向右侧翻滚,然后迅速下降,机头向下,以机翼水平姿态快速坠落、撞地,符合俯仰失控和失速的表现。没有证据表明事故与爆炸或恐怖袭击有关。

一系列原因事件的相继发生酿成了这起事故,它们相互之间具有连锁关系。调查报告汇总分析如下：① 美国国家航空公司装卸长如事先查阅制造商提供的重量和平衡手册,就能发现按照刚性重货物的安全运输要求,飞机无法妥善固定并运送5辆防雷装甲车。② 机组人员和装卸长虽发现货物在舱内移动,但没有意识到问题的严重性,更没有采取相应措施。③ 美国国家航空公司关于特殊货物的装载要求存在缺陷,即便遵循已有规定,也不能完全避免这起事故的发生。④ FAA没有提供足够的监督,以确保美国国家航空公司货物操作手册与飞机及货物装卸系统制造商提供的手册和指南的一致性,也就无法保证运营安全。⑤ 美国国家航空公司对事故航班装卸长的初级和定期训练,不能使其具备相应的知识和技能,以按照制造商和证书持有人的规定妥善装载并固定特殊货物。⑥ 人员资格认证存在问题,装卸长没有相关经验,也没有相关资质证书,飞行员也缺乏刚性重货运输经验。

根据美国国家航空公司手册,应由装卸长计算出固定货物的绳索数量。波音公司代表查阅安装程序后,认为只有使用固定绳索以特定角度绑缚标的物才能达到最佳固定效果,角度稍有偏差就会使固定效果打折扣,但这些细节并未在公司手册中体现出来。波音手册明确指出:绳索如果以水平角度固定,负荷能达到 1.6 吨;如果以45°角固定,负荷则会变低;如果以 90°角固定,则绳索基本不具备负荷能力。美国国家航空公司手册显示,无论以何角度固定,每根绳索的负荷都能达到 2.3 吨。按照波音提供的数据,102 号航班起飞时,固定货物所使用的绳索数量只有标准要求的 1/2。在美国国家航空公司制定手册时,这起事故的祸根便已埋下。

4. 安全建议/措施

基于调查,NTSB 发出了安全建议。

第一是规范工作程序。美国国家航空公司手册省略了特殊货物固定方法的必要信息,提供了错误指导。由于货物本身的特殊性,装载时必须考虑机身和地板的限制、货物装载系统的限制、支撑要求、固定方法、测算准确性等,以确保飞机运行和机组人员的安全。

第二是完善相关培训。美国国家航空公司为装卸长提供了初级和周期性培训,但没有为其提供必要的知识和技能训练(如正确装载和特殊货物装载要求),也没有正确评估装卸长的安全职责。机长对飞行安全负有最终责任,但从未接受过货物装载和运输培训,几乎完全依赖于装卸长对货物装载和运输安全性的判断。

第三是强制持证上岗。飞行员和机械师都有初始和定期培训的具体要求。这些要求有助于确保专业人员具备足够资质,能够履行工作职责、保障飞行安全。装卸长不是 FAA 认证职位。对于这类人员,FAA 没有认证制度和明确的职责要求,这使其成为安全隐患。为保证全流程安全无误,每位机组人员都必须强制认证并持证上岗。

第四是完善检查制度。FAA 曾接到对美国国家航空公司航班进行途中检查的要求。由于美国国务院限制检查员进入阿富汗,故未能开展检查。维修检查总长也无法对海外机械师进行直接监督。FAA 检查员从未对波音 747 - 400 货运航班的运营情况进行过任何途中检查,自 2012 年以来,也没有在迪拜进行过机坪安全检查。为保障安全运营,各部门应加强合作,完善相关检查制度。

2013 年 5 月 17 日,FAA 发布了 13005 号安全警告,重申航空公司相关货物运输规章应基于飞机制造商、补充型号证书或其他官方核准数据而制定。由于货物本身具有非标准性和不规则性,要在使用安全固定配置时,仔细衡量飞机性能和货物特性;要求运营商不使用过度简化的方法,使用至少 1 名合格的装卸长,并确保其接受过严格培训,能够完成货物装载和固定任务、确保运输安全。要对负责特殊货物装载、固定和记录的人员进行认证,认证条件包括工作流程、培训以及工作时间和时长,这将有助于确保这类人员能够履行职责。

2013 年 6 月,FAA 专门成立了货运工作组,为货物运输规章和流程提供技术验证,并为货物相关的决策提供技术支持。工作组制订了战略计划,解决认证、运营和适航问题,以为货物运输提供准确指导,为运营商提供改进做法,加强与各利益攸关方的协调,建立更安全的货物运输体系。截至 2015 年 5 月,工作组已完成对六家航空公司(包括美国国家航空公司)的重量和平衡控制手册审查,并与证书管理办公室合作,纠正在货物种类限定、特殊货物装载方法上存在的问题,以弥补航空公司、承包商、货运代理和国防部之间在沟通上存在的缺陷。

事故发生后,美国国家航空公司审查并修订了货物运输手册,收入了波音和特雷尔的重量和平衡控制手册中的关键信息,涉及核准捆扎点、座椅轨道和地板组件、绳索负荷数值、驱动防滑控制系统,以及集装设备和货物装载地面操作等。根据波音公司的重量和平衡手册,公司创建了座椅轨道使用指南,并在载货甲板上用突出颜色标记出座椅轨道和承重带的位置,制定了集装设备适航指南和接受集装设备的流程。

第五章　航路管制事件调查

本章包含 4 节,分别聚焦日本航空 123 号航班事故、俄罗斯巴什克利安 2937 号航班与德国敦豪航空 611 号航班相撞事故、法国航空 447 号航班事故、澳大利亚航空 32 号航班事故及相关调查。

第一节　日本航空 123 号航班事故

1. 事故概要

当地时间 1985 年 8 月 12 日 18 时 12 分,日本航空(以下简称"日航")123 号航班从东京羽田机场起飞,飞往大阪伊丹机场。约 12 分钟后,在接近南伊豆半岛东海岸时,飞机尾部爆裂,液压系统失效。在接下来的 30 分钟,机组设法控制飞机,但最终失败。飞机于 18 时 56 分坠毁在群马县高天原山。在东京都奥多摩町,有民众拍下了飞机坠毁前的身影,见图 5 - 1。当日,这架波音飞机上有 15 名机组人员,搭载509 名乘客。事发后,520 人遇难,仅 4 人幸存,飞机彻底损毁。日本交通部责令航空事故调查委员会(AAIC)成立 16 人调查组(其中包括 2 名来自日本航空自卫队的医学专家),启动调查。

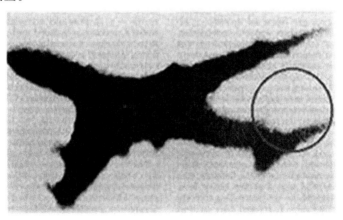

图 5 - 1　失去垂直尾翼的飞机身影

2. 事实信息

（1）飞机状况

失事机型为波音 747 - 100SR，装配 4 台普惠 JT9D - 7AW 系列发动机。1974 年 1 月 28 日首飞，同年 2 月 19 日交付日航，注册号为 JA8119。机龄为 11 年 7 个月，总计飞行 25 030 小时，共起降 18 835 次。失事前，飞机曾发生两次事故。第一次为 1978 年 6 月 2 日，着陆时因角度过大导致尾部触地。第二次为 1982 年 8 月 19 日，降落时滑出跑道，导致 4 号发动机触地，经大修后继续服役。

（2）飞行轨迹

飞机按照适用条例配备了飞行数据记录器和驾驶舱话音记录器。前者制造商为 Sundstrand，款式为 573A，序列号为 3413。后者制造商为 Collins，款式为 642C - 1，序列号为 2579。相关数据记录了飞机在坠毁前的飞行轨迹和陆空交流情况，具体如下。

① 18 时 04 分，飞机进入滑行道，约 8 分钟后从 15L 跑道起飞。

② 18 时 16 分 55 秒，飞机爬升至 24 000 英尺，机组联系东京区空中交通管制（TACC），请求直飞 SEAPERCH。

③ 18 时 24 分 35 秒，尾部发出巨响，机舱内发生爆炸，氧气面罩落下。机长解除自动驾驶，命令机组对系统进行检查。机长和副驾驶同时把应答机编码设为 7700，通报遇险。

④ 18 时 25 分 21 秒，机长联系 TACC，请求下降到 22 000 英尺，返回羽田机场。

⑤ 18 时 25 分 40 秒，机长请求雷达导引至伊豆大岛。TACC 询问方向，机长回复右转。TACC 同意。

⑥ 18 时 25 分 52 秒，飞机偏航，开始出现反常振动和翻滚。

⑦ 18 时 27 分 02 秒，TACC 确认机组遇险，询问："是何种问题？"机组未回复。稍后再次发出"航向转 90°雷达导引至大岛"指令，机组回复"失控"。

⑧ 18 时 31 分 07 秒，TACC 询问："能否下降？"机组回复："正下降。"机组询问："距名古屋机场 72 海里，能否迫降？"接着请求返回羽田机场。

⑨ 18 时 31 分 26 秒，TACC 建议改用日语通话，机组同意。

⑩ 18 时 33 分，日航本部利用无线电与机组取得联系。此时，飞行工程师请求机长和副驾驶戴上氧气面罩。

⑪ 18 时 35 分 33 秒，机组向日航本部报告 R5 门破损并请求下降，对方确认同意。

⑫ 18 时 40 分 44 秒，TACC 为机组设定专用无线电频率，并通知机组切换，但未收到回应。此时，机组为增加重力放下起落架，在富士山西约 35 千米处右转，向东飞行，之后在富士山西北偏北方向约 7 千米处左转。在山梨县大月市上空，高度从 21 000 英尺降到 17 000 英尺，右转约 360°。在这一过程中，高度不断下降，并发出

"无法控制"警报。之后多次转向,不断发出"失控"警报。当下降至 6 000 英尺时,方向终于对准羽田机场。在埼玉县上空因风势而被迫左转,往群马县山区方向飞行。

⑬ 18 时 45 分 36 秒,监听到无线电的驻日美军横田基地(RAPCON)为帮助机组,指示其切换到指定频率,机组回答失控。TACC 提出联络东京进近管制(TAC),机组没有回复。

⑭ 18 时 47 分 10 秒,机组请求雷达导引至千叶县木更津市,TACC 指示往东飞行,并询问:"能否操纵飞机?"机组回答"失控"。TACC 要求改变频率,机组确认收到。

⑮ 18 时 49 分:日航本部多次呼叫机组,在三分钟内无一回应。

⑯ 18 时 53 分 30 秒,TACC 联系机组,机组回应"失控"。TACC 与 RAPCON 联系,RAPCON 告知横田基地开始迫降准备。TACC 通知机组联系 TAC,机组确认收到。

⑰ 18 时 54 分 19 秒,机组转为与 TAC 通话,要求位置信息。TAC 回复"羽田西北 55 海里、熊谷西 25 海里",机组确认收到。1 分钟后,TAC 发出"羽田和横田都可以降落",机组再次确认收到。之后,地面试图联系机组时,再无音信。

⑱ 18 时 56 分 14 秒,机内近地警告系统启动。机体右主翼与后半部触地,机头朝下并向右倾斜,以 346 节的速度(641 千米/小时)在群马县高天原山山脊坠毁,并引发大火。

(3) 机组人员

机长,男,49 岁。1966 年加入日航,1969 年 7 月获 ATPL 执照,1975 年 7 月获准驾驶波音 747 机型,单发和多发,曾驾驶 YS－11、波音 727 和道格拉斯 DC－8 等机型。1977 年 7 月升任机长。持一级体检证书,有效期至 1986 年 1 月。飞行总时长为 12 423 小时,波音 747 飞行时长为 4 842 小时,事发前 1 个月飞行时长为 53 小时。

副驾驶,男,39 岁。1970 年加入日航,1984 年 1 月获 ATPL 执照,1979 年 5 月获波音 747 工作认证,单发和多发,准驾道格拉斯 DC－8 机型。1984 年 6 月获副驾驶资格。持一级体检证书,有效期至 1985 年 11 月。飞行总时长为 3 963 小时,波音 747 飞行时长为 2 665 小时,事发前 1 个月飞行时长为 46 小时。

飞行工程师,男,46 岁。1957 年加入日航,1965 年 9 月获飞行工程师执照,1972 年 11 月获波音 747 工作认证,另有道格拉斯 DC－6、波音 727、道格拉斯 DC－8 机型工作认证。持二级体检证书,有效期至 1985 年 11 月。飞行总时长为 9 831 小时,波音 747 飞行时长为 3 846 小时,事发前 1 个月飞行时长为 41 小时。

(4) 气象信息

根据关东区和静冈县气象局的资料,事发前后本州岛及其附近地区被太平洋高压覆盖,大气不稳定,午后在东京都、埼玉县西部及群马县北部有雷云形成。下午 16—17 时,群马县伴随雷云出现了大雨,雨量 38 毫米。东京都地区也有降雨,雨量

30毫米。17时左右,埼玉县西部雷云高达13 000米。17—18时,秩父市降雨量达到58毫米。天黑后,群马县北部上空有雷暴,22时左右消失。在伊豆大岛和伊豆半岛之间有稀疏积云,局部有中层云和上层云。南风5米/秒。

(5)客舱情况

爆炸发生时,客舱内氧气面罩直接落下,应急广播启动。乘客按照指示戴上氧气面罩、系上安全带,有部分乘客穿上救生衣。乘务长指示乘务员准备氧气瓶。乘客保持平静,没有出现混乱。由于从意外发生到坠毁有30多分钟,一些乘客已做了心理准备,甚至有人留下了遗书。客舱失压导致部分乘客陷入昏迷。

(6)救援行动

自18时26分起,当地民航局与TACC和日航密切协调,收集信息,跟踪航班。约18时59分,TAC通报目标航班在雷达屏幕上消失,位置为距离羽田机场磁方位308°约59海里处。协调中心立刻把这一信息转发给警察局、航空自卫队入间郡救援中心和海上安全局。19时15分,一架美国空军C-130运输机联系横田进近管制,称在横田磁方位305°约35海里处发现火情,后者把这一信息转给协调中心。20时33分和21时30分,羽田机场总裁先后联系航空自卫队中央区司令和陆上自卫队东区长官,请求派救援分队前往事故现场。事故发生后,交通部立即成立专门工作组,由副部长担任组长,协调救援工作。日本政府也成立"日航飞机事故工作组",由交通部部长统领,协调各部门和机构行动,尽最大努力抢救幸存者,并开展善后工作。

飞机失事后,驻日美军曾派出直升机引领救援,但在途中收到"返回基地"命令,原因是日本政府要求自卫队承担救援工作。由于现场位于山区,地形复杂,大雨导致能见度降低,自卫队飞机无法着陆,飞行员在失事地上空未观察到生还迹象。地面人员没有赶赴救援,而是选择在距现场63千米的上野村驻扎。直到第二天上午9点,即飞机失事14小时后,搜救人员才抵达现场,错过了黄金救援时间。

在调查开始时,日本官方把此次事故作为一起犯罪事件来处理,将失事现场作为犯罪现场封锁起来,拒绝美国国家运输安全委员会(NTSB)及波音公司的调查人员介入。在NTSB主席亲自写信给日本政府后,日本政府才同意美方人员在事发5天后进入现场。但是,波音公司人员仍受到监视,无法自由行动,需在NTSB人员的陪同下开展工作,这大大影响了调查进度。

(7)事故影响

这起事故是世界上迄今单一飞机空难死伤人数最多的一起,也是目前航空史上第二严重的空难,仅次于1977年特内里费空难。空难使日本国民对日本航空公司的信心受到相当大的打击。公司董事长因事故引咎辞职,维修部经理、数名基层职员以及波音公司的一名日籍工程师自杀谢罪。自1985年9月1日起,日本航空停用"123"航班号并延续至今。同时段JAL127航班改由波音777-200型客机执飞,余下6架波音747-100SR于1988年起陆续退役。日航最终向罹难者家属赔付了7.8亿日元"慰问金"。

3. 调查结论

在 NTSB 和波音公司的帮助下，AAIC 调查小组于 1987 年 6 月 19 日公布了调查报告，事故原因主要包括三点。第一，飞机尾部压力壁破裂，造成飞行质量下降和控制系统功能丧失，随后发生机身尾部和垂直尾翼破裂，导致液压控制系统失效。第二，尾部压力壁破裂系金属疲劳产生的裂缝所致，裂缝不断增大，最终在飞行时无法承受客舱压力。第三，尾部压力壁的疲劳裂缝源于七年前的维修失误，后续的多次检修未能发现并修补，裂缝越来越大，导致尾部爆裂，飞机失控、坠毁。

1978 年 6 月 2 日，飞机执飞 JAL115 航班，在大阪伊丹机场降落时出现翻滚，机尾触地、受损。6 月 7—14 日，经日航临时修理后，飞机被转运到东京羽田机场。在 6 月 17—7 月 11 日期间，由波音维修团队进行大修，但维修人员没有妥善修补损伤区块：在替换损伤的压力壁面板时，应使用一块整板连接两块面板，并在上面使用三排铆钉固定；而维修人员却使用了两块不连续的接合板，一块上面有一排铆钉，另一块上面有两排，导致接合点附近金属蒙皮承受的应力增加，对金属疲劳的抗力下降约 70%。在维修后的飞行中，客舱内部的加压和减压导致金属疲劳累积。根据调查人员推算，飞机在上述修补后可进行约 10 000 次飞行，而飞机失事时已经是维修后的第 12 319 次飞行。

事发当日，当飞机爬升至 24 000 英尺时，压力壁面板累积的金属疲劳达到极限，无法再承受气压差而破裂。机舱内发生爆炸性减压，高压空气冲进机尾，直接将垂直尾翼吹落，并扯断了液压管线，导致液压系统油路损毁，飞机几乎失去了控制。机组在几近完全失控的情况下坚持了约 30 分钟，在坠毁前多次躲过山区内的险峻地形，表现出非同一般的能力和技术。事发后，模拟当时状况的调查员和飞行员没人能坚持这么久。在危急情况下，机组的一些操作状况（比如反应迟缓，多次未回应塔台呼叫，在机舱缺氧时没有及时下降高度，忘记使用氧气面罩，坚持返回羽田机场而非就近前往名古屋机场迫降）导致了一些机会的丧失，但考虑到机组处于高度紧张与努力调控的状态，这些失误可以在一定程度上被理解。

4. 安全建议/措施

事故发生后，政府组织、飞机制造商和飞机运营商推出了一系列安全措施。NTSB 向 FAA 提出的安全建议包括：① 改变尾部设计，保护波音 747 和波音 767 尾部，防止其在压力增大时发生灾难性故障。② 改进飞机液压系统设计，防止飞机尾部压力的增大影响液压系统的完整性和稳定性。③ 重新评估飞机尾部压力壁自动防故障装置的有效性，并改进设计。④ 向检查人员发出警报公告，在批准维修前要充分检查潜在故障影响和防故障装置标准。

FAA 指示波音 747 美国运营商和波音公司进行修改和检查，包括：① 在尾部加装保护封盖。6 个月之内，在飞机尾部通往垂直尾翼的开口上加装结构封盖，防止尾部因受压出现爆裂或损毁。② 重新评估压力壁安全设置的有效性。要求波音公司对设计重新进行评估,并进行相关测试,检查波音 747 和 767 机型尾部压力壁自动防故障安全设置的有效性。③ 评估压力壁维修程序。要求运营商检查 747 机型尾部压力壁维修是否符合要求,并将结果报给波音公司。④ 改进液压系统。1985 年9 月,FAA 与波音公司发起一项研究,旨在改进液压系统构造,防止重大结构故障导致飞机液压系统失效。在 4 号液压系统中,管路进入垂直尾翼;通过安装液压阀,可保障升降梯、副翼和扰流板的功能。针对这项改进,波音公司先发布服务公告,后期将由 FAA 发布指令。

日航吸取教训,除加强对维修控制及作业程序的管理工作外,还专门针对维修系统制定和实施了一项革命性项目——"专人专修计划",即由 15 名工程师和维修人员组成一个团队,负责对指定飞机进行维修及日常养护,并对其安全负完全责任。每次大修后,组长要作为第一位乘客试乘,以示负责。这项制度有效地加强了维修人员的责任感以及维修作业的一贯性,同时有利于增进维修人员对责任飞机的熟悉程度。"专人专修计划"实施以后,日航没有发生过重大机务事件。

鉴于日航 123 号班机空难事件的教训,世界航空界普遍开展了"机务革命",主要体现在飞机维修观念上的"三必须":首先,飞机必须建立各项装备的定期检查制度,尤其是在大规模维修或变更设计时,必须完全符合原设计者的原有要求;其次,负责维修的技术人员必须加强机械与材料领域的基础训练;最后,负责签字验收飞机维修结果的人员必须亲自到现场仔细检验、确认维修结果,确保完全符合原有规定。

第二节　俄罗斯巴什克利安航空 2937 号航班与德国敦豪航空 611 号航班相撞事故

1. 事故概要

国际标准时间 2002 年 7 月 1 日 21 时 35 分 32 秒,一架图-154M 客机和一架波音 757-200 货机在德国南部康斯坦茨湖附近乌柏林根(Überlingen)市上空相撞,两机上总共 71 人全部遇难。图-154M 为俄罗斯巴什克利安航空 2937 号航班(BTC2937),由莫斯科飞往巴塞罗纳,机身残骸见图 5-2。波音 757-200 为德国敦豪快递公司 611 号航班(DHL611),由巴林国际机场经停意大利贝加莫国际机场,正飞往布鲁塞尔。根据 ICAO 相关条例以及德国调查法,德国联邦航空事故调查局(BFU)启动事故调查。

图 5 - 2　图 - 154M 机身残骸

2. 事实信息

(1) 飞机状况

图-154M(注册号 RA-85816)是图普列夫 PSC 公司于 1995 年生产的中程运输类飞机。事发前最后一次 F2 级检修于 2002 年 6 月 28 日完成。总飞行时长为 10 788 小时。波音 B757-200(注册号 A9C-DHL)是波音公司于 1990 年生产的双发喷气式运输货机。事发前最后一次 A 级检修于 2002 年 4 月 14 日完成。总飞行时长为 39 022 小时。

(2) 飞行记录

事故发生空域管制权归属瑞士空管公司(Skyguide),由苏黎世空中交通管制中心(ATC Zurich,以下简称"苏黎世空管中心")负责提供空中交通服务。当晚,苏黎世空管中心按计划调整空域管制扇区划分,关闭地面通信系统,启用雷达后馈模式。在该模式下,雷达扫描速度变慢,雷达系统配备的短期冲突告警(STCA)不会发出两分钟目视警告。苏黎世空管中心夜间由两名管制员值班,由于夜间交通量减少,中心默许二人轮流休息。该中心用英语与两架飞机通信,通信频率都是 128.05 兆赫。根据两架飞机的飞行数据记录器信息、驾驶舱话音记录器信息、苏黎世空管中心雷达系统信息及其与两架飞机之间的通信数据,事故发生前约 20 分钟的飞行记录择要如下。

①21 时 15 分,苏黎世空管中心一名管制员离开控制室,另一名管制员同时负责相距一米左右的两个雷达显示屏,雷达频率分别为 128.05 兆赫和 119.92 兆赫。

②21 时 21 分 50 秒,DHL611 与苏黎世空管中心取得联系,频率为 128.05 兆赫。此时飞机处于 260 高度层,正飞往 ABESI。

③21 时 21 分 56 秒,DHL611 应答机编码 7524 获确认,苏黎世空管中心发出许

可,允许飞机全向信标导航至 TANGO,爬升至 360 高度层。21 时 29 分 50 秒,DHL611 爬升至 360 高度层。

④ 21 时 29 分 54 秒,BTC2937 进入瑞士空域。约 15 秒后,与苏黎世空管中心取得联系,频率为 128.05 兆赫,机组报告处于 360 高度层。

⑤ 21 时 30 分 33 秒,苏黎世空管中心分配应答机编码 7520 给 BTC2937,6 秒后获确认。

⑥ 21 时 33 分 00—41 秒,BTC2937 空中交通预警和防撞系统(TCAS)显示左侧有飞机接近,机组发现并讨论应对。

⑦ 21 时 33 分 24 秒,卡尔斯鲁厄空管中心雷达系统告警,发现 BTC2937 与 DHL611 航线冲突。管制员试图联系苏黎世空管中心,因地面通信系统关闭未成。

⑧ 21 时 34 分 42 秒,DHL611 机上 TCAS 发出交通警报(TA),提醒机组"危险,危险"。约 14 秒后,TCAS 发出决断警报(RA),要求机组"下降,下降"。

⑨ 21 时 34 分 49 秒,苏黎世空管中心联系 BTC2937,要求机组快速下降至 350 高度层,但未收到机组确认。

⑩ 21 时 34 分 56 秒,BTC2937 机载 TCAS 发出决断警报,要求机组"爬升,爬升"。副驾驶说:"TCAS 要求爬升。"机长回答:"管制员要求下降。"副驾驶问:"是否下降?"机长同意。

⑪ 21 时 34 分 56 秒,几乎在同一时刻,DHL611 机组根据 TCAS 决断警报,在没有请示地面管制的情况下,直接执行下降操作。

⑫ 21 时 35 分 03 秒,管制员再次联系 BTC2937,"下降到 350,快"。稍后,管制员打断机组交流,提醒"在你 2 点钟位置上有一架飞机,高度 360"。机组未报告 TCAS 爬升指令,立即执行加速下降。

⑬ 21 时 35 分 04 秒,BTC2937 传来领航员的声音,"它将从我们下方飞过"。机长关闭自动驾驶,推杆快速下降。

⑭ 21 时 35 分 07 秒到 24 秒,BTC2937 右转航向,从 264°到 274°。在最后时刻,TCAS 再次发出决断警报,要求机组"加速爬升"。副驾驶喊:"它说'爬升'!"

⑮ 21 时 35 分 19 秒,DHL611 机组向地面管制报告 TCAS 下降指令。稍后,副驾驶两次要求机长下降,一次喊"下降",另一次喊"快降"。因无线电故障,管制员未收到报告。

⑯ 21 时 35 分 32 秒,BTC2937 与 DHL611 在 34 890 英尺高度相撞。

(3) 机组人员

① BTC2937 号:

机长(实习),男,52 岁。1993 年 11 月获 ATPL 执照。2000 年 11 月 14 日完成 TCAS 培训。飞行总时长为 12 070 小时,图-154M 飞行时长 4 918 小时。事发前 3 个月飞行时长为 81 小时。

飞行教员,男,40 岁。1997 年 3 月获 ATPL 执照。2000 年 11 月 14 日完成

TCAS 培训。飞行总时长为 8 500 小时,图-154M 飞行时长为 4 317 小时。事发前 3 个月飞行时长为 104 小时。

副驾驶,男,41 岁。2000 年 11 月获 ATPL 执照。2000 年 10 月 18 日完成 TCAS 培训。飞行总时长为 7 884 小时,图-154M 飞行时长为 4 181 小时。事发前 3 个月飞行时长为 69 小时。

领航员,男,51 岁。1996 年 6 月获飞行领航员执照。飞行总时长为 12 978 小时,图-154M 飞行时长为 6 421 小时。

飞行工程师,男,37 岁。2000 年 7 月获飞行工程师执照,飞行总时长为 4 191 小时,全部在图-154M 上完成。

5 名机组人员均持一级体检合格证书。

② DHL611 号:

机长,男,47 岁。1991 年 9 月获 ATPL 执照,1991 年 10 月完成二类飞行操作评级,2001 年 11 月 19 日完成 TCAS 培训。飞行总时长为 11 942 小时,其中 6 655 小时作为机长飞行,波音 757 飞行时长为 4 145 小时。事发前 3 个月飞行时长为 233 小时。持一级体检合格证书,需佩戴视力矫正镜。

副驾驶,男,34 岁。2002 年 3 月 22 日获 ATPL 执照,2002 年 3 月完成二类飞行操作评级,2002 年 4 月 15 日完成 TCAS 培训。飞行总时长为 6 604 小时,事发前 3 个月飞行时长为 176 小时,都在波音 757 上完成。持一级体检合格证书。

(4) 管制员

管制员,男,35 岁。1991 年在哥本哈根接受培训,1994 年获空中交通管制员执照,开始在哥本哈根空管中心工作。1996 年加盟苏黎世空管中心,获瑞士空中交通管制员执照,有效期至 2003 年 3 月 7 日。除苏黎世地区管制外,该管制员还负责弗里德里希沙芬机场进近和雷达进近管制。事发当日在岗时长为 3 小时 32 分,(上一班次)下班后休息时长为 22 小时。

(5) 气象信息

德国气象局资料显示,事故现场观测到向东移动的冷锋。当晚,德国东南部多云,中东部有冷锋,局部有小到中雨。地面水平能见度在 10~30 千米,温度为 19~20 ℃。高空云层最高点位于康斯坦茨湖上方,高度在 250~280 之间。两架飞机在该云层上方,能见度超过 10 千米。

(6) 通信状况

事发时,管制员通过 128.05 兆赫与 BTC2937 和 DHL611 保持通信。在同一时间,他还要处理一架空客 A320 在弗里德里希沙芬机场的延迟降落,频率为 119.92 兆赫。当频率相同时,所有用户都能收听该频道的通信情况。当频率不同时,不同机组若同时呼叫,管制员无法同时响应,可能错过呼叫,除非机组反复呼叫。BTC2937 和 DHL611 通信工作台面与空客 A320 通信工作台面相邻,管制员只能"一心二用",在两个频道和两个工作台面之间不断切换。

　　相邻空管中心通过电话系统(SWI-02)和旁路系统进行通信。SWI-02由两个并行的系统组成,可同时或独立运行。旁路系统是一个备用系统,是使用公共电话网的模拟系统。通过电话系统接收的呼叫无法转移到旁路系统。当晚,旁路系统在系统维护期间出现故障,导致部分通话重连。主系统在未与相邻空管中心进行协调的情况下单方关闭。管制员先后7次联系弗里德里希沙芬机场,无一成功。从21时34分44秒起到事发时刻,先后有3个来自卡尔斯鲁厄和1个来自弗里德里希沙芬的电话,管制员都没有接听。

(7) TCAS 培训

　　TCAS根据ICAO标准开发,是一种独立于地面设备、飞机导航设备和飞行员的报警系统,监控飞机前方40海里、后方15海里、两侧20海里,以及上下约9 000英尺的空域内所有的飞行器及其运行轨迹,计算并预报发生冲突的可能性。一旦检测到周围存在可能发生冲突的别架飞机,系统将发出"TA",并在显示器上以黄色圆点显示。若别架飞机继续靠近,系统就发出"RA",并在显示屏上以红色正方形显示。若别架飞机也装有TCAS,则也会有同样的警告同步发出。建议避让操作仅在垂直方向上提出,即建议一架飞机爬升,另一架飞机下降。TCAS检测到冲突危险消除后,将发出"无冲突"语音提示。

　　2000年8月10日,俄罗斯联邦民航局审批通过《民用航空公司飞行机组人员使用TCAS/ACAS飞行准备方案》。该方案包括40小时理论培训和8小时实践培训。理论培训包括系统说明、设计原则、技术数据、显示信息、报告措辞、系统限制、ICAO标准与定义等。除飞行工程师外,BTC2937机组均完成相关培训,但未使用模拟系统进行过飞行训练。

　　根据2000年1月发布的《TCAS Ⅱ第7版简介》手册,DHL611机组接受过系统培训,包括系统说明、警报阈值、TA与RA响应、显示信息、报告措辞、线路运行等。2002年2月4日,手册A部分第8节增添了对操作基础、法规及程序的定义,要求飞行员必须执行RA,在任何情况下都不能做出相反操作。除理论学习外,DHL611机组还使用模拟系统进行过飞行训练。

(8) 事故影响

　　两架飞机在万米高空相撞,机组成员及乘客全部遇难。BTC2937是包机,载有45名来自俄罗斯乌法市的优秀少年。受联合国教科文组织邀请,他们将在巴塞罗那进行为期两周的学习。由于领队记错机场,导致代表团没有赶上预定航班,只能改签BTC2937,没想到改签改变了命运。空难还让在西班牙工作的俄罗斯人卡罗耶夫失去了妻子和一对儿女。他千里迢迢找到当值管制员,要求其道歉,在遭到拒绝后将其杀害。

3. 调查结论

　　通过分析两机的飞行数据记录器、驾驶舱话音记录器信息,以及苏黎世空管中心雷达系统信息,查明事故由系统性原因和直接原因造成。导致事故的系统性原因如下:① 事故当晚,苏黎世空管中心按原计划重新划分空域管制扇区,因而启用了雷达系统后馈模式,由此导致雷达扫描速度变慢,系统配备的短期冲突告警不能发出两分钟目视警告。重新划分扇区还造成部分通话重连,管制员无法收到相邻空管中心的提醒。② 瑞士空管公司的管理存在问题。根据安排,当晚应有两名管制员在岗。由于夜间交通量减少,公司默许一名管制员值班,当晚所有工作交由一人负责,造成其负荷过重。③ 空中碰撞预防系统(ACAS)/TCAS 与航空系统的融合不充分。ICAO、各国航空局公布的 ACAS/TCAS 相关条例,以及 TCAS 制造商和运营商发布的操作手册,存在内容不完整、各版本不一致的问题,具有误导性。

导致事故的直接原因如下:① 管制员需同时处理 BTC2937 和 DHL611 航线冲突与空客 A320 延迟降落弗里德里希沙芬机场事件,两个工作台相距一米,顾此失彼;在无法确保 BTC2937 与 DHL611 相互避让的情况下,对 BTC2937 发出"下降"指令。② 面对管制员和 TCAS 发出的相反指令,BTC2937 机组没有优先执行 TCAS 的"爬升"指令,而是按照管制员指令下降;DHL611 机组在第一时间执行 TCAS 的"下降"指令,但未向管制员报告。

4. 安全建议/措施

基于上述调查,BFU 给出了安全建议。

第一,统一 ACAS/TCAS 相关条例。ICAO 应明确附件 2、附件 6 和《空中航行服务程序——航空器的运行》(Doc 8168)文件要求。当"RA"发出后,无论管制员发出何种指令,飞行员都应优先遵守 RA 指令,直至系统发出"无冲突"提示。ICAO 还应确保各国民航管理局、制造商、运营商使用的 ACAS/TCAS 相关规则统一、清晰、明确。高度重视 ACAS/TCAS 培训,利用自身机制与资源,确保对所有国家/地区飞行员进行统一训练,提高飞行员对系统的认知与接受度,避免因反应不一致造成事故。培训应使用配备 ACAS/TCAS 或交互计算机基础训练的模拟器,应包含模拟场景训练。俄罗斯联邦民用航空局应向专业人员提供 ACAS/TCAS 培训,并提供飞行模拟器或适当的综合训练装置。

第二,改进空管公司工作制度。空管公司提供空中交通管制服务,其制度与管理影响工作人员的工作环境及效率,事关飞行安全。各国民航局应发布明确规定,要求空管公司严格执行工作制度。在系统维护期间,空管公司应使用提前制定的安全方案,界定运营部门和技术部门的详细职责,并提前将维护期间可能出现的问题通知管制员,以便做好应对。夜间工作应确保至少有两名管制员同时在岗、有两台控制器以及电话系统用于管理,防止因人员或设备不足造成安全隐患或事故。空管公司还应建立系统维护人员轮班制度,并确定合适的时间以开展系统维护工作,完善紧急预案。空管公司应配备有效的短期冲突警报系统。警报一旦响起,应持续至工作人员确认警情消除为止。

第三,加强管制员培训。管制员在紧急情况下发出的错误指令是引起这起事故的直接原因之一,从侧面反映出瑞士空管中心管制员缺少理论与实践方面的应急程序培训。一名合格的管制员,需要具备发现潜在交通冲突的能力,能够按照国际标准保持飞机间隔;当飞机间隔低于最小间隔时,能够快速重新建立最小间隔;还需措辞得当,在尽可能短的无线电通信时间内实现效果最大化。民航局应以上述要求为目标,对管制员进行应急培训,并定期开展管制员水平评估,确保每一名管制员都达到要求。

第四,提高 ACAS/TCAS 与航空系统的融合度。在这起事故中,管制员在未知TCAS 指令的情况下发出了与 RA 相反的指令,而无线电故障等原因使得飞行员未及时向管制员报告 TCAS 指令。ICAO 应利用广播式自动相关监视(ADS-B)、二次监视雷达 S 模式等技术,开发 TCAS 与空管中心的下行链路,帮助管制员及时获取ACAS/TCAS 信息,避免事故发生。此外,为改进事故调查工作,空管中心自动测试系统应配备记录装置(类似于机载微型电话系统),用于记录空管工作站的背景通信和噪音,方便调查人员取证。

第三节　法国航空 447 号航班事故

1. 事故概要

国际标准时间 2009 年 5 月 31 日晚 10 时 03 分,法国航空(以下简称"法航")447 号航班从里约热内卢加利昂国际机场起飞,飞往巴黎戴高乐机场。次日凌晨 2 时14 分,飞机进入大西洋上空暴风雨区不久后失联。机上 216 名乘客以及 12 名机组人员全部罹难。这起事故是法航成立以来伤亡最惨重的空难,也是空客 A330 型客机投入营运后的首次空难。根据 ICAO 规定,法国民航安全调查分析局(BEA)启动调查。事发 702 天后,机载飞行数据记录器(见图 5-3)和驾驶舱话音记录器终于被打捞出水。2012 年 7 月 5 日,BEA 发布事故调查报告,指出事故系皮托管结冰导致自动驾驶系统关闭、飞行员错误操作造成飞机失速所致,飞机最终坠毁在巴西圣佩德罗和圣保罗岛屿附近。

2. 事实信息

(1) 飞机状况

失事机型为空客 A330-203,注册号为 F-GZCP,2005 年 4 月投入使用,累计飞行 18 870 小时,起降 2 644 次。发动机为通用 CF6-80-E1A3。实时状态监控系统数据解码(包括事故当天数据)显示,两个发动机运行正常。事发时飞机总重约205.5 吨,重心 28.7%,在允许的飞行包线内。事故发生前一天,机长汇报无线电管

图 5 - 3　打捞出水的飞行数据记录器

理面板(RMP1)上甚高频(VHF1)选择键有异常。飞机近三次检修档案(2008 年 12 月 27 日、2009 年 2 月 21 日、2009 年 4 月 16 日)均未发现异常。

(2) 飞行记录

飞机按照适用条例配备了飞行数据记录器和驾驶舱话音记录器。前者制造商为 Honeywell,款式为 4700,型号为 980 - 4700 - 042,序列号为 11469。后者制造商为 Honeywell,款式为 6022,型号为 980 - 6022 - 001,序列号为 12768。相关数据记录了飞机在出事前的飞行轨迹,择要如下。

① 1 时 35 分,飞机抵达 INTOL 航路点,机组与大西洋空管中心进行高频通信。选择呼叫系统(SELCAL)测试成功,但未能与达喀尔空管中心建立合约式自动相关监视连接。

② 1 时 45 分,飞机在 SALPU 航路点前进入轻微湍流区。右副驾驶提醒飞机正"驶入云层",建议爬升。几分钟后,湍流强度略有增加。

③ 1 时 52 分,湍流停止。右副驾驶再次提请机长注意飞行高度。随后,机长叫醒左副驾驶准备换班。

④ 2 时左右,右副驾驶作为操控飞行员进行简报,内容包括穿云、出现颠簸、气温偏低、不能继续爬升、未能与达喀尔中心建立连接等。机长随后离开驾驶舱。

⑤ 飞机接近 ORARO 航路点时,高度 350,飞行马赫数为 0.82,俯仰姿态 2.5°,总重 205 吨,重心 29%。稍后,机组把飞行马赫数降至 0.8,并打开发动机除冰装置。

⑥ 2 时 10 分 05 秒,自动驾驶与自动推力断开,左侧主飞行显示器与综合备用仪表系统显示空速错误。右副驾驶喊:"我来开!"飞机向右侧横滚,右副驾驶向左带杆,动作较大,失速警报连响两次,速度从 275 节降至 60 节。俯仰姿态在 10 秒内提高到 11°。飞机操纵法则从正常法则转换到备用法则。

⑦ 2 时 10 分 18—25 秒,左副驾驶快速检查电子中央监控系统(ECAM)信息,提醒右副驾驶"自动推力不可用""备用法则""推力锁定失效",启动机翼除冰,要求"下降,下降"。右副驾驶推杆,俯仰姿态和垂直速度减小。高度 370,仍在爬升。

⑧ 2 时 10 分 36 秒,主飞行显示器空速故障解除,显示速度 223 节;综合备用仪表系统空速仍然报错。自动驾驶仪断开后,速度已下降约 50 节。主飞行显示器空速故障时长为 29 秒。

⑨ 2 时 10 分 47 秒,两侧飞行显示器上重新出现指引。右副驾驶继续向后带杆,迎角值进一步增大。

⑩ 2 时 10 分 50 秒起,左副驾驶数次呼叫机长。失速警告再次触发。此时迎角大约为 6°,并持续增加。推力手柄在起飞/复飞档位。在 1 分钟内,右副驾驶不断拉杆,导致机头向上,从 3°增加到 13°,并保持在 13°,直到飞行结束。

⑪ 2 时 11 分 10 秒,飞机出现抖振,高度达到最高值 380,迎角 16°。

⑫ 2 时 11 分 37 秒,左副驾驶高喊"我来开!",按下优先按钮,从左侧操控。但右副驾驶却按下优先按钮,继续操控。

⑬ 2 时 11 分 42 秒,机长返回驾驶舱。仪表空速故障和失速警报声响起,持续 54 秒。警报声停下时,高度为 350,迎角超过 40°,垂直速度约为 −10 000 英尺/分钟。俯仰姿态低于 15°,发动机推力接近最大。飞机向右滚动。右副驾驶继续向后拉杆,机头向上,持续约 30 秒。

⑭ 2 时 12 分 02 秒,左副驾驶喊"没有提示了!",右副驾驶喊"没有了!"。左副驾驶向前推杆,迎角降低,速度再次显示,失速警报响起。

⑮ 2 时 13 分 32 秒,左副驾驶喊"高度 100!"。15 秒后,系统记录左右副驾驶同时操控。接着,左副驾驶喊"你来!"。迎角恢复显示,始终高于 35°。

⑯ 2 时 14 分 17 秒,近地警告系统发出警报,传来"拉起,拉起"的声音。

⑰ 2 时 14 分 28 秒,记录停止。最后垂直速度是 −10 912 英尺/分钟,地速 107 节,俯仰 16.2°向上,滚转角左 5.3°,磁航向 270°。飞机失事前未收到险情报告。

(3) 机组人员

机长,男,58 岁。1976 年加入法航,1992 年获 ATPL 执照,准驾机型包括空客 A320、空客 A330、空客 A340、波音 737 等。一级体检合格证书有效期至 2009 年 10 月 31 日。2007 年进入 A330/A340 机队后,先后 16 次往返南美地区执行航班任务。跨洋航路飞行资格有效期至 2010 年 5 月 31 日。总飞行时长为 10 988 飞行小时,其中 6 258 小时担任机长;A330 机型时间为 1 747 小时,全部担任机长。

左座副驾驶,男,37 岁。1998 年加入法航,2001 年获 ATPL 执照,准驾机型包括空客 A320、A330 和 A340 等。一级体检合格证书有效期至 2009 年 12 月 31 日,需要佩戴矫正镜片。2002 年进入 A330/A340 机队后,先后 39 次往返南美地区执行航班任务。跨洋航路飞行资格有效期至 2010 年 2 月 28 日。此次飞行是更新 A330/A340 型别认证的必要条件。总飞行时长为 6 547 飞行小时,A330 机型时间为 4 479 小时。

右座副驾驶,男,32 岁。2003 年加入法航,2007 年获 ATPL 执照,准驾机型包括空客 A320、A330 和 A340。一级体检合格证书有效期至 2009 年 10 月 31 日,需要佩戴矫正镜片。2008 年进入 A330/A340 机队后,先后 5 次往返南美地区执行航班任务,其中一次飞往里约热内卢。跨洋航路飞行资格有效期至 2010 年 5 月 31 日。总飞行时长为 2 936 小时,A330 机型时间为 807 小时。

(4) 气象条件

根据法国气象局 2009 年 6 月 1 日 0 时数据资料,海平面浅低压的气压梯度为每 1 000 千米 100 帕。北纬 0°～10°范围内的海平面上没有强劲风暴。位于大气层 1 000 米处的热带辐合带产生上升气流,携带海洋水汽形成积雨云。高度 180 以下风力较弱(小于 20 节),风向东到东南。高度 180 以上,风向北风,风力较弱,南纬 10°～北纬 10°间风力小于 20 节。在赤道附近大西洋以西区域,对流层顶温度约为 −80 ℃,高度接近 520。

(5) ECAM

ECAM 能够对飞机系统和发动机进行实时自动监控,在必要时提供有关信息、指导机组采取相应措施,保证飞行安全。2 时 10 分 08 秒,ECAM 显示 330 高度下马赫数不能超过 0.82,但没有提示最小速度限制。这条信息容易让机组认为超速是最主要的风险,在没有可靠空速指示的情况下,飞行员出于本能向后带杆。飞机已启用备用法则,但没有显示明确信息。在紧急情况下,左副驾驶接管操纵后没能稳住局面。失速警报第一次响起后,两名副驾驶专注于各自的飞行显示器,试图找到失速和参数间的关系。左副驾驶发现失去空速指示信息,尝试查找、分析原因,并告诉右副驾驶"自动推力不可用""备用法则"。2 时 10 分 15 秒,ECAM 传来"THRUST LOCKED"(推力锁定)信息,要求推动手柄,但右副驾驶没有照做。此外,左副驾驶在阅读 ECAM 后开启机翼除冰。这表明,ECAM 信息缺乏明确、直接的程序指向性。

(6) 模拟机训练

模拟机训练是保证飞行安全、降低成本的有效手段。ICAO 规定,飞行员每年必须到指定训练机构参加复训,检查合格后,来年才能继续飞行。不同岗位人员要参加不同类型的训练。机组三人都参加过"指示空速不可靠"模拟训练。由于技术限制,很多情况很难或无法真实模拟。按照既定科目或课程进行训练是一种普遍现象。学员对模拟多少有所了解,但没有机会体验危机下的紧张与紧迫感,也没有机会体验干扰因素对机组配合的影响。两名副驾驶仅参加过一到两节 A320 模拟失速训练。这类模拟通常在 10 000 英尺高度下进行,旨在熟悉飞机在正常法则下的保护。在备用法则下,教员一般会让学员提前准备。一旦出现抖振,即视为失速处理。当高度较高时,正常巡航迎角和触发失速警告迎角差异很小。当高度较低时,飞行员在模拟时关注的是降低速度,而不是触发警告迎角限制值的情况。

3．调查结论

事故发生后，皮托管结冰一度被视为事故主要原因。从操作角度来看，皮托管堵塞导致空速指示缺失是设备故障。在巡航阶段发生的设备失效完全出乎机组意料，机组没有做出正确判断与操作。在高空穿越风暴时，手动操控困难较大，右副驾驶用力过大。飞机爬升、俯仰和垂直速度快速变化、ECAM信息过多，加重了机组认知负荷，使其陷入混乱。在自动驾驶断开后，机组判断失误造成了操控错误，破坏了情景意识与配合，导致飞机完全失控。因此，这起事故是由一系列连锁事件导致的：由于皮托管结冰，出现短时间速度不一致，导致自动驾驶断开，操纵法则转换为备用法则；操作不正确造成飞行轨迹不稳定；机组发现空速不正确后没有执行相应程序；右副驾驶没有及时有效改出，左副驾驶未及时指出飞行轨迹修正偏差；机组未能判断出失速，没有及时采取改出措施，直到脱离飞行包线。

经调查，以下因素被认定造成了上述连锁事件。

第一是缺乏相关训练，包括在高空手动操控飞机、执行"指示空速不可靠"程序等。通过检查机组最后一次飞行训练和记录，发现两名副驾驶都没有接受过高空接近失速和失速改出的训练。此外，传统的模拟机训练不利于机组在紧张情绪下应对失速，不能弥补高空手动飞行的不足和驾驶能力的缺乏。在空客公司训练体系中，机组识别失速警告与抖振有一系列隐含条件，包括：了解最低速度水平；对失速有起码的认识和了解；对飞机特点和飞行特性有所认识。从对航空公司调研的结果来看，飞行员在获得并运用上述知识方面训练不足。

第二是空速不一致缺乏明确显示。调查发现，飞机完全进入失速状态后，出现失速警告并伴随着强烈抖振。但是，机组人员对上述现象毫无认知，且没有采取正确的改出措施。这既表明航空公司缺乏可靠、有效的失速训练，也暴露出飞机提供的操作警告和相关程序的设计存在缺陷。ECAM信息对机组分析形势和处理故障有所帮助，但系统不能显示ECAM信息和所需程序之间的关系，接连出现的失效信息也让机组无法判断飞机处境，这在故障叠加的情况下尤为严重。从自动驾驶断开到第二次失速警告被触发之间的46秒内，驾驶舱警告响声持续超过30秒，失速语音警告响了大约2秒。但是，机组在此期间一直没有采取任何措施回应警告，在交流中也都没有提及失速警告或抖振。因此，在工作量大、ECAM信息多、故障现象复杂且驾驶舱伴有持续声响和语音警告的情况下，机组极有可能错过失速的语音警告。

第三是机组任务分工不明确。自动驾驶断开后，两名副驾驶陷入高度紧张状态，不知所措，慌乱的情绪直接影响了飞行员对形势的理解和判断。在遇到特殊情况时，一般机组人员的正确反应是：首先控制飞机，然后快速判断故障，之后在合适的条件下找到并执行正确的程序。机组可能遇到了从未经历的极端情况。在应对时间有限的情况下，他们有可能完全丧失了理解力和判断力。同时，当机组工作量呈几何倍数快速增加时，机组人员之间的交流质量和配合能力也会大幅下降。

4. 安全建议/措施

基于调查,相关部门给出了安全建议。

第一是加强手动操控与模拟机训练。调查发现,两名副驾驶在驾驶舱内手动操控能力薄弱。BEA 建议欧洲航空安全局(EASA)审查相关的驾驶员训练和检查内容,将失速和接近失速(包括在高空情况下)时的手动操控作为常态化专项练习和必考科目;同时修改规章,确保模拟机能够提供更加真实的场景并模拟非正常情况,在飞行训练中增加学员非预期科目,确保学员能在一定的紧张状态下妥善应对、快速处理紧急情况。

第二是关于警告、信息和指示。调查发现,飞行指引仪指令和应该进行的修正操作相互矛盾,接连出现在 ECAM 上的失效信息也让机组无法判断当时的形势;在速度指示失效的情况下,能够明确警示机组的唯一提示是接近失速的语音警告。BEA 建议 EASA 审查飞行指引仪重新接通的逻辑,并特别关注需要机组重新接通的情况;研究触发告警后系统向机组提供的相关信息,提高信息的相关性和可理解性;明确接近失速的条件,在驾驶舱内必须向机组提供明确的目视提示,配合语音警告;研究在低速飞行中失速警告的临界参数。

第三是机长休息规定。在离开驾驶舱休息之前,机长没有明确指定一名副驾驶为"替换机长"。当机长离开后,由两名副驾驶组成的机组缺乏危机管理经验和应对策略,加上平时缺乏双副驾驶搭配任务分配训练,驾驶舱陷入了慌乱和失控。BEA 建议制定更详细的"替换机长"标准,在机组增员配置的情况下确保良好的任务分工。

第四是迎角测量。在本次事故中,机组未能准确判断故障和驾驶舱内缺乏直观的迎角指示也有一定关系。空客飞机在巡航阶段非正常法则下,正常迎角和触发失速警告的临界迎角差异很小。在这种情况下,飞行员手动操控很容易使飞机迎角过大。因此,在驾驶舱设置直观明确的迎角指示有助于飞行员辨识飞机所处的空气动力形式,从而采取相应措施。BEA 建议 EASA 和 FAA 加强合作,评估在驾驶舱设计迎角指示的必要性。

第四节　澳大利亚航空 32 号航班事故

1. 事故概要

国际标准时间 2010 年 11 月 4 日凌晨 2 点 01 分,澳大利亚航空(以下简称"澳航")32 号航班在印尼巴淡岛上空约 7 000 英尺高度发生爆炸。这架空客 A380 飞机注册号为 VH-OQA,有 29 名机组人员,执飞伦敦—新加坡—悉尼航线,搭载 440 名乘客。在新加坡樟宜机场起飞约 4 分钟后,左舷 2 号发动机出现非包容性转子失效

(UERF),爆炸产生的碎片对飞机结构和系统造成损坏,见图 5-4。机组人员采取紧急措施,安全返回并降落在樟宜机场。随后,澳大利亚运输安全局(ATSB)启动调查,得到了新加坡航空事故调查局、空中客车公司、罗尔斯·罗伊斯股份有限公司等的帮助,最终完成调查报告。

图 5-4 受损失效的 2 号发动机

2. 事实信息

(1) 飞机状况

飞机是一架下单翼、高容量运输机,由空客公司于 2008 年在法国制造,分上下两层、多种舱位,可装载 259 471 千克可用燃料(0.80 千克/升)和约 450 名乘客。机型为 A380-842,飞行总时长为 8 533 小时,总起落次数为 1 843 次,是空客交付澳航的首架 A380 飞机。飞机配备 4 台罗尔斯·罗伊斯 RB211 遄达 972-84 高旁通比涡扇发动机,从左到右依次排列。

(2) 事发经过

起飞后,机组收起起落架和襟翼,将推力设定为爬升。大约 2 点 01 分,当速度保持在 250 节、高度达到 7 000 英尺时,听到“砰砰”两声巨响。机长立即在飞行系统控制面板上选择高度和航向保持模式。机组报告飞机在选定高度平稳飞行,但存在轻微偏航;设法通过自动推力系统减小推力,保持速度 250 节,但该系统失效。机长只能拉动控制杆,控制速度。

ECAM 发出 2 号发动机过热警告,随后发出大量警讯。机长确认飞机可控,命令副驾驶执行 ECAM 程序。针对过热,ECAM 要求将受损发动机控制杆推至空转,之后监测 30 秒。与此同时,机组在 2 点 02 分向新加坡空中交通管制发送“PAN”求救信号。ECAM 发出过热警告并重新开始 30 秒监测,2 号发动机起火警告 1~2 秒。根据系统要求,机组立即关闭 2 号发动机。在执行关闭程序时,ECAM 信息显示 2 号发动机失效。受损评估显示 2 号发动机损坏严重。机组迅即打开发动机灭火器,但没有收到打开确认,重启灭火程序但系统仍无反应。机组只好回到发动机失效程序,并启动燃料转移。

机组开始讨论应急方案,包括立即返航新加坡、爬升或等待。由于飞机可控且燃料充足,机组决定保持当前高度,进入等待,同时处理 ECAM 指令、执行相关程序。全体人员反复讨论这一决定并密切关注燃油量。在本次飞行中,除机长和两名副驾驶外,驾驶舱内还有实习机长和指导实习机长各一名,正进行实训。

机组联系新加坡空管,通报需 30 分钟左右处理 ECAM 指令、执行相关程序,请求对方提供合适的等待位置。管制员初步批准机组进入新加坡东部某处等待航线。经进一步讨论,机组请求管制员安排进入距樟宜机场约 30 海里(56 千米)的等待区域。管制员同意,指引飞机进入机场东另一区域,并提供航向信息,把飞机导入约 20 海里(37 千米)、高 7 400 英尺的等待航线,并通报机组巴淡岛上有居民称发现飞机部件。

发动机失效后,安全带指示灯开启,乘务组和全体乘客落座。有乘务员和乘客发现飞机左翼受损,燃油从左翼下方漏出。乘务组试图联系机长,告知受损情况,但机组没有回应。在机组执行 ECAM 指令及相关程序时,第二副驾驶进入机舱,目视检测受损情况。当他经过时,坐在客舱的另一名澳航飞行员提醒他查看机载系统显示屏的监控画面,可以看到燃油正从左翼漏出。第二副驾驶前往主下舱,发现左翼受损,燃油从 2 号发动机附近漏出,但从舱内无法看到涡轮区域,他随即返回驾驶舱报告观察结果。其间,机长通过广播向客舱通报情况,承诺随时提供最新信息。

在对 ECAM 信息进行评估后,机组无法确定燃油系统是否完好,不能进行燃油转移,也无法进行空中放油。稍后,机组还从公司收到飞机通信寻址和报告系统(ACARS)消息,称已收到多个失效和故障信息。机组忙于应对 ECAM 指令和相关程序,只能确认收到,来不及回复。约 50 分钟后,机组终于处理完 ECAM 指令和相关程序,做好了降落准备。

在完成 ECAM 指令后,机组评估了飞机系统功能,以及失效或故障的潜在影响,尝试使用着陆性能应用程序来计算降落所需距离。机翼前缘抬升装置无法操作、刹车功能减弱、可用扰流板数量减少、左发动机推力反向装置失效等因素导致着陆配置异常,大量系统和飞行控制故障给着陆距离的计算带来困难。最后,机组决定在樟宜机场 20C 跑道上降落,请求地面在着陆时提供应急服务,并通报左翼燃油泄漏情况。机长通过对讲机向乘务长通报冲出跑道危险及撤离要求,要求乘务组做好准备。在离开等待航线前,机组再次讨论可控性,并多次手动检查。在确认飞机可控后,机组联系地面,请求安排 20C 跑道长五边进近。

机组逐步配置进近和着陆,在每次操作时都进行可控检查。由于飞机受损,需通过应急释放程序释放起落架。新加坡空管雷达将飞机引至距离 20C 跑道口约 20 海里(37 千米)位置,指引其逐渐下降至 4 000 英尺。机长利用 1 号和 4 号发动机提供对称推力,依靠 3 号发动机控制速度。当机组处理 ECAM 指令时,机长使用自动驾驶系统控制飞机。在此期间,机长曾手动断开自动驾驶,进行控制检查。在进近中,自动驾驶系统先后断开两次,均为系统内部响应迎角设置的功能。当飞机下降到 800 英尺、自动驾驶第二次断开时,机长将其解除,手动完成最后进近。

机长利用刹车与 3 号发动机反向推力着陆。在着陆滑跑时,飞机一开始速度较高,在反向推力和全力刹车的作用下,速度逐渐下降。据机长回忆,当速度降至 60 节时,他终于有信心在跑道尽头前停下飞机。飞机最终停在距离跑道末端约 150 米处,地面应急服务随即启动。

在着陆滑跑后,机组关闭余下 3 台发动机。当发动机主电门开关拨到 OFF 后,电气系统进入应急供电模式。驾驶舱内只剩一台显示器在工作,机组只有一个甚高频(VHF)无线电台可用。在显示器关闭前,机组发现左侧起落架刹车温度达到 900 ℃并不断上升。副驾驶通过无线电联系应急服务消防官,后者要求关闭 1 号发动机,副驾驶回应已关闭,但消防官表示其仍在运转。简单交流后,机组把主开关再次拨到 OFF,但仍无法关闭。机组按下发动机防火按钮,启动紧急灭火器,再次尝试关闭,仍未见效。消防官指出飞机左翼出现燃油泄漏。副驾驶回应发动机过热,要求喷洒防火泡沫。根据机场应急服务标准操作程序,消防员开始在燃料泄漏处覆盖泡沫层。

随后,机组开始讨论乘客疏散方案。机长向乘务组和乘客通报飞机状况以及地面应急服务对燃油泄漏的处理。在评估疏散检查清单、确认火险得到控制后,机组决定让乘客从右舷客舱口下机。为方便清点人数,机组决定只打开一个舱门,同时保证右舷区宽敞,以便释放逃生滑梯;要求乘务员关闭右侧其他舱口,做好启动逃生滑道的准备,确保所有乘客都安全撤离。着陆约 13 分钟后,机组请求消防官在飞机右舷准备舷梯,安排摆渡车把乘客转移到航站楼。此间,机组通过手机联系公司寻求帮助,设法关闭 1 号发动机。着陆约 35 分钟后,舷梯放置完毕;又过约 10 分钟,第一辆摆渡车抵达。乘客开始通过 2 号主(下)客舱前门撤离。着陆约 1 小时后,最后一名乘客安全撤出。在乘客撤离过程中,机组和维修人员尝试多种方法关闭 1 号发动机,均未成功。最后,公司决定采用"淹灌"方法,先是喷水,然后喷洒消防泡沫,终于在 6 时 53 分(降落约 3 小时后)关闭了 1 号发动机。

(3) 机组人员

机长持 ATPL 执照。在驾驶空客 A380 前,曾先后驾驶过波音 747、波音 747 - 400 和空客 A330 等机型。2008 年 4 月获准驾驶空客 A380。2010 年 10 月,通过事发前的最后一次水平考核。持 I 级体检合格证,需配备视力矫正镜。飞行总时长为 15 140 小时,空客 A380 飞行时长为 570 小时,事发前 3 个月飞行时长为 78 小时,前 1 个月为飞行时长 34 小时。

副驾驶持 ATPL 执照。在 2008 年 8 月获准驾驶空客 A380 前,曾先后驾驶过波音 747 和 767、空客 A330 和 A340 等机型。2010 年 9 月,通过事发前的最后一次水平考核。持 I 级体检合格证,无限制。飞行总时长为 11 279 小时,空客 A380 飞行时长为 1 271 小时,事发前 3 个月飞行时长为 127 小时,前 1 个月飞行时长为 35 小时。

第二副驾驶持 ATPL 执照。在驾驶空客 A380 前,曾驾驶过波音 747。2009 年 2 月获准驾驶空客 A380。2010 年 10 月,通过事发前的最后一次水平考核。持 I 级体检合格证,无限制。飞行总时长为 8 153 小时,空客 A380 飞行时长为 1 005 小时,事发前 3 个月飞行时长为 151 小时,前 1 个月飞行时长为 34 小时。

(4) 气象信息

樟宜机场每 30 分钟进行一次气象观测。当日 0—4 时,地面风速在 3~6 节,风向为南风—南风—西风。机场附近未发现明显天气变化。天气雷达图像显示,事发时新加坡和印尼巴淡岛之间无降水区。

(5) 受损情况

从滑油短管漏出的燃油引发爆炸,造成 2 号发动机失效。爆炸产生的涡轮碎片击穿机匣,从三个方向击中飞机,导致机身受损,直接影响到飞机结构与系统,包括发动机、机身、液压、电力、飞行控制、起落架、燃油和防火等系统受损。其中一个碎片击穿左翼前缘,进入左翼内侧燃油箱,并穿透机翼顶部蒙皮,引发机翼内油箱过火。另一处起火位置位于 2 号发动机下罩内,系燃油从受损滑油管道泄漏后引起,短时持续后熄灭。大块碎片还切断了机翼前端连接多个系统的线缆。一块单独的涡轮盘碎片切断了位于机身中心下方和机身整流罩之间的线缆,其中包括机翼前端已受损系统的备用线路,导致部分系统无法运行。受损的飞机在新加坡进行了大修,历时 18 个月,耗资 1.39 亿美元,可见损坏之严重。这也是民航史上少有的飞机严重受损但无人员伤亡的情况。

3. 调查结论

对 2 号发动机残骸进行检查分析,发现此次事故系滑油短管加工不到位形成偏心,造成局部管壁厚度过小,导致滑油泄漏、燃烧,造成中压涡轮盘爆裂、发动机失效。这一过程历时 3 分 14 秒,分为 5 个阶段:第一阶段,滑油短管破裂,滑油泄漏并自燃。滑油短管设计壁厚为 0.91 毫米。加工时未做到内孔与外壁同心,管壁最厚处为 1.42 毫米,最薄处仅 0.35 毫米。厚度不一导致出现了裂纹,并发展成疲劳断裂。滑油漏出后在高温下自燃,在缓冲腔内持续燃烧。第二阶段,高压涡轮封件损坏,高压涡轮后燃气向内窜流,与滑油燃烧的高温燃气一起,由轴承腔内、外壳间的环形腔向后流动。第三阶段,中压涡轮轮盘与中压传动轴断开。高温燃气直接与轮盘的承力环接触,承力环在高温作用下强度降低,在最薄弱处断裂,导致中压涡轮轮盘与中压传动轴断开。第四阶段,中压涡轮失去负荷,在高压涡轮流出燃气的作用下,转速增加进入飞转状态,轮盘在离心力作用下爆裂、破成 3 块,击穿涡轮机匣后被甩离发动机,从不同方向击中飞机,造成飞机严重受损。第五阶段,爆裂轮盘击穿 2 号发动机后,飞行员根据 ECAM 指令,把油门拉至慢车状态,后因发动机出现喘振而被迫关车。

4. 安全建议/措施

报告列出了调查期间发现的安全问题。ATSB 提出所有安全问题应归口至相关机构或组织去解决。在解决这些问题时,ATSB 建议采取安全行动,而不是仅仅发布安全建议或安全咨询通知。安全行动包括但不限于以下措施。

2010 年 11 月 4 日,在接到 VH-OQA 飞机 2 号发动机非包容性失效的通知后,澳航决定立即停止旗下 A380 机队运营。禁令将一直有效,直到公司获知有关非包容性发动机失效的原因以及给运营带来的相关安全风险为止。2010 年 11 月 27 日,澳航结合相关调查分析,在获得(发动机)制造商认可、经国家民航安全局批准后,决定恢复 A380 机队运营。

2010 年 11 月 4 日,罗尔斯·罗伊斯公司发布了服务公告,要求对现役(现装)遄达 900 发动机进行检查,在下次飞行前对涡轮叶片和每个发动机中的高/中压涡轮轴承区域进行一次性检查,重点是高/中压涡轮轴承支撑结构缓冲区内的任何油迹。

2010 年 11 月 5 日,空客公司针对这一事故向空客飞机运营商发送传真,要求所有 A380 运营商配合罗尔斯·罗伊斯公司,对遄达 900 发动机进行检查。同时,向 A380 所有客户发送传真,通报调查状况以及飞机在樟宜机场的维修细节,承诺支持 ATSB 完成后继调查。

2010 年 11 月 10 日,欧洲航空安全局(EASA)发布了关于罗尔斯·罗伊斯公司遄达 900 发动机的应急适航指令,要求对发动机高/中压涡轮结构进行定期检查,谨防任何异常漏油。一旦发现问题,将禁止使用该款发动机。EASA 的举措是基于生产商对 VH-OQA 发动机失效的初步分析,后者把原因归结为泄漏燃油在高/中压涡轮轴承区起火导致中压涡轮盘爆裂。

2010 年 11 月 30 日,ATSB 在与罗尔斯·罗伊斯公司和英国航空事故调查处密切协商后,确定事故与 2 号发动机高/中压涡轮轴承支撑结构内供油短管疲劳开裂直接相关。ATSB 发现在短管加工过程中,埋头孔未对准轴心,导致疲劳裂纹出现,使燃油泄漏并引发失火,造成灾难性的发动机失效。2010 年 12 月 1 日,ATSB 要求罗尔斯·罗伊斯公司立即采取措施,确保遄达 900 系列发动机运转正常,保证运输安全。

第六章　特殊事件调查

　　本章包含两节,分别聚焦全美航空 1549 号航班和德国之翼 9525 号航班的两起典型事件和相关调查。

第一节　全美航空 1549 号航班事件

1. 事故概要

　　美国东部时间 2009 年 1 月 15 日 15 时 25 分,全美航空公司 1549 号航班在纽约拉瓜迪亚机场(LGA)起飞,按计划飞往北卡罗来纳州夏洛特道格拉斯国际机场。起飞约 2 分钟后,飞机在空中遭遇鸟击,导致双发动机失效。经机组努力,飞机在 15 时 30 分左右迫降于距机场约 8.5 英里的哈德逊河上,见图 6－1。事发后,机上 150 名乘客和 5 名机组人员从飞机前部和翼上的紧急出口安全撤离。飞机严重受损,1 名空乘和 4 名乘客受重伤。根据 ICAO 规定,美国国家运输安全委员会(NTSB)对此次事故发起调查。

图 6－1　迫降在哈德逊河上的全美航空 1549 号

2. 事故调查

（1）飞机状况

出事飞机为空客 A320 - 214，注册号为 N106US。飞机制造商是空中客车公司，总部位于法国图卢兹。根据美法双边适航协议，A320 - 100/200 系列飞机经 FAA 批准运营。1996 年 12 月 12 日，A320 - 214 获型号合格证。这架飞机产于 1999 年 6 月 15 日，8 月 3 日交付全美航空。事发时，飞机已累计飞行 25 241 小时，起降循环 16 299 次，最近一次大修时间为 24 912 飞行小时后。事发当日，飞机起飞重量为 151 510 磅，低于最大起飞重量限制 151 600 磅。除去燃料消耗，飞机在迫降时重量约为 150 000 磅。对应重心为 31.1% 平均气动弦长（MAC），前限为 18.1% MAC，后限为 39.9% MAC。

（2）飞行记录

飞机按照适用条例配备了飞行数据记录器（FDR）和驾驶舱话音记录器（CVR）。前者为 Honeywell 生产，型号为 980 - 4700，序列号不详；后者为 Allied Signal/Honeywell 生产，型号为 SSCVR，序列号为 2878。相关数据记录了飞机在出事前的飞行轨迹，择要如下。

① 15 时 24 分 54 秒，LGA 塔台管制员发出指令，准许机组从 4 号跑道起飞。副驾驶为操作飞行员，机长为监控飞行员。FDR 和 CVR 数据显示起飞和初始爬升阶段一切正常。

② 15 时 25 分 45 秒，LGA 塔台管制员要求机组联系机场雷达进近/离场管制员。机组执行，报告"高度 700，爬升至 5 000"。离场管制员要求爬升至 15 000 并保持，机组确认。

③ 15 时 27 分 04 秒，机长高喊："鸟群！"1 秒后，CVR 传来撞击声，之后是震动声。此时高度为 2 818 英尺，距 LGA22 号跑道西北约 4.5 英里处。之后不到 10 秒，发动机声音降低。

④ 15 时 27 分 14 秒，副驾驶发出"哦哦"，机长接着说"双发推力降低"。5 秒后，机长说："（发动机）启动。"2 秒后又说："我启动辅助动力系统（APU）。"

⑤ 15 时 27 分 23 秒，机长喊出"我来"，开始接管并操控飞机，命令副驾驶查阅快速参考手册（QRH）"双发失效"部分。

⑥ 15 时 27 分 33 秒，机长联系 LGA 离场管制员，发出紧急告警："Mayday! Mayday! Mayday! 全美 1549 号遭遇鸟击，双发失效，正返回 LGA。"管制员确认收到，指示左转航向 220°。

⑦ 15 时 27 分 50 秒，副驾驶开始执行 QRH，大喊："如有燃油，发动机模式选择'启动'！"机长回复："启动。"副驾驶接着喊："推力操纵杆慢车状态！"机长回复："慢车。"约 4 秒后，副驾驶喊："速度最佳 300 节，重新启动，我们没有达到！"机长确认"空速不够"。

⑧ 15 时 28 分 05 秒,LGA 离场管制员询问机组是否在 13 号跑道降落。机长回复:"不行,可能要降哈德逊河。"

⑨ 15 时 28 分 14 秒,副驾驶喊:"应急电源、应急发电机没有启动!"机长 5 秒后回复:"已启动。"稍后,机长补充说:"左发部分恢复。"

⑩ 15 时 28 分 36 秒,TCAS 发出警报,提醒机组注意。

⑪ 15 时 28 分 46 秒,LGA 管制员联系机组,说 4 号跑道可降。机组不确定,询问:"右方新泽西或泰特波罗机场(TEB)是否可以?"管制员回复:"右方是 TEB,可以。"

⑫ 15 时 29 分 00 秒,副驾驶报告飞行增稳计算机(FAC)系统启动,高喊:"没有重新发动!"

⑬ 15 时 29 分 11 秒,机长通过播报系统提醒乘客:"机长播报,请大家做好防撞准备。"

⑭ 15 时 29 分 21 秒,LGA 离场管制员指示机组右转 280 度,降落泰特波罗机场(TEB)1 号跑道。此时,副驾驶问:"是满推力吗? 需要 1 号发动机吗?"机长答复管制员:"我们做不到。"之后对副驾驶说:"好的,重启 1 号。"稍后,LGA 管制员跟进询问,机长回复:"我们要降到哈德逊河上。"

⑮ 15 时 29 分 44 秒,副驾驶高喊:"没有重新启动!"机长回应:"好,放襟翼。"

⑯ 15 时 29 分 53 秒,LGA 离场管制员报告失去飞机雷达信号,但继续联系机组。

⑰ 15 时 30 分 01 秒,副驾驶喊:"襟翼放出,高度 250 英尺,速度 170 节,双发失效!"副驾驶报告机长:"襟翼形态 2,需要更多吗?"机长回答:"不用,够了。"

⑱ 15 时 30 分 24 秒,地面迫近警告系统(GPWS)发出警报"危险! 危险! 拉起!",持续约 20 秒。机长最后说:"注意,抱紧防止撞击!"

(3) 机组人员

机长,男,57 岁。1980 年 2 月加入太平洋西南航空公司,曾在美国空军服役,驾驶麦道 MD - F4 战机。2002 年 8 月获 ATPL 执照,型别包括空客 A320、波音 737、麦道 DC - 9、英国宇航公司 BAE - 146 等。2008 年 12 月获 FAA 一级体检合格证书。飞行总时长为 19 663 小时,8 930 小时为操作飞行员,其中空客 A320 飞行时长为 4 765 小时。最后一次空客 A320 操作检查时间为 2007 年 12 月,最后一次飞行水平检查时间为 2008 年 2 月。

副驾驶,男 49 岁。1986 年 4 月加入美国航空公司。2008 年 12 月获 ATPL 执照,型别包括空客 A320、波音 737、福克 100 客机等。2008 年 10 月获 FAA 一级体检合格证书,必须佩戴矫正镜片。飞行总时长为 15 643 小时,8 977 小时为副驾驶,在空客 A320 上作为副驾驶有 37 小时工作经验。

FAA 数据库显示机长和副驾驶均无事故记录。

（4）气象信息

距事故地点最近的地面自动观测系统（ASOS）位于纽约中央花园内，位于事发点以东约 1.6 英里。根据该系统信息，14 时 51 分风向为 290°，风力 8 节，能见度 10 英里，3 700 英尺高度有少量碎云，温度－6 ℃，露点－15 ℃，高度表拨正值 30.24；15 时 51 分风向为 310°，风力 9 节，能见度 10 英里，4 200 英尺高度有少量云，温度－7 ℃，露点－16 ℃，高度表拨正值 30.28。根据美国国家海洋和大气管理局海洋信息浮标站报告，当日哈德逊河靠近事发点的温度约为 5.2 ℃，高度表拨正值 30.28。

（5）飞行包线

空客 A320 是电传飞行控制系统飞机，即飞行员通过操控杆调控，操作经飞行控制计算机处理后向液压制动器发出信号，调整副翼、扰流板和升降舵，控制飞机俯仰和滚动。电传飞行控制系统设计含飞行包线保护，通过飞行计算机控制，防止出现超出飞机电子飞行控制系统正常运行模式（即正常法则下的俯仰和滚动）的情况。

正常法则是空客飞机操纵三法则之一，另外两套法则分别是替代法则和直接法则。它们由飞行控制计算机状况、外围设备和液压控制等方面决定。在正常法则下，飞机不会失速。根据《空客机组人员培训手册》，控制法则指"操控飞行员通过操控杆的调控与飞机响应之间的关系"，它决定了飞机的操控特性。A320 飞行包线保护还包含大迎角保护，从起飞到着陆全程适用，目的是允许飞行员把操控杆拉到最后，以便飞机达到并保持最佳性能，同时尽可能降低失速或失控的风险。

（6）关键抉择

15 时 27 分 23 秒，在鸟击发生后约 12 秒，机长接管飞机。5 秒后，机长要求执行快速参考手册"双发失效"检查单，副驾驶照办。尽管发动机没有完全失去推力，但双发失效检查单仍是根据空客快速参考手册制定的、在当时最合适的检查单。当发动机无法重启、机组不得不从 3 000 英尺高度下降或在水上迫降时，执行这一检查是应对危机的唯一办法。根据事后采访记录和 CVR 数据，机组没有完成双发失效检查——检查单有 3 部分，长达 3 页，由于高度不断降低，时间有限，机组只完成了第一部分的检查，无法再进行第二部分和第三部分的检查。

在鸟击发生时，飞机位于 LGA22 号跑道西北约 4.5 英里、TEB24 号跑道东北约 9.5 英里处。在事后采访中，两名飞行员都表示，考虑到空速、高度和位置，迫降哈德逊河是当时最佳、最安全的选择。鸟击发生约 1 分钟后，机组就意识到机场降落不可能完成。在 15 时 28 分 11 秒，机长明确回复管制员无法降落到 LGA，最终可能迫降到哈德逊河上。15 时 29 分 25 秒，机长回复管制员也无法降落到 TEB。3 秒钟后，他向管制员报告将降落到哈德逊河上。在事后采访中，机长表示一旦决定返回 LGA，将无法撤回，同时排除掉其他所有选择，而 TEB 距离又太远。NTSB 认为返回 LGA 的最大问题在于需要穿越人口稠密的曼哈顿地区，对地面构成巨大威胁。

(7) 生物分析

事故发生后,调查人员从残骸中收集了 7 个未知物样本,从右侧发动机风扇、雷达天线罩、左翼 3 号襟翼导轨及机身其他位置收集了 10 个生物样本。此外,他们还从左翼 3 号襟翼导轨整流罩上收集了 2 个样本。在通用公司检查中心,工作人员与来自美国农业部的代表合作,从左侧发动机外部收集了 6 个样本。当发动机被拆下后,相关人员又从左侧发动机内部收集了 23 个生物样本(包括羽毛、血块、肌肉和骨骼),从右侧发动机内部收集了 14 个样本。这些样本被送至史密森尼国家自然历史博物馆鸟类羽毛鉴定实验室进行分析和鉴定。根据实验室的分析报告,共有 39 个样本进行了 DNA 测试,其中有 18 个含活性 DNA(其中来自发动机的有 14 个),且与加拿大黑雁的生命数据库条码匹配率高达 99%。此外,约有 53 个样本(其中 50 个来自发动机)带有与加拿大黑雁相同的羽毛或羽毛碎片。

调查人员还对取自发动机和机翼的 18 个样本通过提取 DNA 进行性别鉴定,有 16 个获得成功。在左侧发动机中发现了雄性和雌性加拿大黑雁遗骸,在右侧发动机中只发现了雄性加拿大黑雁遗骸,在左翼 3 号襟翼导轨上只发现了雌性加拿大黑雁的遗骸。专业人员还对从发动机上收集的羽毛进行了稳定性氢同位素分析,并把结果与纽约地区大雁身上的羽毛样本进行比较。结果表明,发动机上的羽毛与已知定期迁徙类大雁的羽毛相似,与当地大雁的羽毛有显著差异。

3. 调查结论

经过调查,NTSB 认为这起事故的原因是飞鸟撞入发动机,导致两台发动机几乎完全失效,使飞机最终迫降到哈德逊河上。完成迫降、没有造成伤亡的主要原因为: ① 机组在事故过程中的抉择和机组资源管理水平到位;② 飞机上备有应对超长水面飞行的必要设备,比如前应急滑梯,这给机组带来了意外帮助;③ 乘务人员在事发后组织乘客快速疏散;④ 应急救援人员距离事故现场较近,反应迅速、恰当。导致机身损坏、尾部应急滑梯无法打开的主要原因为: ① FAA 在飞行员无法确定(失去推力情况下的)具体参数时就准许水上迫降;② 机组缺乏有关水上迫降技能的培训和指导;③ 紧急情况下的多重任务造成机长无法在进近时保持足够空速。

在调查中,专业人员通过模拟飞行,测试了飞机在遭遇鸟击后降落 LGA 或 TEB 的可能性。结果显示,要想成功降落其中任何一个,在飞机遭遇鸟击后机组都必须立即决断并行动,不能有片刻耽搁。这种情况没有考虑飞行员做出决断所需的时间,比如弄清发动机推力损失程度、商定紧急行动方案等。在一次模拟实验中,测试组曾尝试在鸟击发生 35 秒后就返回 LGA,结果没能成功。因此,迫降哈德逊河在当时的情况下是避免事故伤亡的最佳选择。

调查报告讨论的安全问题涉及: ① 飞行中对发动机进行检查;② 发动机鸟类吸入认证测试;③ 紧急和异常情况下的检查单设计;④ 双发失效与水上迫降培训;⑤ 飞行包线的各种限制以及对飞行员操作产生的影响;⑥ 减轻野生动物危害等。

报告还讨论了与生存相关的因素,包括危险时的抱紧姿态,应急滑梯的配置,落水乘客的保护,救生索的使用,救生衣的存放、收回和使用,飞行前的安全简报,以及乘客的安全教育等。相关建议已分别提交给 FAA、美国农业部和欧洲航空安全局。

4. 安全建议/措施

基于调查,NTSB 提出了安全建议。给 FAA 的建议为:① 与军方、飞机制造商和国家航空航天局合作,开发能够告知飞行员发动机持续运行状态的相关技术,尽早应用于全数字化发动机控制系统中;② 重新评估发动机飞鸟吸入审定规章,根据新规章改进发动机设计和测试;③ 要求飞机制造商开发在低高度发生双发失效的检查单和程序,优化检查单长度和详细度,减少检查时间和机组负荷,降低风险;④ 督促运营商为飞行机组提供培训,针对水上迫降可能出现的视觉错觉,以及发动机失效情况下的进近和降落技巧提供指导;⑤ 要求所有通过联邦法典第 14 卷 139 部分合格审定的机场实施野生动物风险评估(WHA),主动评估野生动物撞机的可能性,并要求机场根据情况把野生动物风险管理方案(WHMP)纳入合格审定手册。

给美国农业部的建议为:与 FAA 合作,开发并推广能够安装在飞机上的、减少鸟类撞击可能性的新型技术。

给欧洲航空安全局的建议主要为:① 要求申请航空器合格审定的申请人证明,在发动机失效的情况下,飞行员无需掌握特殊的技巧或方法就可达到水上迫降参数;② 要求空客公司改进 A320 等机型框架第 65 部分纵梁的设计,以降低水上迫降或机腹着陆时刺入客舱的可能性,并要求运营商在相关机型上加以落实;③ 要求所有新的和已投入使用的运输类飞机座舱安全设备安装在合适位置,确保在水上迫降后,救生筏和/或滑梯/救生筏容易获取,并且有足够的数量容纳所有乘客;④ 要求所有撤离滑梯和滑板/滑梯组合配备快速释放绳套和把手;⑤ 要求修改救生衣储存空间或储存位置,便于所有乘客在危机发生时快速获取。

第二节　德国之翼 9525 号航班事件

1. 事故概要

国际标准时间 2015 年 3 月 24 日约 10 时 15 分,法国马赛管制中心向国家民航安全调查分析局(BEA)通报,德国之翼 9525 号航班发生空难。当日上午 9 时 02 分,这架注册号为 D-AIPX 的空客 A320 从西班牙巴塞罗那起飞,计划于 10 时 36 分抵达德国杜塞尔多夫。飞机在阿尔卑斯山脉南麓海拔约 2 000 米的山区坠毁,现场见图 6-2。机上 150 人(144 名乘客和 6 名机组人员)全部遇难,整机损毁。根据欧盟关于《民航事故与事故征候调查和预防》的相关规定,BEA 随即启动调查。

图 6-2　德国之翼 9525 号航班坠毁现场

2. 事故调查

(1) 飞机状况

飞机于 1991 年投入运营,隶属汉莎航空,2014 年 1 月加入德国之翼。根据德国联邦航空局(LBA)批准的维修计划,由德国之翼和汉莎技术公司负责维修。事发前的最后一次维修于 2015 年 3 月 23 日在杜塞尔多夫国际机场完成,包括检查油位、目视检查飞机轮胎和起落架,并发现 2 号引擎启动故障等问题,根据最低设备清单(MEL)要求可执飞。

(2) 飞行轨迹

飞机按照适用条例配备了飞行数据记录器和驾驶舱话音记录器。前者制造商为 Loral,款式为 F1000,型号为 S800-3000-00,序列号为 246。后者制造商为 L3COM,款式为 FA2100,型号为 2100-1020-02,序列号为 00235。相关数据记录了出事前 10 分钟的飞行情况,具体如下。

① 9 时 27 分 20 秒,飞机在 38 000 英尺(FL380)巡航高度平飞,机组与马赛地面管制中心联系,频率 133.33 兆赫。

② 9 时 30 分 00 秒,机长复诵管制员指令:"直飞 IRMAR,谢谢,德国之翼 18G。"这是机组和地面最后一次沟通。稍后,机长告诉副驾驶他将离开驾驶舱,由其接管与地面的沟通。

③ 9 时 30 分 24 秒,驾驶舱门打开,3 秒后关闭。机长离开驾驶舱。

④ 9 时 30 分 53 秒,飞行控制单元(FCU)选定高度从 38 000 英尺降到 100 英尺(空客 A320 机型可选择的最低值)。1 秒后,自动驾驶仪变为开放下降模式,自动推力变为怠速模式。

⑤ 9 时 33 分 12 秒,速度从管理改为选定模式。目标速度为 308 节,实际速度为

273 节。飞机以每分钟 3 500 英尺的速度下降。

⑥ 9 时 33 分 47 秒,管制员询问飞机高度,无应答。之后又尝试两次,均无应答。

⑦ 9 时 34 分 31 秒,蜂鸣器响铃 1 秒钟,机长请求进入驾驶舱。

⑧ 9 时 35 分 03 秒,飞机加速至 350 节,自动驾驶仪和自动推力保持工作。接下来的 4 分钟内,驾驶舱收到 4 次呼叫,每次约 3 秒。

⑨ 9 时 35 分 32 秒—9 时 39 分 02 秒,先后出现 6 次敲门声音。

⑩ 9 时 38 分 38 秒—9 时 39 分 23 秒,法国空军防空系统管制员接连 3 次用 121.50 兆赫与机组联系,未果。

⑪ 9 时 39 分 30 秒—9 时 40 分 28 秒,连续出现 5 次猛烈撞击舱门声音。

⑫ 9 时 40 分 41 秒,近地警告系统(GPWS)报警,不断发出"危险!危险!拉升!拉升!"警告,直到坠毁。

(3) 机组人员

机长,男,34 岁。2014 年 1 月获 ATPL 执照,2014 年 7 月完成空客 A320 型别等级重新认证。一级体检时间为 2014 年 10 月 31 日,有效期至 2015 年 12 月 12 日。2005 年入职,先后供职于康多尔和汉莎航空公司,担任空客 A320、A330 和 A340 副驾驶。2014 年 5 月加入德国之翼,担任空客 A320 机长。总飞行时长为 6 763 小时,事发前 3 个月飞行时长为 108 小时。空客 A320 飞行时长为 3 811 小时,其中 259 小时作为机长飞行。

副驾驶,男,27 岁。2011 年 3 月获私人飞行执照,2014 年 2 月获多人机组驾驶员执照,2014 年 10 月完成空客 A320 型别等级重新认证。2011 年 6 月加入汉莎航空,2013 年 12 月转投德国之翼。总飞行时长为 919 小时,事发前 3 个月飞行时长为 107 小时。空客 A320 飞行时长为 540 小时。

(4) 气象信息

法国气象局资料显示,飞机在 38 000 英尺高度巡航时,天气晴朗,下方漂浮卷云,最高与飞行高度持平。有西南风,风速约为每小时 40 千米。在事发点上方观测到高积云,最低高度在 15 000 英尺左右。无对流。能见度超过 10 千米。阿尔卑斯山南麓 2 000 米、北麓 1 700 米以上有积雪。

(5) 驾驶舱门锁系统(CDLS)

驾驶舱门用于隔开驾驶舱和客舱。门芯采用预浸片包裹蜂窝芯体形成的复合夹层。外预浸片防弹,舱门下部有应急逃离口,供舱内人员在紧急情况下使用。舱门只能由外向内推开,应急逃离口只能由内向外推开。舱门关闭后,触发三道电控锁。门上的旋转把手可从舱内进行手动解锁。驾驶舱门锁系统对上锁和解锁进行电控,主要部件包含:① 12 键操作面板(含数字键 0—9 及"*"和"#"号键),位于前乘务员控制面板侧面,上面配有一绿一红两个 LED 指示灯。② 驾驶舱中心基座上配有一个三位拨动开关,复位弹簧让开关保持在"标准"位置,机组可拨动开关至"解锁"或"上锁"位置。左侧有指示灯,显示"打开"或"故障"。③ 驾驶舱顶部操作面板上配有舱门控制单元,含两个压力传感器,用于测量舱内压力、监测突变。舱门控制单元配有 LED 指示灯,在三道门锁或系统计算机发生故障时亮起。④ 驾驶舱顶部操作面板配有一个蜂鸣器,用于发送声音信号。

在驾驶舱内,两边侧杆前方各有一显示屏,实时监控舱门附近、左右两个前乘客门区域。从客舱进入驾驶舱,须在操作面板上输入常规访问口令。此时,舱内蜂鸣器发出持续一秒钟的声音信号,提示进入请求。飞行员可查看显示屏,拨动开关并保持在“解锁”位置,舱门解锁,声音停止,此时操作面板上绿色 LED 指示灯亮,可推门进入。飞行员将开关拨至“上锁”位置,舱门锁闭,声音停止,操作面板上红色 LED 指示灯亮,操作面板在接下来 5 分钟无法使用,直到红色指示灯灭。如飞行员不拨动开关,舱门将保持锁定,操作面板上无指示灯闪烁,声音信号在 1 秒后停止。在紧急情况下(如飞行员失能),乘务员可在操作面板上输入紧急口令。舱内蜂鸣器持续响 15 秒后,操作面板上绿色灯亮起。如舱内人员在 15 秒内无任何回应,舱门将自动解锁 5 秒,绿色指示灯闪烁,表示解锁,声音信号停止,乘务员可推门进入,5 秒后舱门会再次自动上锁。如舱内人员在 15 秒内拨动开关,则声音停止,系统根据其操作“解锁”或“上锁”。

驾驶舱门的设计主要用于防范外部侵害,保护飞行员安全。9·11 事件后,为降低无关人员闯入驾驶舱的风险,巩固舱门系统势在必行。全球也致力于加强相关举措,应对可能出现快速减压、飞行员失能、失事后驾驶舱进入以及舱门系统故障(包括手动锁使用)等情况的风险。但无论是最初设定系统,还是之后对其进行调整时,都没有充分考虑驾驶舱内部的潜在威胁。由于飞行员失能已在考虑范围内,业界普遍将关注点聚焦于安保威胁,意在防范恐怖袭击,而未考虑自杀行为。

(6) 副驾驶病史

航班往返飞行记录均显示出副驾驶的异常操作,而他曾因健康问题暂停飞行训练。基于这些因素,针对副驾驶健康状况的调查随即启动,结果如下。

① 2008 年 4 月 9 日,汉莎航空医务中心为其签发一级体检合格证(无限制)。

② 2009 年 2 月 4 日,精神专科主治医生报告称其正接受常规治疗,预计持续数月。

③ 2009 年 4 月 9 日,其向汉莎航空医务中心申请更新一级体检合格证,并提供心理治疗相关信息,在专业鉴定前被叫停。

④ 2009 年 7 月 14 日,汉莎航空医务中心拒其换领一级体检合格证,并报送德国联邦航空局。7 月 15 日,主治医生出具报告,证明其抑郁症已治愈。7 月 28 日,汉莎航空医务中心为其签发一级体检合格证,并附相关备注 FRA091/09,声明症状复发即失效。

⑤ 2010 年 2 月 23 日,主治医生出具报告,证明其在 2009 年 1—9 月曾接受心理治疗,并已治愈。2 月 24 日获一级体检合格证,并附相关备注 FRA091/09。

⑥ 2010 年 6 月,在汉莎航空医务中心体检,申办 FAA 三级体检合格证。

⑦ 2010 年 7 月 8 日,FAA 通知拒发证书,要求主治医生提供包含确诊、预后、后

继治疗和治疗记录的报告。7月21日,主治医生提供相关报告,翻译成英文后提交FAA。7月28日,获FAA三级体检合格证,并附备注"如症状复发或出现用药/治疗,立即停飞"。

⑧ 2011年3月29日—2014年7月28日,汉莎航空医务中心先后5次为其更新一级体检合格证,均附相关备注FRA091/09。

⑨ 2014年11月24日,私人医生A为其开出7天病假。

⑩ 2014年12月,因视力和睡眠问题求诊多个私人医生。

⑪ 2015年2月17日,私人医生B为其开出8天病假,但其没有上报公司。同一天,私人医生C要求其看精神专科治疗门诊,开出佐匹克隆3.75毫克处方。2月22日,私人医生C要求其休病假3天。2月24日,主治医生为其开出首份米氮平处方。

⑫ 2015年3月9日,私人医生D为其开出病假(具体天数不详),但其没有上报公司。3月10日,私人医生C建议其去精神病院就诊,之后又在3月12日为其开出19天病假,但其依然没有上报公司。3月16日,主治医生为其开出第二份处方,具体为艾司西酞普兰、氯丙嗪和唑吡坦。3月18日,私人医生E为其开出5天病假。

上述病史档案由德国联邦航空事故调查局提供,与BEA共享。后者召集来自英国和法国的精神病学专家成立专家组,和德国同行一起研判。由于诊疗和患者个人资料有限,且无法与其亲属及私人医生面谈,专家组难以做出精确判断,但大多数人认为现有诊疗信息与副驾驶2014年12月抑郁病症复发的时间一致,病症一直持续到事发,且不排除其他精神疾病(如人格障碍)存在的可能。法国司法当局还对现场获取的副驾驶人体组织进行了毒理学检验,检出西酞普兰和米氮平两种抗抑郁药物成份,以及助眠药物佐匹克隆成份。

3. 调查结论

2015年3月24日上午9时02分,出事航班从巴塞罗那机场起飞。约半小时后,副驾驶趁机长离开驾驶舱时反锁舱门,把高度设到最低,以最大速度(350节)下降。在此期间,地面管制员多次联系机组,机长设法回舱,但副驾驶紧闭舱门,无视机长回舱请求、敲门和撞门,以及地面和军方管制员的反复呼叫。约十分钟后,飞机失去联系,高度低于雷达监测高度,直到撞上阿尔卑斯山。飞机整机损毁,机上人员无一生还。

据维修记录、飞行记录以及气象信息可排除系统故障以及外界影响等原因,事故系副驾驶自杀行为造成。在从杜塞尔多夫飞往巴塞罗那的途中,副驾驶在机长离开驾驶舱的4分多钟内频繁调整高度,先后4次将飞行高度设置降到100英尺。返回途中,副驾驶在机长离开驾驶舱后再次把飞行高度设置降到100英尺,并紧闭舱门,直至坠毁。病史调查显示,副驾驶曾在2008年11月5日因抑郁症暂停训练。在申请健康证书和复审过程中,均有复发即失效的备注。2014年11月24日,副驾驶因身体不适求医,之后被多位医生诊断可能存在精神问题。当事人因担心停飞而选择隐瞒病情,私下服用抗抑郁药物,最终导致其失去了正常的认知及自我掌控,在返航途中实施自杀,制造了这起惨剧。

4. 安全建议/措施

基于调查,相关部门给出了安全建议。

第一是在飞行员心理健康管理方面。事件发生后,各国民航局及航空公司都迅速做出反应,出台具体措施,避免类似悲剧。事实上,这起事故在航空史上有过先例。ICAO 和 BEA 数据显示,1980 年以来总共有 12 起空难和德国之翼 9525 号的事故原因相似,都是飞行员出现了精神或心理问题。对飞行员心理健康进行管理日益成为一个重要课题。在这起事件中,副驾驶从抑郁症病发到获得带有备注的一级体检合格证,并未有专业人员对其进行任何额外心理评估。虽然美国航空航天医学协会(AsMA)认为心理障碍测试没有效益,但对患病飞行员定期进行心理健康评估仍非常重要。由于缺乏失能数据,ICAO 鼓励各国对失能事件和医疗结果进行分析,不断优化医疗评估标准。

第二是关于隐私问题。保密是确保医患之间相互信任的关键。在鼓励患者寻求治疗的同时保护其个人信息,不仅有利于个人,也有利于社会。副驾驶患有抑郁症,选择了对公司隐瞒病情和病史,造成重大事故。《德国刑法典》第 203(1) 条规定,获得国家职业认证的卫生保健人员(如心理治疗师、物理治疗师、护理专业人员)不得泄露他人隐私,违者将面临不超过一年的监禁或罚款。(但也有例外和特殊情况。)在其他一些国家,如英国、法国和美国等,则规定有准许披露的具体情况,并受法律保护。这次事故引发了司法改革,以在个人隐私与公共安全之间寻求新的平衡。

第三是关于飞行执照管理。事发之前,副驾驶已经意识到自身健康问题及其治疗带来的影响。因此,他没有向航空体检医师报告,也没有告知雇主。之所以这样做,是因为一旦失去飞行执照,当事人将在经济上陷入困境,失业保险无法弥补停飞造成的损失。考虑到抑郁症对职业、经济和自尊带来的影响,当事人更可能选择隐瞒。作为雇用方,航空公司需要采取可行措施,消除飞行员因健康问题面临的经济负担,比如提供替代职位或停飞补贴等。ICAO 建议,如果评估员认为申请人状况不影响飞行安全,可将正在接受抗抑郁药物治疗的飞行员评估为适合飞行。同时,授权通过的抗抑郁药物可使飞行员获得密切监控。如此,飞行员因为担心停飞而隐瞒自身健康状况的可能性将大大降低。

第四是关于驾驶舱门锁系统。在这起事件中,驾驶舱门系统在一定程度上阻碍了补救措施。只要舱内人员选择紧闭舱门,任何外部力量都无法打开。此设计的初衷是保护驾驶员安全,避免类似于 9·11 事件的情况再次发生。德国之翼 9525 号航班事件暴露了系统存在的不足,从内外两端消除风险的产品研制开始启动。欧洲航空安全局(EASA)则建议驾驶舱内同时有两名飞行员。这一建议可能带来的其他风险尚不清楚,但已被大多数航空公司采纳。

第七章　民航术语认知研究

本章针对第四至六章中的每一起典型事件(事故)及其原因,从相关调查报告中提取代表性核心术语,并开展认知研究。

第一节　跑道侵入

1. 简　介

"跑道侵入"(Runway Incursion)取自荷兰皇家航空 4805 号航班与泛美航空 1736 号航班相撞事故调查报告。跑道是飞机起飞和降落的通道,是机场的核心功能设施;跑道安全是机场运行安全的关键。根据国际机场理事会(ACI)2022 年版《跑道安全手册》,跑道侵入是影响机场安全的最主要风险之一,后果也非常严重。FAA 的统计显示,美国每年有超过 1 700 起跑道侵入发生,数量逐年上升。机场运行环境复杂多变,发生跑道侵入的可能性也在上升。空中交通流量每增加 20%,发生跑道侵入的风险有可能增加 140%。由跑道侵入导致的碰撞事件通常发生在航空器之间、航空器与地面车辆之间,容易造成机毁人亡的灾难性事故。

2. 定　义

ICAO《空中航行服务程序——空中交通管理》(Doc 4444)对跑道侵入的定义为 "Any occurrence at an aerodrome involving the incorrect presence of an aircraft, vehicle or person on the protected area of a surface designated for the landing and take-off of aircraft."。译文:在机场发生的任何航空器、车辆或人员误入指定用于航空器着陆和起飞的地面保护区的情况。

FAA 对跑道侵入的定义为"any occurrence in the airport runway environment involving an aircraft, vehicle, person or object on the ground that creates a collision hazard or results in a loss of required separation with an aircraft taking off, intending to take off, landing, or intending to land."。译文:在机场跑道环境中发生的,航空器、车辆、人员或地面上的物体与一架正在起飞或者试图起飞、正在着陆或者试图着陆的航空器产生碰撞危险或者导致必要间隔缩小的事件。

3. 地面保护区

ICAO 在定义跑道侵入时提到了"地面保护区",但 Doc 4444 和《防止跑道侵入手册》(Doc 9870)并未对"地面保护区"的范围进行具体规定。中国民用航空局曾在《民用航空器事故征候》(MH/T 2001-2018)中提到"地面保护区"概念,也没有对其进行定义。中国民用航空局空管行业管理办公室下发的《民航空管防止跑道侵入指导材料》(IB-TM-2013-002),对"地面保护区"进行了定义:地面保护区包括机场跑道以及滑行道位于适用的跑道等待位置和实际跑道之间的部分、跑道中线两侧各 75 米范围内的土面区、仪表着陆系统(ILS)敏感区、ILS 临界区和跑道端安全区,即跑道、跑道等待位置和道路等待位置与跑道之间的部分,如图 7-1 所示。具体参数标准可查阅原件。

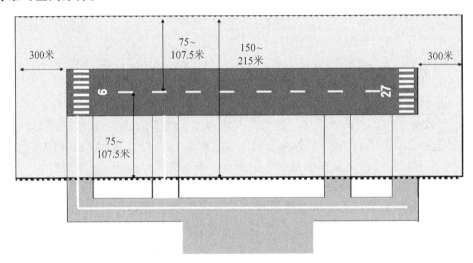

图 7-1 地面保护区的范围[①]

4. 等级分类

参照 ICAO《公约》附件 13《航空器事故和事故征候调查》,ICAO 根据事件的严重程度,在 Doc 9870 中把跑道侵入分为 5 个等级,具体描述如下(其中 A 类和 B 类分别如图 7-2 和图 7-3 所示)。

A 类:间隔减小以至于双方必需采取极端措施才能勉强避免碰撞发生的跑道侵入;

B 类:间隔缩小至存在显著的碰撞可能,只有在关键时刻采取纠正或避让措施才能避免碰撞发生的跑道侵入;

---

① 此图出自《民航空管防止跑道侵入指导材料》(IB-TM-2013-002)。

C类：有充足的时间和(或)距离采取措施避免碰撞发生的跑道侵入；

D类：符合跑道侵入的定义但不会立即产生安全后果的跑道侵入；

E类：信息不足无法做出结论，或证据矛盾无法进行评估的情况。

2021年，中国民用航空局发布了咨询通告《民用航空器征候等级划分办法》（AC-395-AS-01）。通告把跑道侵入归入事故征候，等级划分与Doc 9870保持一致。此外，通告重点关注A类和B类跑道侵入，把它们分别划入了严重事故征候和一般事故征候。

图7-2　A类跑道侵入

图7-3　B类跑道侵入

除上述等级分类外，Doc 9870还把跑道侵入分为以下6种常见情况：① 航空器或车辆从正在着陆的航空器的前方穿越；② 航空器或车辆从正在起飞的航空器的前方穿越；③ 航空器或车辆穿越跑道等待位置标志；④ 航空器或车辆不能确定其所在位置而误入使用跑道；⑤ 由于无线电通话失误导致未按照空中交通管制指令操作；⑥ 航空器从尚未脱离跑道的航空器或车辆后方通过。从图7-2可以看出，A类跑道侵入符合第六种情况。

5．事发原因

大多数跑道侵入发生在昼间目视气象条件(VMC)下，但是大多数事故发生在低能见度条件下或夜间。发生跑道侵入的原因多种多样，有塔台管制员忘记飞机动态、管制员和飞行员之间错误通信，也有机组人员操作失误等。根据FAA的早期统计数据，在各类跑道侵入事件中，54%由飞行员的错误造成，29%由管制员的错误造成，17%由车辆驾驶员或步行人员的错误造成。欧洲航空安全组织（Eurocontrol）对运行人员的调查结果与此大致相当。参照SHELL模型，可以从人员、设备、环境、管理等方面总结出跑道侵入的主要因素。

管制员可能引起跑道侵入的常见行为有：① 忘记航空器、跑道上的车辆或人员；② 忘记已发布的管制许可或指令；③ 间隔计算错误或判断失误；④ 穿越许可由地面管制员而非塔台管制员发出；⑤ 注意力不集中，或协调、移交不充分、不正确；⑥ 错误判断，或混淆航空器、车辆、人员或其位置。此外，管制员与飞行员或机动区车辆驾驶员之间的无线电通话失误,也是导致跑道侵入的常见因素,起因通常包括:① 未按照规定使用标准无线电通话用语;② 管制员误发指令,或飞行员、车辆驾驶员误解管制员指令;③ 管制员未发现飞行员或车辆驾驶员复诵指令错误;④ 飞行员或车辆驾驶员接受了发给另一航空器或车辆的许可;⑤ 无线电通话被干扰或者部分被干扰;⑥ 通话内容过长或过于复杂。

通信、监视设备故障可能造成跑道侵入。驾驶舱设备出现故障或受到干扰也会影响到驾驶员,进而造成跑道侵入。运行环境因素也可能造成跑道侵入,比如:① 临时变更正在使用的跑道方向;② 塔台之间或塔台与其他部门之间缺乏沟通或沟通不力;③ 多塔台、多跑道运行;④ 机场地面标记牌、灯光和标志不全或不清晰。

管理者虽然不直接参与管制工作,但管理工作的不到位也可能引发跑道侵入事件。这类因素包括:① 管制运行程序缺失或不完善;② 管制员超负荷工作或培训不足;③ 塔台视线不够清晰或被遮挡;④ 塔台与机场场务部门之间缺少跑道安全管理协调机制等,比如没有制定跑道巡视检查标准通话用语并进行协调。

跑道侵入是一个综合性问题,"人、机、环、管"多个因素都有可能导致问题的发生,需要空管单位、航空公司和机场结合实际情况与发展需求,合理选用跑道侵入预防技术,以保障运行安全。以上总结了引发跑道侵入的主要原因,更多具体因素可参见 Doc 9870 附录 G《跑道侵入起因确定表》。

6. 技术手段

随着多跑道运行的机场逐年增多,大中型机场地面管制运行环境日趋复杂,管制员的工作负荷和管制压力不断加大,避免跑道侵入的压力也随之增大。防止跑道侵入,需要人与科技力量的结合。下面简要介绍两个常用防跑道侵入系统。

机场场面监视设备(Airport Surface Detection Equipment – Model – X, ASDE – X)是监控跑道安全的先进系统,包含 5 个核心组件:多点定位、场面移动雷达、广播式自动相关监视(ADS – B)、多传感数据处理器、塔台显示器。利用场面移动雷达和多传感器,系统能在空管塔台显示屏上准确显示飞机的位置,并标以航班呼叫号。精准的数据以及良好的可靠性,让系统可在任何天气条件下运行,实时监控并规避各类跑道侵入事件。系统对目标进行跟踪并识别,以航迹、标牌等信息显示在机场场面图上,并以彩色形式直观地呈现在屏幕上,在夜间或能见度较低的恶劣天气作用尤其明显。此外,系统还能协助航班计划信息与显示屏上飞机位置的关联、航班从进港到离港的全程监视,提供极端天气情况下的情景感知,发现并解决冲突。

跑道状态灯系统(Runway Status Lights, RWSL)是目前最先进的防跑道侵入系统。系统概念最早由麻省理工学院林肯实验室提出,目前已在全球数十个机场投入使用。RWSL 是一个全自动化系统,目的是减少跑道侵入数量、降低跑道侵入的严重程度,在不影响机场运营的前提下防止跑道事故的发生。系统由跑道入口灯(Runway Entrance Lights, REL)、起飞等待灯(Takeoff Hold Lights, THL)和跑道交叉口灯(Runway Intersection Lights,RIL)组成,如图 7 - 4 所示。RWSL 可在全天候条件下自动运行,具备极强的运行能力,通过清晰的跑道状态指示,提高管制员、机组人员和机场车辆驾驶员的情景意识。验证结果表明,RWSL 的应用可减少 70% 的跑道侵入。RWSL 的安装和启用需要一定的时间和设备支持,必须科学制定处置程序,并对机组和驾驶人员进行培训。除直接向机组和车辆驾驶员展示警示信息的助航灯光外,RWSL 还需要 ASDE - X 数据的支持。我国目前尚无交叉跑道,在已运行的多跑道机场可采用可变信息标志牌(Variable Message Signs)、停止排灯(Stop bars)以及跑道警戒灯(Runway Guard Lights)等设施,提高跑道安全水平。

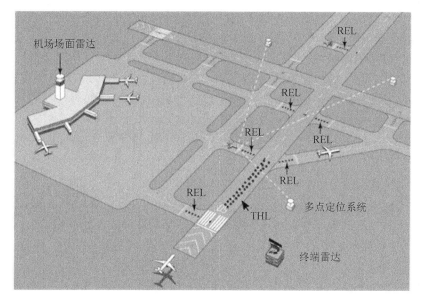

图 7 - 4 RWSL 系统示意图

7. 文献资料

① ICAO《航行服务程序——空中交通管制》(Doc 4444);

② ICAO《防止跑道侵入手册》(Doc 9870);

③ 中国民用航空局《民航空管防止跑道侵入指导材料》(IB - TM - 2013 - 002);

④ 中国民用航空局《民用航空器征候等级划分办法》(AC - 395 - AS - 01)。

8. 相关事件

① 1984 年 10 月 11 日,俄罗斯航空 3352 号航班事故;

② 1994 年 11 月 22 日,环球航空 427 号航班与超级航空 441 号航班相撞事故;

③ 2016 年 10 月 11 日,中国东方航空 5643 号航班与 5106 号航班危险接近事件。

第二节 尾 流

1. 简 介

"尾流"(Wake Turbulence)取自美国航空 587 号航班事故调查报告。飞机在起飞后遭遇前机尾流,飞行员操作方向舵不当,导致垂直尾翼脱落,飞机失控坠毁。尾流在飞机起飞后产生,机翼下方压力增大,机翼上方压力减少,在翼尖产生压差,导致在机翼后卷起气流。同理,襟翼末端也会产生有限气流。这些气流合到一起,形成尾流。当飞机进入另外一架飞机的尾流时,业界俗称"吃尾流",产生尾流的飞机在前,吃尾流的飞机在后。在尾流的影响下,后机可能出现横滚,操作不当会加剧不正常姿态,导致自动驾驶断开。随着空中交通流量的增大,起飞间隔和高度间隔变小,机组需要提高警惕,时刻防范尾流这个空中隐形杀手。

2. 定 义

ICAO Doc 4444 对尾流的定义是"Wake Turbulence is used to describe the effect of the rotating air masses generated behind the wing tips of aircraft, in preference to the term 'wake vortex' which describes the nature of the air masses."。译文:尾流通常用于描述飞机翼尖后面产生的旋转气团的影响,而不是描述气团性质的术语"尾涡流"。

FAA 对尾流的定义是"Wake Turbulence is a function of an aircraft producing lift, resulting in the formation of two counter-rotating vortices trailing behind the aircraft."。译文:尾流是飞机产生升力的结果,导致在飞机后面形成两个反向旋转的涡流。

中国民用航空局咨询通告《航空器驾驶员指南——尾流和平行跑道运行》(AC-91-FS-2015-28)对尾流的定义是:尾流是指飞行时,由于翼尖处上下表面的空气压力差,产生一对绕着翼尖的闭合涡旋。从飞机后面看时,尾流涡旋是向外、向上,并环绕在翼尖周围的。大型飞机测试表明,两侧涡旋保持略小于翼展的间隔,当飞机离地高度大于其翼展时,尾流会随风漂移。

3. 分 类

根据维基百科,尾流是飞机飞行时在大气中形成的扰动。它包括不同种类,其中最重要的是翼尖涡流和喷气流。翼尖涡流较稳定,通常在空中停留 3 分钟左右。从空气动力学角度,它不是真正意义上的湍流,因为湍流会不断变化,具有不规则性。喷气流是从发动机喷出的快速移动气体,势力强大但持续时间很短。国内参照机型等把尾流分为四种,具体为:① 由螺旋桨飞机的螺旋桨高速旋转产生的滑流;② 飞机机翼表面由横向流动气流产生的紊流;③ 由喷气发动机产生的高温、高速尾流——喷流;④ 飞机机翼翼尖初产生的尾流——翼尖涡流,这也是航空器在飞行中所形成尾流的主体部分。由于机翼翼尖处有自下而上翻动的气流,从而以翼尖为中心形成高速旋转并向后、向下延伸的螺旋形气流。翼尖形成的两股涡流方向相反,两股涡流之间形成强大的下降气流,外侧形成强大的上升气流,从而对尾随其后的航空器造成影响,如图 7-5 所示。

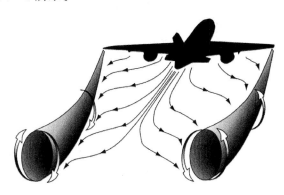

图 7-5　翼尖涡流[①]

4. 强度与危害

尾流强度由产生尾流的飞机重量、载荷因数、飞行速度、空气密度、翼展长度和机翼形状决定,其中最主要的是飞机重量和速度。尾流强度与飞机重量和载荷因数成正比(如图 7-6 所示),与飞行速度、空气密度和翼展长度成反比。襟翼或增升装置的使用会改变尾流强度。在其他条件不变时,飞机由光洁外形变化为其他构型时会使尾流衰减。最大的尾流强度发生在重量大、速度慢、形态更为光洁的飞机上,有记载的尾流内最大气流速度为 45 海里/小时(约 90 米/秒)。

当进入前面飞机的尾流区时,受进入尾流区的方向、前机的重量和外形、后机的大小、前后机的距离、遭遇尾流的高度等因素的影响,后机会不同程度地出现机身抖动、下沉、飞行状态改变,严重者会出现发动机停车甚至飞机翻转等现象。后机进入前机一侧尾流的中心时,一侧机翼遇到上升气流,另一侧机翼遇到下沉气流,飞机会急剧滚转。滚转速率主要取决于后机的翼展,翼展短的小型飞机滚转速率大。如果滚转力矩超过飞机的控制能力,飞机就会失控翻转。小型飞机尾随大型飞机起飞或着陆时,若进入前机尾流,处置不当可能更容易发生飞行事故。

---

① 此图出自 FAA *Pilot and Air Traffic Controller Guide to Wake Turbulence*。

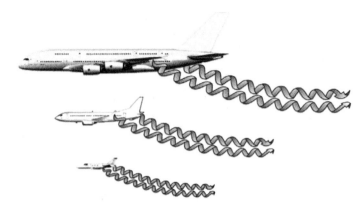

图 7 - 6　尾流与飞机大小的关系示意图①

5. 避　让

尾流是飞机机翼升力的一个副产物,飞机从起飞到降落的整个过程中都会产生尾流。在起飞、巡航和进近等不同阶段,可采取不同的避让措施。尾随更大的飞机起飞时,应注意:① 从同一跑道起飞,尤其是非全跑道起飞时,关注前机离地点并控制飞机在到达其离地点之前起飞。起飞后持续保持高于前机爬升轨迹的角度爬升,直到确认已远离其尾流。② 避免起飞后飞入前机下方或后方区域,并随时准备应对任何可能导致进入尾流的危险情况。起飞时应警惕邻近更大飞机的操作,特别是在跑道上风方向的飞机。如果收到起飞指令,避免航迹穿过大型飞机路径的下方。当前机实施低空复飞或着陆连续时,由于尾流下沉并在地面附近横向移动,可能滞留在跑道上或离地区域内。在较小侧风条件下,应该确保至少间隔 2 分钟后再起飞。

在巡航中,应注意保持间隔,即水平间隔至少 5 海里(约 9 300 米)、垂直间隔至少 1 000 英尺(约 300 米)。在特定状况下,重型飞机,尤其是空客 A380 以上飞机产生的尾流会下降超过 300 米。在减少垂直间隔空域(RVSM)的跨洋飞行中,可偏置航路飞行来避免尾流。当需要交叉汇聚飞行、拟在后方穿过前机航迹时,最好从其上方穿越;如山区地形允许,也可从其下方至少 300 米穿越。当前机爬升或下降穿越后机计划航路时,后机可能会遭遇尾流。同样,当在其他飞机后方爬升或下降时,也应特别注意。

尾随更大的飞机进近或着陆时,应注意:① 在同一跑道上,保持不低于前机的进近航迹。注意其落地点并在其落地点前方落地;当有飞机起飞、较小的飞机尾随其着陆时,着陆飞机飞行员应留意起飞飞机的离地点,并在其离地点之前接地。② 在间距小于 2 500 英尺(760 米)的平行跑道上,飞行员需要根据两条跑道入口之间的位

---

① 此图出自中国民用航空局《航空器驾驶员指南——尾流和平行跑道运行》(AC - 91 - FS - 2015 - 28)。

置关系,考虑可能漂移到五边航迹或跑道上的前机尾流。③ 在交叉跑道上的更大飞机起飞后进行着陆时,飞行员应注意前机离地点。如果前机在跑道交叉点之后离地,可以继续进近并在跑道交叉点之前着陆;如果前机在跑道交叉点之前离地,应确保着陆轨迹高于前机的起飞轨迹,在此情况下,除非能安全落地,否则应终止进近。

6. 间　隔

尾流持续时间不长,随飞机的远离而衰减直至消失。防范尾流的有效措施就是与前机保持足够间隔。Doc 4444 按机型种类,以时间或距离为基准,对间隔标准做出了具体规定。机型种类按航空器最大起飞重量(Maximum Takeoff Mass,MTOM)分为:① 重型机:最大允许起飞全重等于或大于 136 000 千克的航空器;② 中型机:最大允许起飞全重大于 7 000 千克、小于 136 000 千克的航空器;③ 轻型机:最大允许起飞全重等于或小于 7 000 千克的航空器。在前机是波音 757 时,按照重型机尾流间隔执行。空客 A380 - 800 机型巨大,产生的尾流对后机影响更大,故在重型机之上单独列出,对后机在时间或距离间隔上要求更高。

以时间为基准,对离场航空器的间隔要求具体规定为:当两架航空器在使用下列情况之一时,在重型航空器之后起飞的轻型或中型航空器之间,或在中型航空器之后起飞的轻型航空器之间适用于 2 分钟最低间隔,具体如图 7 - 7 所示。具体情况为:① 同一跑道;② 间隔小于 760 米的平行跑道;③ 交叉跑道,当第二架航空器的预计飞行航径与第一架航空器的预计飞行航径在相同高度或在其下 300 米穿越;④ 间隔大于 760 米的平行跑道,当第二架航空器的预计飞行航径与第一架航空器的预计飞行航径在相同高度或在其下 300 米穿越。

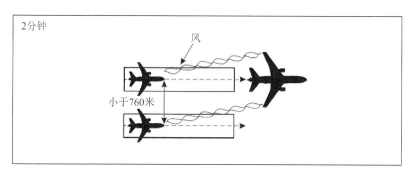

图 7 - 7　基于时间的跟随航空器离场间隔示意图[①]

以距离为基准,当接受空中交通服务(ATS)的航空器在进近和离场阶段符合下列情况时,在重型航空器之后起飞的各类航空器应根据机型分别保持至少 7.4 千米(4 海里)、9.3 千米(5 海里)和 11.1 千米(6 海里)距离,具体如图 7 - 8 所示。如前机

[①]　图 7 - 7、图 7 - 8 出自 ICAO Doc 4444。

为空客 A380-800 机型,距离间隔应根据机型依次增加 2 海里。具体情况为:① 一架航空器在同一或相差小于 300 米(1 000 英尺)的高度尾随另一航空器飞行;② 两架航空器使用同一跑道,或间隔小于 760 米(2 500 英尺)的平行跑道;③ 一架航空器飞行时在同一或相差小于 300 米(1 000 英尺)的高度从后面横越另一航空器的航迹。

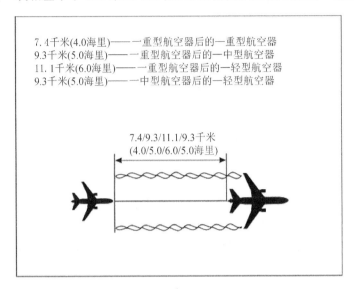

7.4千米(4.0海里)——一重型航空器后的一重型航空器
9.3千米(5.0海里)——一重型航空器后的一中型航空器
11.1千米(6.0海里)——一重型航空器后的一轻型航空器
9.3千米(5.0海里)——一中型航空器后的一轻型航空器

7.4/9.3/11.1/9.3千米
(4.0/5.0/6.0/5.0海里)

图 7-8 基于距离的跟随航空器进/离场间隔示意图

7. 操　作

当飞机不慎进入尾流时,飞行员应沉着冷静,操作控制飞机状态,避免突然进行副翼和方向舵的全行程反向输入,防止在脱离尾流时出现反向滚转。当飞机出现滚转时,使用方向舵来操纵控制可能不适用于所有飞机。过量、突然地使用方向舵来抵消滚转角速度可能导致非预期的反应,甚至导致负载超过飞机结构设计极限。依靠电传系统,很多新型飞机有了更多保护,使用方向舵不会减轻尾流影响,更不能轻易改出。因此,在遭遇尾流时,不要使用方向舵! 这一点已在美国航空 587 号航班事故中得到印证。

在遭遇尾流时,自动驾驶仪在多数情况下对横滚和俯仰应对较好。遇到较严重的尾流时,自动驾驶可能会断开。如果自动驾驶仪保持接通,建议不要人工断开,但要做好断开后改为手动控制的准备。脱离尾流后,飞行员应检查操作面和发动机的性能是否正常。如果高度和条件允许,建议飞行员不要在尾流中强行修正和保持姿态,最好在脱离尾流后再调整非正常姿态,使机翼恢复水平,重新建立初始的巡航高度或标准的上升和下降轨迹。

8．文献资料

① ICAO《空中航行服务程序——空中交通管理》(Doc 4444)；

② Aircraft Wake Turbulence(AC 90 - 23G)by FAA；

③ European Wake Turbulence Categorization and Separation Minima on Approach and Departure by Eurocontrol；

④ 中国民用航空局《民用航空空中交通管理规则》(CCAR - 93 - R5)；

⑤ 中国民用航空局《航空器驾驶员指南——尾流和平行跑道运行》(AC - 91 - FS - 2015 - 28)。

9．相关事件

① 1994 年 9 月 8 日,美国航空 427 号航班事故；

② 2008 年 1 月 10 日,加拿大航空 190 号航班事故；

③ 2017 年 1 月 7 日,庞巴迪 CL - 604 公务机事故。

第三节　可控飞行撞地

1．简　介

可控飞行撞地(Controlled Flight into Terrain,CFIT)取自中国国际航空 129 号航班事故的调查报告。CFIT 是民航飞行事故的主要类型之一。在国际飞行安全界公认的"七大安全风险"中,CFIT 位居前列。2006—2015 年,全球商用喷气飞机共发生了 65 起致命事故,其中 CFIT 占 21.54%。在《全球航空安全计划》(Doc 10004)中,ICAO 把 CFIT 和飞行中失控、空中相撞、偏离跑道和跑道侵入一起列为高风险事件类别。这类事故不仅发生在经验较少的飞行员身上,而且可能发生在有经验的飞行员身上。数据显示,75% 的 CFIT 事故发生在白天。相比多人机组,它更多地发生在单人机组上。超过一半的事故发生在仪表气象条件(IMC)下,超过 2/3 的事故由高度指示/调制错误或缺乏垂直情景意识而导致。

2．定　义

ICAO 对可控飞行撞地的定义为"CFIT is an in-flight collision with terrain, water or obstacle without indication of loss of control. Accidents categorized as CFIT involve all instances where an aircraft is flown into terrain in a controlled manner, regardless of the crew's situational awareness."。译文:可控飞行撞地是飞行中在没有失控迹象的情况下与地面、水或障碍物发生的碰撞。归入可控飞行撞

地的事故涉及航空器以可控方式撞击地面的所有情况,不管机组人员的情景感知如何。

中国民用航空局《航空器运营人全天候运行规定》(AC-91-FS-2020-016R1)对其定义如下:一架完全满足适航条件的飞机,在非失效、可控的状态下撞到地面、山体、水面或其他障碍物。

3. 原因分析

导致 CFIT 事故的原因有很多,包括恶劣天气、导航设备故障等,但人为差错是最主要的原因。通过定义可以发现,CFIT 是一种在无意中发生的事故,飞机在事发时并非处于不可控状态。在事故发生时,所有参与飞行阶段的人员(包括机组和地面管制人员)由于某些原因失去了对真实环境的正确感知,失去了状态意识,未能及时采取正确的措施,导致没有故障且可控的飞机撞地、撞山、撞上障碍物或飞入水中。飞行员的差错主要是未能随时掌控飞机的位置及高度,丧失了高度意识。此外,疲劳也会造成错误,导致事故的发生。主要有四类差错:① 高度气压表设定错误;② 忘记调节高度表;③ 下降率过大;④ 偏离航线。调查显示,CFIT 事发原因往往不是单一孤立的。除常见差错外,操作不规范、配合不当、交叉检查不力、通话失误等也会导致事故的发生。专业人员采用系统动力学方法,以动态反馈图结合仿真运行的形式来反映复杂系统的结构和行为,构建出 CFIT 的因果关系[①](如图 7-9 所示)。

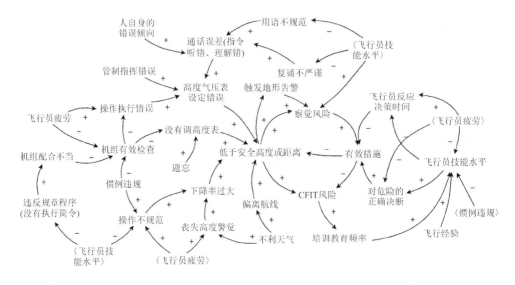

图 7-9 CFIT 因果关系图

---

① 王洁宁,钟彬.人为差错导致的可控飞行撞地风险研究[J].中国民航大学学报,2019,37(3):38-43.

4. 安全高度

高度是保证飞行安全的一个基本因素。保持正确的飞行高度,对充分利用飞行高度层、确保飞行安全具有重要意义。机组应切实遵循不同类型的安全高度,切实理解并遵循诸如网格最低安全高度、航路最低安全高度、扇区最低安全高度、标准仪表进离场各定位点高度限制、最低越障高度、最低下降高度和决断高度等。[①] 其中,决断高度(Decision Height,DH)是在精密进近和类精密进近中规定的高度,在这个高度上,如果不能建立为继续进近所需的目视参考,则必须复飞。最低下降高度是在非精密进近或盘旋进近中规定的高度,是在不使用下滑引导的仪表进近中允许飞机下降的最低高度,根据最后进近和复飞区域内最高障碍物的高度,以及超越障碍物必需的余度及安全因素确定。只有在驾驶员能看到进近灯、跑道入口或其他可以识别跑道入口的标志,并且飞机已处在可下降作正常着陆的状态时,才允许继续下降至最低下降高度以下,否则应在最低下降高度上规定的复飞点开始复飞。

5. 近地警告系统

为尽可能减少 CFIT,C. D. Bateman 和他的团队于 20 世纪 60 年代着手研发相关技术,成功开发出近地警告系统(Ground Proximity Warning System,GPWS)。系统主要由地面迫近警告计算机、警告灯和控制板组成。自起飞开始到降落为止,系统持续监视飞机高度,利用无线电高度表获得离地高度,并计算出飞行趋势。一旦发现危险,系统即以视觉和语音警告飞行员采取避险措施。1974 年 FAA 规定,所有涡轮式飞机和涡轮喷气式飞机必须配备 GPWS。1996 年,Bateman 团队在 GPWS 的基础上开发出增强型近地警告系统(EGPWS,见图 7 - 10),加强了系统的 GPS 定位功能,以及超过 800 万飞行小时的地形和障碍物数据库。如今,全球超过 55 000 架飞机均安装了这一系统。这项技术把飞行事故风险率从三百万分之一降低至两千万分之一。

EGPWS 在不同机种上存在一些差异,但警告模式基本共通,通常有以下几种(大写英文为语音警告内容,括号内为译文)。

① 过度的下降速率:"SINK RATE,PULL UP!"(下降率高,拉升!)

② 过度的地障接近率:"TERRAIN,TERRAIN,PULL UP!"(注意地障,注意地障,拉升!)

③ 在起飞或复飞爬升时高度值过度下降:"DON'T SINK!"(不要下降!)

④ 与地障间距不足:"TOO LOW,TERRAIN!"(高度过低,注意地障!)

⑤ 进入降落状态但未放下起落架:"TOO LOW,GEAR!"(高度过低,起落架!)

⑥ 进入降落状态但襟翼小于 30 度:"TOO LOW,FLAPS!"(高度过低,襟翼!)

---

① 刘清贵. 为什么要强化安全高度[J]. 中国民用航空,2018(3):11-12.

⑦ 仪表降落时与下滑道的误差过大："GLIDE SLOPE!"（下滑道偏离！）

⑧ 飞机遭受风切时警报："CAUTION, WINDSHEAR!"（注意，风切变！）

⑨ 飞机侧倾角或俯仰角过大时警报："BANK ANGLE!"（注意姿态！）

⑩ 飞机降落时下降至安全距离最低限："MINIMUMS!"（最低限！）

图 7-10　增强型近地警告系统(EGPWS)

6. 规避措施

　　人的因素在飞行安全的保障中起着决定性作用。除借助 EGPWS 外，机组要从以下方面着手，提高防范意识，有效规避 CFIT。一是提高飞行准备质量。对于有程序管制、地形复杂、含有应急程序、需要进行低温修正的中小机场，准备务必充分细致，执行连续下降最后进近(CDFA)程序一定要仔细阅读航行通告，首飞航线机场务必满足各项标准和要求。二是重视简令协同落实。所有修正高度要保证两人交叉检查，核对准确；存在风切变、能见度低、跑道湿滑等复杂天气和驾驶条件下的处置要有预见性，一旦更换跑道，务必重新准备，更改简令、重做检查单后再继续。三是严格按照进近程序飞行。对于有疑问的 ATC 指令一定要核实，在程序管制机场偏离航线绕飞时应严格遵守最低扇区高度(MSA)要求，判断所在扇区，按照程序上升到 MSA 以上才能偏航。四是强化稳定进近概念。要尽早建立着陆状态，严格执行检查单制度，建立着陆形态再下降；执行 CDFA 五边下降时尽可能参考垂直剖面显示器(VSD)，严格执行标准喊话，及时提醒偏差，加强情景意识，严禁出现低于最后进近定位点(FAF)限制高度的提前下降。五是提高目视操纵能力。包括正常精密、非/类精密最后建立目视阶段的人工操纵能力，也包括目视起落的操纵能力。在运行中加强机组资源管理，参考距离弧、地形显示、高距比等多个元素，在碧空(CAVOK)天气下提高警惕，防止麻痹大意。六是形成果断复飞意识。一旦触发"TERRAIN"或"PULL UP"警告，必须果断复飞，要明确复飞拉升的紧急程度远大于不稳定进近导致的复飞，严格按照标准操作程序(SOP)和快速参考手册(QRH)动作和程序，防止继续平飞或缓慢下降,尝试重新修正到正常下降剖面继续进近。[1]

每个机场都有一个决断高度。进近时飞行员操纵压力大、程序复杂。中国民用航空局规定,在决断高度时应按照"八该一反对"原则进行操纵:该复飞的复飞、该穿云的穿云、该返航的返航、该备降的备降、该绕飞的绕飞、该等待的等待、该提醒的提醒、该动手的动手;反对盲目蛮干。"八该一反对"是保证飞行安全实践的经验总结,是贯彻落实飞行规则和有关规定、正确应对飞行中各种情况的方式方法的精练概括。

7. CFIT 检查单

CFIT 是对航空器、机组和乘客安全威胁最大的因素之一。作为预防 CFIT 国际项目的一部分,飞行安全基金会(FSF)专门制定了 CFIT 风险评估安全工具,包含"CFIT 风险评估""CFIT 风险降低因素""你的 CFIT 风险"三部分。在第二部分"CFIT 风险降低因素"中,列出了与飞行标准相关的各项程序或资料,具体包括:① 检查进近或离场程序图;② 检查计划进近或起飞跑道上的重要地形;③ 充分利用 ATC 雷达监控;④ 确保飞行员了解 ATC 是否使用了雷达或是否存在雷达监控;⑤ 更改高度;⑥ 确保在进近前完成检查单;⑦ 复飞时使用的简化检查单;⑧ 作为航图检查的一部分,简述并遵守进近图上标注的 MSA;⑨ 检查起始进近定位点(IAF)的飞越高度;⑩ 检查 IAF 点的飞越高度和截获下滑道的高度;⑪ 在机载测距设备(DME)梯度下降中由监控飞行员(PNF)独立确认最低高度;⑫ 需要带有彩色地形轮廓线的进近和离场图;⑬ 进近中采用无线电高度设定和灯光/音响警告;⑭ 两名飞行员有各自的航图,并有足够的照明和固定设置;⑮ 采用 500 英尺高度呼叫和其他非精密进近(NPA)增强程序;⑯ 确保检视舱整肃,尤其是在 IMC/夜间进近或者起飞中;⑰ 机组休息、执勤时间和其他考虑,尤其是多时区运行过程中;⑱ 定期由第三方或者独立机构进行程序审定;⑲ 检查新驾驶员的航路和熟悉度;⑳ 坚持按照训练方式飞行。

8. 文献资料

① ICAO《全球航空安全计划》(Doc 10004);
②《可控飞行撞地》,达里尔 R. 史密斯著,王亮译,中国民航出版社 2003 年版;
③ 中国民用航空局《航空器运营人全天候运行规定》(AC - 91 - FS - 2020 - 016R1)。

9. 相关事件

① 1997 年 5 月 8 日,中国南方航空 3456 号航班事故;
② 1999 年 6 月 1 日,美国航空 1420 号航班事故;
③ 2013 年 7 月 6 日,韩亚航空 214 号航班事故。

---

[1]　张跃民.再谈如何避免可控飞行撞地[J].中国民用航空,2020(7):55-57.

第四节 配 载

1. 简 介

　　"配载"(Load Planning)取自美国国家航空 102 号航班事故的调查报告,指合理控制航空器的业载重量,通过客、货、邮、行的舱位装载,调整航空器的重心位置,从而使航空器重心处于安全范围之内。由于航空器在飞行中没有着力点,严格按照规定载量运输并保持重心平衡是基本安全要求。配载员(Load Planner/Load Master)的主要职责是,以特定文件格式向机组或相关单位如实报告航班装载信息,保证装载能够符合飞机的各种限制条件,达到安全和经济运输的目的。航空事故调查显示,飞机载重与平衡是不容忽视的因素。在由配载问题引发的事故中,客运类占 61%,货运类占 39%。客运部、货运部都对配载负有安全责任,是必须重点关注的两个部门。货运飞行仅占总飞行量的 7%,但发生载重与平衡问题的风险比客运高 8.5 倍,故通常对配载监控和管理有特殊要求。

2. 定 义

　　Sabre Airline Solutions 对配载的定义为"Load Planning is the detailed process of gathering data on items to be loaded on the aircraft and calculating the load plan based on the aircraft's basic operating empty weight or dry operating weight, meaning without fuel. Included in the items to be loaded are the booked passengers, estimated bags, mail and cargo for a particular flight leg, resulting in an estimated zero fuel weight."。译文:所谓配载,是指收集飞机上载物数据,并根据飞机的使用空机重量或干使用重量(未加燃料),经过计算,制定装载计划的详细过程。配载对象包括预订乘客数量,特定飞行航段的行李、邮件和货物预估量,得出飞机配载后的最后重量(最大零油重量)。

　　"航音绕梁"公众号对配载的定义为:配载是地面保障的关键环节,即对于飞机在运营过程中每一架次的载重与平衡的配算,根据飞机重心的特点及有关的技术数据,科学地安排旅客及货物的位置,以便保证在起降和飞行中任意时刻飞机重量不超过允许的最大值,且飞机重心不超出允许范围,从而保障飞行安全。

3. 相关概念

　　与配载相关的核心概念如下。① 重心(Centre of Gravity,CG)。重力是地球对物体的吸引力,航空器的各部件(机身、机翼、尾翼、发动机等)、燃油、货物、乘客等都要受到重力的作用,航空器各部分重力的合力叫做航空器的重力,重力的着力点叫做航空器的重心。② 业载(Payload)。指飞机实际装载的旅客、行李、货物和邮件等的重量之和。其中,行李、邮件、货物等重量按照实际重量计算,旅客重量则按一定的标准折合,不同地区或航司采用的折合标准有所不同。③ 运行空机重量(Operational Empty Weight,OEW)。由基本空重(或机队空重)运行项目重量组成。④ 平均空气动力弦(Mean Aerodynamic Chord,MAC)。由航空器制造厂商制定,通过到基准点的距离定义其前缘和后缘。重心位置和各种限制在该弦上的位置以百分比表示。MAC 的位置和尺寸可以在航空器说明书、型号合格证数据单、航空器飞行手册或者航空器重量与平衡手册中查到。⑤ 配载包线(Loading Envelope)。指装载计划中使用的重量和重心包线。在配载包线内对航空器进行装载,可以使航空器在飞行过程中的重量和重心保持在制造商型号合格审定的限制范围内。

飞机从推出跑道滑行到最终降落的过程中,燃油的消耗导致飞机的总重量不断变化。配载需要考虑到整个过程中飞机的重量,在计算时一般选取其中 4 个状态的重量,分别记为无油重量、滑行重量、起飞重量和着陆重量,保证飞机的即时重量不超过 4 个状态下的重量极限。飞机的重心是机身各部分所受重力合力的着力点。为保障飞行安全,飞机的重心必须保持在合理的位置范围内,即飞机的重心前极限和后极限(一般由飞机厂商提供)之间。根据这些概念,配载的核心可以总结为:① 重量不超限;② 重心不超限。

4.　工作流程

对客运航班来说,一般由配载员综合售票情况,通过控制客舱内可选座位的开放范围来安排旅客的座位。配载员参照一定的体重数值(如成人 72 千克,儿童 36 千克,婴儿 10 千克)计算保持飞机平衡的座位分布。在登机后,旅客有时发现值机时显示锁定或不可选的座位实际是空的,乘务员也会提示不允许随意调换座位。这是因为不同座位对飞机重心有不同的影响,随意调换座位会破坏配载员已经计算好的平衡条件,产生安全隐患。

航空货运流程涉及航空公司、货运代理人以及机场地面代理等多方,配载更是联结各方、保证运输安全的关键环节。在货物出运流程中,配载发挥信息处理中心的作用,如图 7-11 所示。配载员需要从航空公司吨位控制员处获取订舱清单(Cargo Booking Advance,CBA),根据订舱情况安排的集装设备配发记录、特殊货物的验收记录,以及收货称重人员对货物实施称重及复核的记录等。配载员制定配载方案后,同样需要开具相应的单证资料,分别安排送机、外站电报发送以及航空公司和地面代理的资料留存等。当前,国内配载多是由配载员手工填写装载舱单,根据实际情况和经验进行配载。在核对油量及飞机基本配置信息、装载通知单等准备工作后,配载员绘制平衡表,经检查、复核、签字等验证环节后,拍发业务函电,完成配载后放行航班。

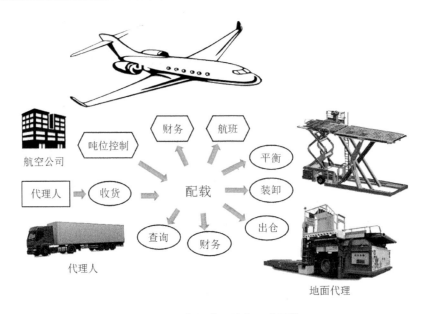

图 7 - 11　货运出运流程示意图①

5. 配载信息

　　根据中国民用航空局《航空器重量与平衡控制规定》(AC - 121 - FS - 135),运营人可通过文件或其他方式和流程汇总并持续更新所需信息,禁止航班在没有获得准确、完整的载重平衡信息的情况下制作舱单。相关信息可分为航空器信息和装载数据/信息两方面。航空器信息包括:① 航空器基本数据和信息,包括航空器的重量数据和其他信息。重量数据应包括运行空机重量(OEW)、最大起飞重量(MTOW)、最大着陆重量(MLW)、最大无油重量(MZFW)等,每个航空器的重量数据可能因航班运行情况的不同而变化。其他信息包括航班服务准备、飞机最低设备清单/构型偏离清单(MEL/CDL)、计划机组、舱内计划装载情况、航材(EIC)装运等。② 航空器限制数据和信息,如货舱限制、客舱内限制,以及任何其他影响航空器载重的限制数据。③ 航空器特殊装载要求,如地板承重、装载顺序要求等。④ 航空器压舱物要求等。

　　装载数据/信息包括:① 旅客和客舱行李。由客运部门提供本次航班旅客人数和客舱行李重量,如航班载有儿童或特殊旅客,应提供相关要求和信息。② 交运行李。由客运部门提供本次航班旅客交运的行李重量及其他行李重量。③ 货物和邮件。由货运部门提供本次航班配运的货物和邮件的重量、体积,及货物和邮件的装载要求等相关信息(如特种货物相关信息、危险物品装载信息)等。④ 经停站信息。对包含经停站的航班,出发站应在航班落地前提供经停站相关的过站信息,含经停站预

---

　　①　此图出自 https://zhuanlan.zhihu.com/p/388264996。

卸下和装载的货物、邮件情况及旅客变动情况等。⑤ 燃油。本次航班加载的燃油信息,如航程耗油、备降燃油等的重量,以及特殊的燃油加注和分配等信息。

6. 装载计划

装载计划是用于计算和记录航空器重量与平衡情况的方法,具体体现在通过制作装载通知单和载重平衡舱单进行航班预配、监控和结算,以确保航空器在整个装载和飞行期间保持在所有规定的重量与平衡限制范围之内。装载计划记录的航空器装载限制应符合航空器制造商(或改装商)的航空器飞行手册(AFM)、型号合格证数据单(TCDS)、重量与平衡手册(WBM)中经过审定的重量与平衡限制。装载计划与运营人经过批准的重量与平衡控制大纲配合使用,由运营人根据具体的装载计算程序制定,其中包含了运行限制。装载计划一般设计用于检查起飞前已知的典型情况,如起飞和无油状态,而且考虑了飞行中重量与平衡的各种变化。因此,这些经过批准的运行限制通常更加严格,不会超过制造商(或改装商)提供的合格审定限制。

7. 单位集装设备

单位集装设备(Unit Loading Device,ULD)是航空货物(含行李、邮包)运输中用来集装空运货物的标准化集装设备,主要分为航空集装箱、集装板和集装网组合两大类。使用这些设备不仅有助于提高效率,而且也便于航空公司之间的互联模式运输。航空运输使用的 ULD 与海运集装箱(Container)差别很大。海运集装箱通常是长方体,尺寸和体积很大。ULD 要根据客机腹舱设计,受其尺寸和形状制约,对货物本身尺寸、形状、重量的要求比海运更严格。ULD 分为很多种类和规格型号,如 AAX、AKE、AKH、AKN、AMA、AMF、ALF、PAG、PEB、PMC 等。不同规格型号适用于不同机型,全货机所有 ULD 种类都可以使用。利用 ULD,运营人可通过远程方式,为配载部门所在地之外的本公司或本公司代理的其他运营人航班进行载量和重心控制,实现集中配载(Centralized Load Control),即全球航班配载的集中控制和管理。

8. 文献资料

① FAA《航空器重量与平衡控制》(AC‐120‐27E,AC‐120‐27F);
② IATA《地面操作手册》(IGOM,第 8 版);
③ 中国民用航空局《航空器重量与平衡控制规定》(AC‐121‐FS‐135);
④ 中国民用航空局《航空器空重和重心控制》(AC‐121‐68)。

9. 相关事件

① 1997 年 8 月 7 日,芬兰航空 101 号航班事故;
② 2004 年 10 月 14 日,英国 MK 航空 1602 号航班事故;
③ 2007 年 4 月 21 日,中国货运航空 CK247 号航班事故。

第五节　维修、修理与大修

1. 简　介

　　"维修、修理与大修"(Maintenance,Repair,Overhaul,MRO)取自日本航空 123 号航班事故的调查报告。在现场残骸中,调查人员发现了一块维修过的压力隔板,新旧隔板接合处只有一排铆钉,而正确的维修方式是用两排平行铆钉。此维修不当导致飞机在空中飞行时垂直尾翼脱落、液压油泄露,最终失控坠毁。这起事故在业内又被称为"一排铆钉引发的空难",揭示出 MRO 的作用以及潜在的人为差错影响。作为安全基石,MRO 发挥着重要的保障作用。根据国际航空运输协会(IATA)的数据,MRO 在运营总成本中占比达到 12%～15%。2021 年,全球航空发动机 MRO 市场需求约为 300 亿美元,到 2030 年预计增至 470 亿美元。近年来,国内民用飞机 MRO 市场以 10.9% 的年复合增长率稳步扩张,到 2023 年预计达到 1 016 亿元人民币水平。

2. 定　义

　　Chetu 对维修、修理与大修的定义为"Maintenance, Repair, Overhaul (MRO) in aviation is the repair, service, or inspection of an aircraft or aircraft component. It is essentially all of the maintenance activities that take place to ensure safety and airworthiness of all aircrafts by international standards."。译文:航空中的维修、修理与大修(MRO)是对飞机或飞机部件的维修、服务或检查。它涵盖所有维护活动,确保所有飞机的安全性和适航性符合国际标准。

　　EFNMS 对维修、修理与大修的定义为"All actions that have the objective of retaining or restoring an item in or to a state in which it can perform its required function. The actions include the combination of all technical and corresponding administrative, managerial, and supervision actions."。译文:所有旨在使某一部件保持或恢复到可执行预期功能状态的行动,包括所有技术和相应行政、管理和监督行动的组合。

　　专业网站航空之家(AERO Corner)对维修、修理与大修进行了区分:维修是为了让飞机保持最佳状态,如同汽车定期更换机油一样;飞机本身没有问题,通过维护可以保持其性能和工作状态。修理通常在损坏(比如一个设备的损坏,或没有响应的控制指令)发生后进行,也可以用来描述主要结构的修复(比如凹痕或破碎的机窗)。大修是把飞机一点点拆开,进行检查、修复后重新组装起来;在大修过程中,机械师能看到并掌握飞机内部情况、查找各种磨损或损伤、更换失效部件或组件,是保障飞适航性的重要工作。

3. 强制要求

根据《民用航空器维修方案》(AC - 121/135 - 53R1)，MRO 主要受到以下要求限制：① 航空器计划维修要求（Scheduled Maintenance Requirements，SMR）。SMR 是航空器制造厂家对新型号或衍生型号航空器提出建议并由航空器评审部门或维修审查委员会批准或认可的计划维修任务。② 审定维修要求（Certification Maintenance Requirements，CMR）。CMR 是在航空器系统适航审定期间建立的计划维修任务，并且为型号合格审定的运行限制要求。③ 适航性限制（Airworthiness Limitations，AWL）。AWL 是持续适航文件（Instruction for Continued Airworthiness）中规定的强制性维修任务，包括所有强制的更换时限或检查门槛值、重复检查间隔和检查程序。其要求应得到型号审定部门的批准，其更改应由型号审定部门做出。④ 维修计划文件（Maintenance Planning Document，MPD）。MPD 是由航空器制造厂家提供的该型航空器所必需的维护信息和方案，航空器运营人可根据该方案制定适合自己机队情况的维护计划。

4. 分类与运营

总的来说，MRO 产品可分为工程服务、航线维修、机体维修、发动机维修、配件服务和航材服务六大类，其中工程服务和航材服务渗透在其他四者中。工程能力分为硬实力和软实力。前者是先进的设备和技术转让；后者通过工程师表现出来，是 MRO 业务的灵魂和成本控制的源泉。无论是系统工程师、计划工程师、排故工程师还是工艺工程师，都需要在实践中培养，这是一项系统工程。根据不同维修对象，MRO 也可分为航线维修、机体维修、发动机维修、机载设备维修等。航线维修是指在飞机执行任务前、过站短停时对飞机总体情况进行的例行检查和维护。机体维修是指对机身、机翼、尾翼、起落架等机体部件的维修。发动机维修是指对飞机发动机的维修，也称动力装置维修。机载设备维修是指对机载电子和机械设备等附件的维修。

根据与航空器运营单位的关系，MRO 企业可分为原始设备生产商（Original Equipment Manufacturer，OEM）、航空公司投资的 MRO 和第三方 MRO。OEM 生产模式是按原（品牌）公司委托合同进行开发和制造、使用原公司商标、由原公司销售或经营的合作经营生产方式，又称"代工"或"贴牌生产"。OEM 主要经营发动机、机载设备及零部件生产和销售，也会开展自身产品的售后维修服务，但重点在于自身技术、产品的研发与更新。一方面，MRO 需要 OEM 提供技术及配件支持；另一方面，OEM 需要借助 MRO 的维修网络与本土化措施扩大业务范围。航空公司投资的 MRO 主要为资方进行飞机维修，业务集中在航线维护、机体维修、发动机维修和部分机载设备维修。第三方 MRO 是指独立于航空公司和 OEM 的企业。为增强行业竞争力并降低成本，航空公司一方面抓住 MRO 核心业务，另一方面采用部分外包、大部分外包或完全外包的形式,把 MRO 基本业务外包给第三方 MRO,促使其业务量不断增长、市场作用日益显著。

5. 维修手册

飞机制造商和部件厂家的各种技术手册,是 MRO 必须遵照执行的基础适航性资料。从用途/功能角度,手册可分为六大类:飞行类手册、维修类手册、结构修理类手册、大修类手册、工程类手册、其他类手册。参照 ATA1001 规范[①]编制的维修类手册主要有:① 飞机维修手册(Aircraft Maintenance Manual,AMM)。AMM 提供了维修必要的说明和程序,以满足飞机持续适航;提供了 MPD 对应的所有工作卡(Card),内容覆盖拆卸/安装、解除/恢复、调节/测试、清洁/喷涂、检查/检验、勤务、批准修理等程序。② 零件目录图解手册(Illustrated Part Catalog,IPC)。IPC 记载飞机上各种零部件、分解结构和设备部件及其剖面,并标注件号、生产厂商、技术规范、使用数量、适用位置等信息。③ 系统图解手册(Aircraft Schematics Manual,ASM)。ASM 由输入电路(各类传感器、电门及各类输入信号等)、控制电路(电子电路和继电器等)、执行电路(指示灯、电磁阀、马达、作动筒等)组成,通过展示系统结构和组成表明其工作原理。④ 结构修理手册(Structural Repair Manual,SRM)。SRM 提供允许损伤范围内易损结构部件的识别、典型修理等相关信息,还有替代材料和紧固件信息,以及与结构修理关联的程序简述。⑤ 部件修理手册(Component Maintenance Manual,CMM)。CMM 提供与部件修理相关的程序和说明。零部件在离位翻修时需按手册相关程序进行修理。手册由零部件供应商提供,按规定进行控制和管理。

6. 培训和评估

工程能力是 MRO 业务的关键。为了培养飞机维修的能工巧匠,ICAO 于 2021 年发布了《基于胜任能力的航空器维修人员培训和评估手册》(Doc 10098),这是首部专门为航空器维修人员的培训编制的手册。手册共有 6 章,详细介绍了基于胜任能力的评估和培训做法,包括评估和培训的设计及实施指导原则、进修培训以及执照与特权等内容,为培训机构、维修机构和各成员国民航局提供了指导。

Doc 10098 把胜任能力定义为按照规定标准执行任务所必需的技能、知识和态度的组合。基于胜任能力的培训和评估突出表现为培训和评估以绩效为导向、强调绩效标准及其衡量,以及按照规定的绩效标准开展培训。胜任能力单元包含若干具有独立职能的胜任能力要素。胜任能力要素指构成一项具有明确界定限度和可见结果,包含触发事件和终止事件的任务的行动。以安装部件/组件为例,根据 ICAO《空

---

① 为统一民用航空产品厂商的各种技术资料编号,美国航空运输协会(ATA)与航空公司、航空器制造厂联手,针对各种技术资料编号研制出一种规范,代号为 ATA-100。

中航行服务程序——培训》(Doc 9868),安装部件/组件可视为能力单元,能力要素则包含以下方面:① 查明并管理潜在的威胁和差错,为安装做准备;② 采取安全预防措施/维修作业规程;③ 执行安装前的活动;④ 将部件/组件移进安装部位;⑤ 将构件插入、连接、拧紧/扭转/扣紧固定连接到支撑结构上;⑥ 将所有接头连到系统上;⑦ 进行调谐;⑧ 在安装部位采取安全预防措施;⑨ 在驾驶舱采取安全预防措施/投入工作;⑩ 完成安装。每个能力要素还包含绩效标准。以完成安装为例,具体绩效标准为:进行泄漏测试;进行运行测试;进行功能测试;将航空器恢复到正常状态;创建维修记录并签名。

7. 执照申请

交通运输部《民用航空器维修人员执照管理规则》(CCAR－66R3)规定,航空器维修人员执照按照航空器类别分为飞机和旋翼机两类,并标明适用安装的发动机类别。执照申请人需按要求提供:① 学历证书;② 能证明无色盲、色弱的体检报告;③ 航空器维修基础知识培训证明;④ 航空器维修相关经历证明或者实作培训证明;⑤ 航空器维修人员执照考试合格证明;⑥ 航空维修技术英语等级测试证明。其中前 2 项由个人负责提供,后 4 项需要通过内部核查或其他方式获得。

参照中国民用航空局咨询通告《航空器维修基础知识和实作培训规范》(AC－66－FS－002 R1),申请各类航空器维修人员执照的人员均应具备航空基础知识(模块 1)和航空维修基础知识(模块 2);申请飞机维修人员执照的人员均应具备飞机结构和系统相关知识(模块 3);申请旋翼机维修人员执照的人员均应具备直升机结构和系统相关知识(模块 4);申请涡轮发动机驱动航空器维修人员执照的人员均应具备航空涡轮发动机相关知识(模块 5);申请活塞发动机驱动航空器维修人员执照的人员均应具备活塞发动机及其维修相关知识(模块 6)。各模块还有细分,具体可查阅原件。

8. 文献资料

① ICAO《空中航行服务程序——培训》(Doc 9868);
② ICAO《基于胜任能力的航空器维修人员培训和评估手册》(Doc 10098);
③ 交通运输部《民用航空器维修人员执照管理规则》(CCAR－66R3);
④ 中国民用航空局《民用航空器维修方案》(AC－121/135－53R1);
⑤ 中国民用航空局《航空器维修基础知识和实作培训规范》(AC－66－FS－002 R1)。

9. 相关事件

① 1979 年 5 月 25 日,美国航空 191 号航班事故;
② 1990 年 6 月 10 日,英国航空 5390 号航班事故;
③ 1996 年 10 月 2 日,秘鲁航空 603 号航班事故。

第六节　空中交通预警和防撞系统

1. 简　介

"空中交通预警和防撞系统"(Traffic Alert and Collision Avoidance System，TCAS)取自巴什克利安航空 2937 号航班与敦豪航空 611 号航班相撞事故的调查报告。美国航空体系称其为"空中交通预警和防撞系统"，欧洲航空体系称其为"机载防撞系统"(Airborne Collision Avoidance System，ACAS)，两者的含义和功能一致。系统可显示飞机周围的情况，并在必要时提供语音告警，同时帮助飞行员以适当机动躲避危险，避免灾难性事故的发生。有飞行员称其为"鱼群探测器"，因为二者在性能上有相似之处。

2. 定　义

在术语知识公共服务平台——术语在线上，还检索不到"TCAS"，但可以检索到"机载防撞设备"(Airborne Collision Avoidance Equipment)——一种能在空中探测碰撞危险，并向飞行员提供回避措施的设备。

维基对 TCAS 的定义为"An aircraft collision avoidance system designed to reduce the incidence of Mid-Air Collision (MAC) between aircrafts. It monitors the airspace around an aircraft for other aircraft equipped with a corresponding active transponder，independent of air traffic control，and warns pilots of the presence of other transponder-equipped aircraft which may present a threat of MAC."。译文：一种旨在降低飞机间空中碰撞(MAC)发生率的飞机防撞系统。它监测一架飞机周围的空域中其他装有应答机的飞机，独立于地面空中交通管制，并在发现其他装有应答机的飞机可能造成 MAC 威胁时对飞行员发出警告。

3. 研发历程

TCAS 研究的历史可追溯到 20 世纪 50 年代。1955 年，本迪克斯航空电子公司(目前已并入霍尼韦尔公司)的莫雷尔博士发表"碰撞物理"一文，提出了飞机间接近速率的计算机算法，这是研究所有防撞系统的基础。一系列空中相撞事件对研发起到了重要的推动作用。1956 年 6 月 30 日，在科罗拉多大峡谷上空 6 500 米处，两架民航班机相撞，造成 128 人死亡。1978 年，一架轻型飞机在圣地亚哥上空与一架民航班机相撞。1986 年 8 月 31 日，在加利福尼亚州靠近洛杉矶国际机场的塞里图斯空域内，一架墨西哥航空的 DC-9 飞机与一架私人飞机在空中相撞，这起事件最终促成美国国会立法要求启用 TCAS。不久后，本迪克斯航空电子公司获得 FAA 对

TCAS 的首次鉴定。经过数十年改进,TCAS 以其探测范围大、探测精度高、反应速度快、显示清晰、易辨读等卓越性能,受到越来越多人的欢迎。在空中交通管制部门因未能正常提供飞行间隔服务或管制服务时,TCAS 能有效降低航空器相撞的可能性。因此,它被视为空中交通管制工作的有益补充和监督,成为保障飞机空中飞行安全的得力助手。

4．系统构成

系统由一套机载计算机设备构成,具体包括计算机、询问器、S 模式应答机、TCAS 控制面板、上/下方向天线、驾驶舱显示组件等。计算机是核心部件,主要用于监视并获取邻近空域中飞机的相关数据,并进行威胁评估计算,通过不同的威胁等级来产生交通警告等。两部 S 模式应答机与天线为系统协调工作,以"收听—询问—应答"的方式获取空域中其他飞机的信息,如代码和航向等。天线内部设有四个辐射单元,分别指向飞机前、后、左、右四个方向。天线工作于 L 波段,接收和发射频率分别为 1 090 MHz 和 1 030 MHz。ATC 应答机和 TCAS 控制面板给机组选择某部应答机是否开启及所使用的工作方式。音响系统通过数据分析给机组提供语音提示。电子飞行仪表系统(EFIS)用于显示系统产生的目视信息,以方便飞行员获取各种数据。

5．工作原理

系统每隔 1 秒便会自动发出 S 模式的询问信号,该信号包含本机的 24 位地址码等信息。同时,系统还会监听邻近空域内其他飞机的信号。当另一架飞机的 TCAS 系统收到该信号后,会将该机的 24 位地址码加入到询问列表中,稍后进行逐个询问。通过测量询问信号与接收应答信号之间的时间延时,可算出邻近飞机与本机的距离。两部天线均可用于发射和接收信号,以得到相遇飞机的方位信息。同时,本机机载设备也会不断地向系统提供各种实时飞行参数,经计算得出相对高度、速度和方位,从而判断飞行轨迹是否有冲突。根据邻近飞机对本机的威胁状况,即接近率,威胁等级可分为:其他飞机、接近飞机、交通警报(Traffic Advisory,TA)、决断警报(Resolution Advisory,RA)。四种威胁等级显示为不同颜色。需要特别注意的是 TA 和 RA。系统判断出有飞机对本机构成潜在威胁时,会提前一段时间发出 TA(黄色)。在该机被连续监视 15 秒后,如果冲突继续存在,系统则发出 RA(红色),提示机组爬升或者下降以化解冲突,在此期间还伴有语音警告提示。

系统监视范围一般为前方 30 海里,上、下方为 3 000 米,侧面和后方监视距离较小。根据功能的不同,主要分为 TCAS Ⅰ 和 TCAS Ⅱ。TCAS Ⅰ 能够显示选定量程内所有飞机的方位和高度,表明本机与此范围内其他飞机的相对位置,如有危险则进行提示。这就是 TCAS 系统中的"交通警报"(TA)。机组发现提示后,必须自己目视确定具有潜在威胁的飞机。TCAS Ⅰ 主要负责提供警报信息,如何规避则取决于机组。TCAS Ⅱ则能够向机组提供操作建议。它能自动判别飞机的即时飞行状态，侵入飞机是在爬升、下降还是平飞等，并据此向机组提供"决断警报"（RA）。如果两架飞机都装备了 TCAS Ⅱ，计算机之间会进行协调，确保发出的 RA 不会导致两机相撞。

6. 语音警告

根据 FAA 颁布的 TCAS Ⅱ - 7.1，系统发出的 TA 和 RA 类型和语音内容如表 7 - 1 所列。

表 7 - 1　语音警告种类和具体内容

TCAS Advisory	Annunciation	译　文
TA	Traffic, Traffic	/
Climb RA	Climb, Climb	爬升，爬升
Descend RA	Descend, Descend	下降，下降
Altitude Crossing Climb RA	Climb, Crossing Climb(×2)	爬升，穿越爬升（连续两遍）
Altitude Crossing Descend RA	Descend, Crossing Descend(×2)	下降，穿越下降（连续两遍）
Reduce Climb RA	Level Off, Level Off	平飞，平飞
Reduce Descend RA	Level Off, Level Off	平飞，平飞
RA Reversal to Climb RA	Climb, Climb NOW(×2)	爬升，现在爬升（连续两遍）
RA Reversal to Descend RA	Descend, Descend NOW(×2)	下降，现在下降（连续两遍）
Increase Climb RA	Increase Climb, Increase Climb	增大爬升，增大爬升
Increase Descend RA	Increase Descend, Increase Descend	增大下降，增大下降
Maintain Rate RA	Maintain Vertical Speed, Maintain	保持垂直速度，保持
Altitude Crossing, Maintain Rate RA	Maintain Vertical Speed, Crossing Maintain	保持垂直速度，穿越
Weakening of RA	Level Off, Level Off	平飞，平飞
Preventive RA (no change in vertical speed required)	Monitor Vertical Speed	监视垂直速度
RA removed	Clear of Conflict	冲突解除

7. 安装要求

TCAS 的应用大幅提高了飞行安全性。目前，TCAS 或 ACAS 已成为新生产的大、中型客机的标准装备。根据《公约》附件 6《航空器的运行》的规定，从 2003 年 1 月 1 日起，所有最大审定起飞重量超过 15 000 千克或批准载客数超过 30 人的涡轮发动机飞机，都应当装备机载防撞系统。世界各地在此之前或之后都出台了相关规定或要求，具体如下：① 美国：FAA 在 1993 年规定，凡进入美国国境飞行的 30 座以上，或最大起飞重量超过 15 000 千克的客机,都必须具有 TCAS Ⅱ 的能力。② 欧洲:欧洲航空安全局(EASA)于 2000 年做出与 FAA 1993 年规定同样的要求,2005 年将其更新为要求 19 座以上或最大起飞重量超过 5 700 千克的涡轮发动机客机都必须具有 TCAS Ⅱ 7.0 版本的能力。③ 澳大利亚:30 座以上或最大起飞重量超过 15 000 千克的涡轮发动机客机须具有 TCAS Ⅱ 的能力。④ 巴西:19 座以上或最大起飞重量超过 5 700 千克的飞机须具有 TCAS Ⅱ 的能力。中国绝大部分的民航客机已预先安装最新版本的防撞系统。2002 年 7 月 12 日起,空管部门对未安装 TCAS Ⅱ 的民用飞机实施严格的飞行限制,令其不得在国内大部分民用机场、航路上起降、运行,并参照 ICAO 要求,在最大起飞重量 15 000 千克、载客 30 人以上飞机上强制安装 TCAS Ⅱ 。

8. 特殊规定

ICAO 规定,根据仪表飞行规则(IFR),飞机之间应保持不低于 1 000 英尺高度的垂直间隔。这适用于在 29 000 英尺及以下高度飞行的飞机。高于这一高度的飞机通常需要 2 000 英尺或更大的垂直间隔。根据缩小的垂直间隔最小值(RVSM),某些高容量走廊不受此限制。在这些情况下,最小垂直间距可保持在 1 000 英尺。空中交通管制员通常负责确保飞机保持适当的垂直间隔。此外,TCAS/ACAS 系统也会发挥作用,以防止发生空中碰撞。TCAS/ACAS 虽然在技术上不断升级,但也面临着一个老问题:地面航管单位无法及时知道空中 TCAS/ACAS 到底给机组发出了什么指令,很容易造成人机指令之间的矛盾。这也是导致乌伯林根空难的主要原因之一。为避免此类现象发生,ICAO 做出规定:在防撞系统已经发出飞行操作建议的情况下,机组人员务必执行计算机指令,而不是听从地面人员的指挥。

9. 文献资料

① ICAO《公约》附件 6《航空器的运行》;
② ICAO《空中防撞系统手册》(Doc 9863);
③ FAA Introduction to TCAS Ⅱ;
④ 中国民用航空局《空中交通预警和防撞系统(TCAS Ⅱ)机载设备》(CTSO - C119e)。

10. 相关事件

① 2006 年 9 月 29 日,巴西戈尔航空 1907 号航班与莱格塞 600 型商务机相撞事故;
② 2013 年 4 月 12 日,爱尔兰瑞安航空 3595 号航班与葡萄牙航空 706 号航班航线冲突事件;
③ 2023 年 7 月 23 日,美国忠实航空 G4 - 485 号航班事故。

第七节　飞行记录器

1. 简　介

"飞行记录器"(Flight Recorders,FR)取自法国航空 447 号航班事故的调查报告。飞行记录器俗称"黑匣子",这一说法源于二战时期盟军战斗机无线电、雷达和电子导航设备的发展。这些秘密的电子设备通常封装在不反光的黑色匣子中,给人以神秘感。在民航领域,FR 的正式名称是"飞行数据记录器"(Flight Data Recorder,FDR)和"驾驶舱话音记录器"(Cockpit Voice Recorder,CVR)。这套设备可以记录并保存断电前至少 25 小时的数据,以及 2 小时内的音频信息,为事故调查和故障维修提供数据支持。按照国际惯例,FR 通常放置在橘红色匣子内,原因是橘红色在残骸或碎片中更为醒目,使 FR 更容易被发现并找回。在法航 447 号航班事故中,FR 在事发 702 天后才被打捞出水,远远超出了"在(海)水中浸泡 30 天"的极限,为调查带来了转折和突破。

2. 定　义

《公约》附件 6《航空器的运行》对飞行记录器的定义为"Flight Recorder(FR) refers to any type of recorder installed in the aircraft for the purpose of complementing accident/incident investigation. Automatic Deployable Flight Recorder (ADFR) is a combination flight recorder installed on the aircraft which is capable of automatically deploying from the aircraft."。译文:飞行记录器指安装在航空器内以辅助事故/事故征候调查的任何型别的记录器。自动脱离式飞行记录器(ADFR)是安装在航空器上的、能够从航空器上自动脱离的组合式飞行记录器。

中国民用航空局《飞行记录器定期检验规范》(MH/T2007 – 2015)对飞行记录器的定义为:安装在民用航空器内部、用于记录航空器飞行数据、驾驶舱音频等信息以协助事故或事故征候调查,并具有相应保护装置的设备。

3. 发展历程

1953 年,英国德·哈维兰公司研制的喷气式客机"彗星"发生坠机事故,但因没有目击者和幸存者而无法确定事故原因。这一事件不仅导致整个"彗星"机队停飞,也使公众对其安全性产生了怀疑。澳大利亚航空实验研究室致力于查明事故原因。在测算油箱爆炸的影响时,戴维·沃伦(David Warren)萌生了制造 FR 的想法,并在 1956 年研制成型,如图 7 – 12 所示。他把录音装置设定在一个独立频道,通过打点和发声进行记录。第一代 FR 只能记录 5 个参数,包括航向、空速、高度、垂直加速度和时间。

图 7-12 第一代 FR

随着科技的发展,FR 不断更新换代。到 1965 年,设备的抗冲击能力已大幅提高。随着电磁技术的发展,出现了磁信号和磁带式记录器。这种记录器较大,可记录上百种数据,但其结构复杂,不便维护。第二代 FR 可录制 30 分钟机组通话和驾驶舱话音,成为商用飞机标准配置。20 世纪 90 年代出现的第三代 FR 配备了集成电路存储器,像电脑中的内存条那样,可记录 2 小时驾驶舱话音和 25 小时飞行数据,大幅提高了事故分析的精确度。第四代 FR 可记录视频信息,有多达几千个参数,能够通过卫星等数据链定期传输关键数据。但由于通讯带宽、信号盲点以及气象环境等因素的影响,数据实时传输尚无法完全取代传统 FR 的作用。最新的脱离式 FR 能够在飞机坠毁时自动与机体分离,并具备水上漂浮和无线电、卫星定位功能。

4. 组 件

根据 ICAO 标准,FR 通常由下述一套或多套系统组成,包括:① 飞行数据记录器(FDR);② 驾驶舱话音记录器(CVR);③ 机载图像记录器(AIR);④ 数据链记录器(DLR)。其中,图像和数据链信息可记录在驾驶舱话音记录器或飞行数据记录器中。随着数字记录器的出现,FDR 和 CVR 可集成在一个容器中,作为组合的数字驾驶舱话音和数据记录器(CVDR)。

FDR 通过特定数据帧接收输入、记录飞行参数,每个参数每秒记录几次。如数据快速变化,一些单元会以更高的频率存储"突发"数据。存储的数据主要分为数字数据(Digital Data)、模拟数据(Analogue Data)、离散数据(Discrete Data)三类,总数量超过 1 000 个。以飞行航迹和速度参数为例,记录的主要数据包括:① 气压高度;② 指示空速或校准空速;③ 航向(主用飞行机组参考);④ 俯仰姿态;⑤ 横滚姿态;⑥ 发动机推力/功率;⑦ 起落架位置;⑧ 全温或外界大气温度;⑨ 时间;⑩ 导航数据(偏流角、风速、风向、纬度/经度);⑪ 无线电高度。其中,前 6 项是必须记录的强制性参数,后 5 项对飞行员显示,可记录时也必须记录。

CVR 既记录声音,也记录数据,共有 4 个通道。第一道用于记录主驾驶位置所使用的麦克风、耳机或话筒的信息。第二道用于记录副驾驶位置所使用的麦克风、耳机或话筒的信息。第三道用于记录驾驶舱区域麦克风的信息。第四道用于记录第三名或第四名机组人员位置所用的麦克风、耳机或话筒的信息;或如未用于此目的,则用于记录与飞机广播系统相关的麦克风信息。记录信息主要为:① 飞机通过无线电发送或接收的语音和/或数字通信;② 驾驶舱内飞行机组成员的语音通信;③ 驾驶舱内飞行机组使用内话系统进行的语音通信;④ 传入耳机或话筒的有关导航或进近助航设备的语音或音频信号;⑤ 飞行机组成员使用旅客广播系统的语音通信(如果有此类系统且第四通道没有被占用)。

5. 安装和保护

FR 通常安装在航空器尾部(在加压区或非加压区)。在坠毁情况下,安装在此处的记录器遭受损害的可能性和程度最低。如果是组合记录器,ICAO 建议把两个记录器分别放在机尾和机头。当事故发生时,机头环境更为不利,但它离驾驶舱麦克风距离更近,更有可能捕捉到最后时刻的声音信息,这些信息对调查至关重要。

FR 主要由存储芯片、隔热层和隔离层、钢制外壳、外部构造等部分构成。其中存储芯片用来存储音频、飞行数据等信息,是记录器的核心部分;芯片外面包裹隔热层和隔离层材料,用来防火、防水,使存储芯片能够抵御持续半小时、1 100 ℃的高温燃烧,在 6 000 米深水下不被浸湿;外壳由钛钢制成,用来抵御冲击;外部构造包括电路接口、供电装置和水下定位信标(Underwater Locator Beacon,ULB)等,其中供电装置和 ULB 可持续 30 天发射出无线电信号。

在事故发生后,找回 FR 是一项艰巨的任务。如果遭遇火情和撞击,记录器外表可能受到破坏,无法辨认。虽然记录器按照严苛的标准制成,但并非坚不可摧。有时,事故情况会超出设计限制,导致记录器受损或无法找回。比如,严重火情可能烧毁记录器,保护芯片的封闭装置可能遭受撞击,导致芯片弹出。在搜救过程中,不仅要找回记录器,更为重要的是要找到并保护好存储芯片。

6. 译 码

对于 FDR 和 CVR 的记录,以及调查使用的其他记录,都有两种明确界定的程序。第一种是从尚未处理的介质提取数据。第二种是将其转换成有意义的信息,如飞行数据的工程单位,以及可用音频。各国牵头进行事故调查的部门就是负责"黑匣子"数据提取和破译的机构。这些机构虽然具有调查权,但不一定具备相关技术。在这种情况下,可根据 ICAO 的规定,经协商后把译码和调查工作委托给其他国家的专业机构进行。

以 CVR 的数据处理为例,语音记录的转写通常由多个学科的专家(包括声音分析专家、运行专家和系统专家)负责,目的是制做出相关谈话的精确文本。工作组仅转写、调查相关信息,对个人信息和私人谈话可忽略或使用编辑注解。有时可能需要转写私人谈话,但必须小心谨慎,平衡好保留具体措辞的必要性、机组隐私权和调查程序的需要之间的关系。比如,可用符号(♯)代替咒语或脏话,使用括号等符号标注从某一特定语言翻译过来的具体用词。

7. 检　验

为保证 FR 持续可用,检验所记录数据的准确性及质量,需要在规定的检验周期内对记录的数据进行下载和译码,对强制记录参数、各声道的记录数据进行检查和校对。定期检验需参照官方批准的机型相关维护手册(维修大纲)中要求的时间间隔进行,或至少每 24 个月进行一次。参照中国民用航空局《飞行记录器定期检验规范》(MH/T2007 - 2015),除统一的外观检查外,FDR 的定期检验工作还包括:① 与数据下载设备连接、通电及飞行数据的下载;② 利用专业软件对下载的飞行数据进行译码转换;③ 相关参数检查校验以及译码报告填写等。CVR 定期检验工作还包括:① 与舱音数据下载设备连接、通电及舱音数据的下载;② 对下载的舱音数据通过地面译码设备进行转译校验;③ 检查各声道声音记录质量(声音记录应当清晰可辨)以及译码报告填写等。

8. 全球航班遇险与安全系统

马航 MH370 事件促使业界更加关注对航空器的追踪与监控。2014 年 5 月,ICAO 举行了全球航班追踪多学科特别会议,把全球航班追踪作为优先事项。在此基础上,ICAO 提出了"全球航班遇险与安全系统"(Global Aeronautical Distress and Safety System,GADSS)概念,并于 2015 年 6 月通过。2015 年 11 月,ICAO 理事会通过了《公约》附件 6 第 I 部分第 39 次修订,制定了例行航空器追踪规范,并强制要求航空承运人在 2018 年 11 月 8 日前实现对其海洋区域运行至少每 15 分钟通过自动报告对航空器位置的 4D/15 追踪。[①]

GADSS 包括实现系统要求所需的主要特性、当前运行环境需改善的方面、高层次概念要求及实施路线图,包括正常/不正常/遇险航班追踪和飞行数据远程获取(如图 7 - 13 所示),并提供了系统规范,包括对各利害相关方及在所有飞行阶段(包括正常、不正常和航班遇险飞行状态)共享航班飞行追踪信息进行了说明。根据 GADSS 和附件 6 相关修订,确定遇险航空器位置、飞行数据与驾驶舱话音获取和延长驾驶舱话音记录时间至 25 小时的相关要求,于 2021 年 1 月起实施。

---

① 从经度、纬度、高度、时刻 4 个维度确定的航空器位置信息,简称"4D 位置"。"4D/15"指每 15 分钟进行一次追踪。

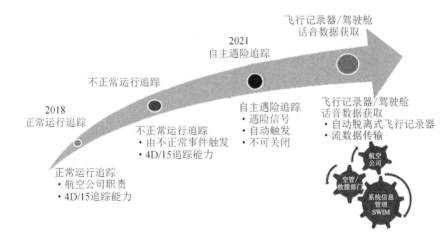

图 7 - 13　GADSS 路线图①

9. 文献资料

① ICAO《公约》附件 6《航空器的运行》；

② ICAO《航空器事故和事故征候调查手册》(Doc 9756)；

③ 中国民用航空局《中国民航航空器追踪监控体系建设实施路线图》；

④ 中国民用航空局《航空承运人航空器追踪监控实施指南》(AC - 121 - FS - 2016 - 127)。

10. 相关事件

① 1987 年 11 月 28 日，南非航空 295 号航班事故；

② 1991 年 5 月 26 日，劳达航空 004 号航班事故；

③ 2000 年 1 月 31 日，阿拉斯加航空 261 号航班事故。

第八节　发动机失效

1. 简　介

"发动机失效"(Engine Failure, EF)取自澳大利亚航空 32 号航班事故的调查报告。航空发动机是飞机的心脏，被誉为现代工业"皇冠上的明珠"和"工业之花"。它不仅为飞机提供动力，也是航空技术发展的动力之源。发动机的寿命以小时或循环

_____

① 　此图出自《中国民航航空器追踪监控体系建设实施路线图》。

数(飞机每起降一次,计发动机工作一个循环)计算。在服役过程中,各部件在启动、关停,以及各种操作中承受着复杂的循环载荷。随着制造工艺和维护水平的提高,发动机的可靠性越来越强,但在空中失效的情况还是偶有发生。发动机失效意味着飞机失去了动力,处理不当极易造成事故或灾难性后果,是最危险、最难应对的突发问题之一,是对机组巨大的考验。

2. 定　义

维基对发动机失效的定义为"A turbine engine failure occurs when a turbine engine unexpectedly stops producing power due to a malfunction other than fuel exhaustion. It often applies for aircraft, but other turbine engines can fail, like ground-based turbines used in power plants or combined diesel and gas vessels and vehicles."。译文:涡轮发动机由于燃料耗尽以外的故障而意外停止产生动力。这通常适用于飞机,但其他涡轮发动机也会失效,如发电厂使用的陆基涡轮机,或船舶和车辆中使用的柴油和燃气组合涡轮机。

根据中国民用航空局《民用航空发动机失效、故障和缺陷信息处理程序》(AP-21-16),发动机失效指发动机各项预期功能停止并关断(或由飞行机组有意关断)且不能再次启动,也包括无法安全关断发动机、超速控制系统失效以及非包容失效。为保障飞行安全,避免发动机空中停车造成事故,民航飞机通常配备至少两个发动机。对单发和多发飞机来说,应对单发失效的标准操作程序有很大不同。

Skybrary的"Engine Failure"词条指出,发动机失效存在不同的原因,需要首先区分包容性失效(Contained Engine Failure)、非包容性失效(Uncontained Engine Failure)。在失效事件中,绝大多数为包容性失效,偶尔也会出现非包容性失效(如澳航32号航班事故)。

在咨询通告AC-20-1和AC-33-5中,FAA对包容性和非包容性有具体定义:"Contained means that no fragments are released through the engine structure, but fragments may be ejected out the engine air inlet or exhaust."——包容性是指没有碎片击穿发动机结构,但碎片可能从发动机进气口或排气口飞出;"Uncontained refers to any failure which results in the escape of rotor fragments from the engine or APU that could result in a hazard. Rotor failures which are of concern are those where released fragments have sufficient energy to create a hazard to the airplane."——非包容性是指导致转子件碎片从发动机或辅助动力装置(APU)飞出、造成危害的任何故障,转子件故障是指能产生足以对飞机造成危害的碎片的故障。

3. 原因与后果

导致发动机失效的原因有很多,比如内部物理损坏、软件控制故障、喘振、失速、飞鸟带来的外部撞击、火山灰、冰晶结冰、大雨、严重颠簸、燃油污染、燃油结冰、漏油、飞行员误操作和着火等。与包容性失效相比,非包容性失效的风险更大,因为高速运转的碎片会击穿机匣和整流罩,如图 7 - 14 所示。碎片还可能击中飞机其他部分,对机体和乘客造成伤害,甚至引发火灾。专业人员分析了非包容性发动性失效的具体案例,发现事件主要由设计缺陷、工艺缺陷、维修缺陷、外界因素等造成。① 减少非包容性发动机失效,需要发动机制造商、飞机制造厂商、运营方、维护方以及适航当局等诸多方面共同努力,从已发生的事故中总结经验、吸取教训,完善发动机的包容性设计。

图 7 - 14   被击穿、烧毁的机匣和整流罩

在《航空发动机适航规定》(CCAR - 33 - R2)中,中国民用航空局对发动机失效及其后果有具体规定。一台发动机失效,其唯一后果是该发动机部分或全部丧失推力或功率(和相关发动机使用状态),这种失效为轻微发动机后果。如出现以下情况之一,则为危害性发动机后果:① 产生非包容的高能碎片;② 客舱用发动机引气中有毒物质的浓度使机组人员或乘客失去能力;③ 产生与驾驶员命令的推力方向相反的较大的推力;④ 出现不可控火情;⑤ 发动机安装系统失效,导致非故意的发动机脱开;⑥ 发动机失效引起螺旋桨脱开(如果适用);⑦ 完全失去发动机停车能力。严重程度介于轻微发动机后果和危害性发动机后果之间的是重要发动机后果。

4. 应   对

民用客机通常配备两台或以上发动机。当一个临界发动机②失效,飞机推力通常减少 50%,爬升性能却会减少 80%～90%。双发飞机在设计时已考虑到在空中出现发动机失效的情况,即使只有一台发动机工作,飞机仍有足够动力保持飞行高度和速度,以飞往最近的机场备降并争取安全落地但一发(单发)失效仍会对其飞行带来诸多影响。首先是动力减弱,迫使飞机下降到较低高度层,增加耗油量。其次是操纵难度增大。失效发动机会产生很大阻力,导致两侧推力不对称,机组需要避免偏转和坡度的出现。双发飞机不允许单发起飞。如果在起飞阶段出现一发失效,留给飞行

---

① 冯建文,吴长波,刘金龙.航空发动机非包容性失效案例及思考[J].航空动力,2018(2):75-79。
② 临界发动机(Critical Engine)是指在固定翼多发飞机上,失效时对飞机操纵和性能影响最大的那台发动机。

员的反应时间会非常短,反应稍慢或者判断错误就容易引发重大事故。

面对一发失效的紧急情况,飞行员要根据所处阶段做好应对。若在决断速度(V1)前出现,飞行员应立即中断起飞,注意控制飞机方向及位置,根据速度刹车并使用方向舵。若在空中出现,应保持稳定,并主要完成:① 识别单发失效,压盘蹬舵,参照谚语"Dead Foot, Dead Engine"(没有蹬舵的那只脚指示同侧发动机失效);② 控制飞机状态,减少阻力(收起落架和襟翼),识别并证实失效发动机;③ 保持推荐的单发最佳速度;④ 判断发动机失效原因;⑤ 尽快将失效发动机关车;⑥ 监控工作发动机参数,根据需要调整功率等设定;⑦ 执行检查单,确定对失效发动机保护程序正确。若在进近及着陆阶段出现,在空中失效前3步处置程序的基础上,根据需要放起落架,放襟翼,尽快着陆,避免单发复飞。具体操作可见中国民用航空局咨询通告《飞机起飞一发失效应急程序和一发失效复飞应急程序制作规范》(AC-121-FS-2014-123)。

对双发飞机而言,一旦两个发动机同时失效,会影响到几乎所有关键系统。此时,增压系统基本不工作,客舱空调不工作,多套液压系统可能丢失,电力系统受到严重影响,飞行操纵系统受限,飞机失去动力,只能像滑翔机一样飘降,利用原有高度优势不断下降以维持基本速度。如果在接地前不能重启发动机,只能持续下降,直到落地。当出现双发失效或其他紧急状况(如所有发电机失效等情况)时,冲压涡轮①会自动放出。应急电力可提供给最重要的仪表和系统使用,有限液压可以助力操纵。飞机也可以在一定高度启动辅助动力装置(APU)提供电力,在低高度提供引气供客舱增压或辅助启动发动机。

5. 双发延程运行

在跨洋洲际航行中,可供备降的机场较少。为保证飞机在一发失效后尽快备降合适的机场,航空公司多选择靠海岸的路线,但路程较远,耗油量大,成本高。双发延程运行(Extended-range Twin-engine Operational Performance Standards, ETOPS)概念是国际民航管理机构为保证双发飞机安全飞行提出的一项特别要求。当双发飞机的一台发动机或主要系统发生故障时,要求飞机能在只剩一台发动机工作的情况下,在规定时间内飞抵最近的备降机场。比如,"90分钟 ETOPS"就是指在单发失效的情况下,飞往备降机场的时间不能超过90分钟。因此,飞机在航线选择上应满足这一要求。为便于理解,ETOPS 有时被当作"Engines Turn or Passengers Swim"(发动机要转,否则乘客就得游泳)这一谐谑语的缩写。

20世纪50年代,远程飞行逐渐成熟。根据活塞式发动机的可靠性水平,ICAO制定了"60分钟限制"规则:要求双发或三发飞机从航线上的任意一点到途中备降机场的单发飞行时间不超过60分钟。喷气式发动机自诞生后,经过几代发展,可靠

---

① 冲压涡轮类似于一个电风扇叶片。飞机在空中必须保持大于失速速度飞行。冲压涡轮依靠飞机相对运动速度吹动而转动,带动应急发电机和液压泵,提供应急电力和液压。

性不断提高,对延程飞行规定产生了重要影响。随着发动机失效率/空中停车率持续下降,"双发延程运行"的时限不断延长,从 60 分钟、90 分钟、180 分钟到 370 分钟。ETOPS 能力的增强,使航空公司能够开辟更多直飞跨洋航线,从而缩短飞行时间,降低成本。经过多年应用,ETOPS 已被证明是一种安全的运行方式。随飞机性能的不断提高,ETOPS 已演变为"延长改航时间运行"(Extended Diversion Time Operations,EDTO),具体可见 ICAO《延长改航时间运行手册》(Doc 10085)和中国民用航空局咨询通告《延程运行和极地运行》(AC – 121 – FS – 2019 – 009R2)。

6. 机长决定

《大型飞机公共航空运输承运人运行合格审定规则》(CCAR – 121 – R7)第 561 条规定,在飞机发动机失效,或者为防止可能的损坏而停止发动机运转时,机长均应当按照飞行时间在距离最近的能安全着陆的合适机场着陆。如果装有三台或三台以上发动机的飞机只有一台发动机失效或者停止运转,机长在考虑到下列因素后,认为飞往另一机场与在最近的合适机场着陆同样安全时,则可以飞往所选定的另一机场:① 故障的性质和继续飞行可能出现的机械上的困难;② 发动机停止运转时的高度、重量和可用燃油量;③ 航路和可供着陆机场的气象条件;④ 空中交通的拥挤情况;⑤ 地形种类;⑥ 机长对所使用的机场的熟悉程度。机长应把飞行中发动机停车的情况尽快报告给有关的空中交通管制员和飞行签派员,并随时报告飞行进展的全部情况。如果机长未按照飞行时间选择距离最近的合适机场着陆,而选定另一机场着陆,那么在完成该次飞行后,机长应当向运行经理呈交书面报告(一式两份),陈述其认为两种着陆选择具有同等安全程度的理由。运行经理应当于驾驶员返回基地后10 天内把签有其意见的报告副本提交给局方。

7. 文献资料

① ICAO《公约》附件 6《航空器的运行》;
② ICAO《公约》附件 8《航空器适航性》;
③ ICAO《延长改航时间运行手册》(Doc 10085);
④ 中国民用航空局《航空发动机适航规定》(CCAR – 33 – R2);
⑤ 中国民用航空局《飞机起飞一发失效应急程序和复飞应急程序制作规范》(AC – 121 – FS – 2014 – 123);
⑥ 中国民用航空局《延程运行和极地运行》(AC – 121 – FS – 2019 – 009R2)。

8. 相关事件

① 2016 年 8 月 27 日,美国西南航空 3472 号航班事故;
② 2016 年 10 月 28 日,美国航空 383 号航班事故;
③ 2020 年 5 月 22 日,巴基斯坦国际航空 8303 号航班事故。

第九节　鸟　击

1. 简　介

"鸟击"(Bird Strike)取自全美航空 1549 号航班事故的调查报告。一只 0.5 千克的飞鸟与时速为 100 千米的飞机相撞,会产生 200 余千克的冲击力,而同样重量的飞鸟与时速 800 千米的飞机相撞,冲击力将达到数吨,威力如同炮弹。鸟击一直是困扰航空安全的重大问题,轻则鸟死机伤,重则机毁人亡。全美航空 1549 号航班事故就是一起典型事件。根据国际鸟击委员会(WBA)的统计,全球每年约有 10 万多起鸟击事故征候和事故发生,直接经济损失约为 15 亿~18 亿美元。鸟击引起的航空器损坏导致航班和生产延误,进而造成各种后续的经济损失,包括航空器零件维修及更换、航班运行调整及善后赔偿、机场应急及事故调查等方面。

2. 定　义

ICAO 对鸟击的定义为"A collision between a bird and an aircraft which is in flight, or on takeoff or landing roll. Essentially, this means that during any phase of flight, a bird strike can occur."。译文:鸟与正在飞行、起飞或着陆的飞行器之间的碰撞。从本质上讲,这意味着在飞行的任何阶段都可能发生鸟击。

术语在线对鸟击的定义为:航空器在低空飞行和进近着陆时,迎面受到飞鸟撞击造成局部损伤的事件。

民航资源网对鸟击的定义为:飞行器在起飞、爬升、巡航或降落过程中被鸟类撞击而发生的影响飞行安全的事件、事故或事故征候。吸入航空器发动机的鸟击事件又称为吸鸟(Bird Ingestion)。

3. 影响因素

鸟击的发生及其损害程度由多方面因素决定,其基本要素是运动中的飞机和鸟。鸟击与鸟类的繁殖、迁徙等行为及其数量的季节性变化有关,更与飞机的飞行阶段及其相关区域的鸟类种类和数量有密切关系。专业人员从机场环境、飞机设计、飞行速度、飞行高度和季节时间等五个方面,对鸟击因素特点进行了分析,提出了以鸟情调查为基础加强机场环境治理和鸟类控制的防治策略。[①] 从飞机设计看,发生鸟击的主要原因是:涡轮发动机出现后,飞机速度大大提高,鸟类即使发现危险也来不及避让。装有高涵道比发动机的飞机自身迎面面积增大,强大的吸力常将飞鸟吸入气道,

---

① 刘振江.鸟击的因素及防治策略[J].中国民用航空,2011(10):62-64.

增加了鸟击的可能性。轻者造成叶片打伤、变形,重者严重损坏发动机,导致发动机空中停车乃至起火,酿成大祸。

4. 危险与风险

根据 ICAO《机场服务手册》(Doc 9137)第三部分"野生动物的控制与减少","危险"(Hazard)指在某种特定情况下会导致伤害事件的情形。在这一意义上,危险是指机场或机场附近存在某些鸟类或其他野生动物。"风险"(Risk)指伤害事件发生的概率乘以可能导致的伤害严重程度。在这一意义上,风险是指由某一群鸟类或其他野生动物导致的撞击事件的概率乘以对航空器造成损害的严重程度。因此,鸟击风险评估需要估计撞击发生的概率及其可能造成的损害程度。机场可利用各类物种的撞击数据开展风险评估,并定期对数据进行更新,以降低鸟击风险。

数据显示,绝大多数鸟击事故发生在机场及其附近空域,机场及其周边地区因此成为鸟击防范的重点区域。机场应建立一套旨在确保了解所在地鸟类及其他野生动物撞击事件的机制。参照我国交通运输部《运输机场运行安全管理规定》第 183 条,机场管理机构应当根据机场鸟害评估结果和鸟害防范的实际状况,制定并不断完善机场鸟害防范方案。方案至少应当包括:① 鸟害防范管理机构及其职责;② 生态环境调研制度和治理方案;③ 鸟情巡视和驱鸟制度;④ 驱鸟设备的配备和使用管理制度;⑤ 重点防治的鸟种;⑥ 鸟情信息的收集和分析;⑦ 鸟情通报及鸟击报告制度。中国民用航空局《运输机场鸟击及动物侵入防范管理办法》(AP-140-CA-2022-01)要求,机场管理机构应当设立或者指定部门负责鸟击及动物侵入防范工作,并根据生态环境、保障模式和机场运行量等因素,配备专业人员从事鸟击防范工作。

5. 撞击部位

飞机的任何部位都有可能受到鸟击。鸟击集中发生在发动机、机翼/旋翼、雷达罩等部位,发生比例最高的部位是发动机(37.21%),见图 7-15。鸟击事故征候集中发生在发动机、机翼/旋翼、雷达罩和机尾等部位。发动机的结构、部件和运转特点导致飞鸟不仅可能飞进发动机,还有可能被吸入发动机,因而发动机处的发生比例最高;击中发动机易造成后果较为严重的损坏,因此鸟击事故征候的比例也最高。以各部位发生的事故征候占该部位鸟击数量的百分比来计算各部位鸟击的事故征候率,可发现机尾发生鸟击的比例较低但事故征候率最高,一旦发生鸟击则更容易造成损伤超标。

6. 判定标准和报告制度

根据中国民用航空局《鸟击航空器事件的判定标准和报告程序》(AP-140-CA-

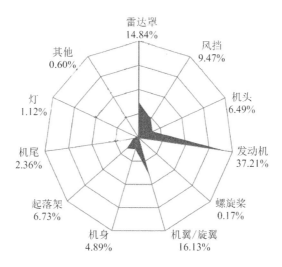

图 7-15　鸟击撞击部位分布情况①

2015-01),鸟击事件的判定标准为：① 在航空器上发现鸟的血迹、羽毛、皮肤、肌肉、肢体等残留物(以下简称"鸟击残留物")的,应判定为鸟击事件。② 有下列情形之一的,不判定为鸟击事件,但应作为鸟击参考信息加以收集和研究利用：相关航空器上不存在鸟击残留物,但飞行机组或其他人员目击到鸟类或蝙蝠与航空器相撞；相关航空器上不存在鸟击残留物,但在飞行区内发现鸟类或蝙蝠的残骸,并且未排除是与航空器相撞而致死；相关航空器上不存在鸟击残留物,但鸟类或蝙蝠的出现对航空器运行造成负面影响。例如,因观察到或接报鸟类危险活动导致飞行机组调整飞行操作,或因接报鸟击信息导致管制员变更空管指令,如造成航班中止进近、空中盘旋等待、复飞等。

　　飞行机组在飞行过程中发现或者怀疑遭鸟击或者其他动物撞击后,应及时报告空中交通管理机构,并于航空器着陆后立即报告航空器维修人员。塔台管制员接报发生于起飞、初始爬升阶段的鸟击信息,应当及时报告起飞机场管理机构；接报发生于航路飞行、进近、着陆阶段的鸟击信息,应当及时报告着陆机场管理机构。维修部门人员发现航空器上存在鸟击残留物后,应当立即报告机场管理机构,机场管理机构安排人员到达现场确认。实时通报的信息内容应当尽可能详细,包括相关航空器注册号、型号、航班号、时间、地点、飞行阶段、高度、速度、撞击物种及数量、天气、航空器损伤情况、鸟击残留物情况、对飞行的影响及应对操作等,具体可查阅《鸟击航空器信息确认表》。

---

①　此图出自《2015 年度中国民航鸟击航空器信息分析报告》。

7. 损失评估

鸟击鉴定与损失评估可参考相关研究进行。有研究人员把损失分成以下几个类型：① 无损害：机身见有鸟毛、血迹，但对飞机没有造成可见明显损伤，属于没有对飞行造成明显影响的无感鸟击。无明显的直接经济损失，直接损失小于0.5万元。② 轻度损害：有羽毛、血迹且有感觉，对飞行（视觉和操作）有一定影响，或飞机表面有轻微变形，基本不影响飞行。经济损失较小，直接损失0.5万～2万元。③ 中度损害：飞机某部位被撞并形成明显凹陷，或油箱被撞变形，或发动机风扇叶片损害性扭曲少于6片，可按标准操作程序正常着陆。经济损失较大，直接损失2万～5万元。④ 严重损害：飞机遭受损害较重，或发动机超过6片的风扇叶片损害性扭曲并有创伤性损害，经济损失较重，直接损失5万～10万元。⑤ 重大损害：飞机遭受损害严重，需要更换发动机零件或发动机超过6片的风扇叶片遭受创伤性损害。经济损失重大，直接损失10万元以上。⑥ 特大损害：对飞机造成无法修复的损伤，造成停机或机毁人亡事故。[①]

8. 危险鸟种

鸟类的野外观察与识别可参见鸟网（http://www.birdnet.cn）。利用图谱并借助经验，就可以掌握机场鸟类的识别方法，快速识别鸟类，了解鸟击风险。在《运输机场鸟击航空器防范危险鸟种目录》咨询通告（AC-140-CA-2022-01）中，中国民用航空局发布了国内分布的1 446种鸟类的体重数据，以及根据《中国兽类名录（2021版）》系统整理的140种蝙蝠的体重数据，并根据体重和数量划分出危险鸟种和非危险鸟种两大类。鸟击危险程度是指不同重量的鸟种（含蝙蝠）撞击航空器产生的危害程度。在鸟击物种风险评价中，危险程度可作为严重度分级的一个重要方面。参照ICAO标准，我国鸟类的危险程度按鸟种体重划分为5个等级：1级为200克（含）以下，2级为201～1 000克，3级为1 001～1 800克，4级为1 801～3 600克，5级为3 600克以上。其中，危险鸟种为2级（含）以上，非危险鸟种为1级。前者目录共有鸟类23目41科368种，危险程度2级的共有20目33科227种，3级的共有11目16科56种，4级的共有13目13科54种，5级的共有8目9科31种；蝙蝠有1科1种。后者目录共有鸟类19目88科1 078种，蝙蝠有7科139种。需要指出的是，由于鸟类有集群行为，严重度会在个体体重的基础上随群体规模的增加而相应增加。因此，针对非危险鸟种，《运输机场鸟击航空器防范危险鸟种目录》咨询通告以鸟群主要鸟种个体数的总重来分析鸟群活动的危险程度。

---

① 赛道建，孙涛.鸟撞防范概论[M].北京：科学出版社，2012：76.

9. 文献资料

① ICAO《机场服务手册》(Doc 9137)；

② ICAO《鸟击信息系统手册》(Doc 9332)；

③ 中国民用航空局《鸟击航空器事件的判定标准和报告程序》(AP‐140‐CA‐2015‐01)；

④ 中国民用航空局《运输机场鸟击航空器防范危险鸟种目录》(AC‐140‐CA‐2022‐01)；

⑤ 中国民用航空局《运输机场鸟击及动物侵入防范管理办法》(AP‐140‐CA‐2022‐02)。

10. 相关事件

① 1960 年 10 月 4 日，美国东方航空 375 号航班事故；

② 2013 年 6 月 4 日，中国国际航空 4307 号航班事故；

③ 2017 年 9 月 24 日，苏丹巴德尔航空 J4‐341 号班机事故。

第十节　机组资源管理

1. 简　介

"机组资源管理"(Crew Resource Management, CRM)又称"驾驶舱资源管理"(Cockpit Resource Management)，取自德国之翼 9525 号航班事件的调查报告。CRM 着眼于人的因素研究和团队群体训练，目标是提高航空安全水平和工作效绩。基于相关研究和实践，CRM 概念及由此产生的训练方法大致可分为驾驶舱资源管理(Cockpit Resource Management, CRM)、机组资源管理(Crew Resource Management, CRM)、公司资源管理(Corporate Resource Management, CRM)、差错管理(Error Management, EM)、威胁与差错管理(Threat & Error Management, TEM)。

2. 定　义

术语在线对机组资源管理的定义为：对机组成员能够利用的所有与飞行相关的人力、软件和信息资源进行有效组织利用。

FAA *Aviation Instructor's Handbook*（FAA‐H‐8083‐9A）对机组资源管理的定义为"The application of team management concepts in the flight deck environment. It was initially known as 'cockpit resource management', but as CRM programs evolved to include cabin crews, maintenance personnel and others, the more descriptive phrase has been adopted. Pilots of small aircraft, as well as crews of larger aircraft, must make effective use of all available resources—human resources, hardware, and information—basically, all groups routinely working with the cockpit crew who are involved in decision required to operate a flight safely. These groups include, but are not limited to: pilots, dispatchers, cabin crewmembers, maintenance personnel, and air traffic controllers. CRM is one way of addressing the challenge of optimizing the human/machine interface and accompanying interpersonal activities.". 译文:团队管理理念在驾驶舱环境中的应用。它最初被称为"驾驶舱资源管理",但随着 CRM 计划的发展,所指除驾驶舱人员外,还包括客舱机组人员、维修人员和其他人员,其已转为"机组资源管理"这一说法。小型以及大型飞机的机组人员必须有效利用所有可用资源,包括人力资源、硬件和信息等。所有相关人员基本都要与负责飞行中的各种决策以保证飞行安全的驾驶舱人员进行例行合作。这些人员包括但不限于飞行员、签派员、客舱乘务员、维修人员和空中交通管制员。CRM 是应对来自优化人机接口和人际活动的挑战的一种方法。

3. 产生背景

航空事故调查表明,在多人机组运行过程中,大部分事故与事故征候都涉及 CRM 问题。这类问题主要包括:沟通不畅、团队决策不妥当、领导不胜任、情景意识下降或丧失、工作负荷分配不均和运行资源管理不当等。究其原因,有两方面问题尤其值得关注。首先,传统飞行训练的重点在于培养驾驶员的技术能力,主要体现为关注技术知识与操纵技能,偏重于个体的表现,同时认为个体表现的熟练程度和技术水平代表机组整体的熟练程度和技术水平,对于心理状态控制、团队集体决策、共同工作效率的提高等 CRM 能力的培养明显不足或缺失。其次,随着航空技术越来越先进,航空器控制自动化程度越来越高,飞行过程的控制方式由传统的以"操纵"为主转变为以"监视—决策—控制"为主,更加强调人在复杂系统工作环境中的担当,对 CRM 能力提出了更高要求。

4. SHELL 模型

人是航空系统的核心,也是最关键的因素。SHELL 模型展现了人与工作场所各组成部分之间的关系。它包含四个部分:① 软件(S),指程序、培训、支持等;② 硬件(H),指机器和设备;③ 环境(E):人件—硬件—软件(L-H-S)系统依存的工作环境;④ 人件(L):工作场所的其他人员。作为处在运行一线的人员,机组(人)处在模型中心,如图 7-16 所示。在所有维度中,这是最不可预测且最容易受内部因素(饥饿、疲劳、动机等)和外部因素(温度、光、噪声等)影响的维度。虽然人的适应性很强,但其标准化程度尚未达到与硬件相同的水平。中心模块与其他模块之间的锯齿状边缘表示模块之间的耦合并不完美,差错容易发生在人与硬件、软件、环境及其他人之间的接点上。因此,CRM 主要围绕并解决人与硬件、人与软件、人与环境,以及人与人之间的关系问题,针对系统缺陷采取措施,提高系统的安全性和有效性。

图 7 - 16　SHELL 模型①

以 L-L 接口为例,这代表工作环境中人与人之间的关系和互动。一些互动是在组织机构内部进行,比如驾驶舱内;还有一些互动则是在来自不同组织机构、具有不同角色的个人之间进行,比如空中交通管制员与飞行员、飞行员与工程师。它考虑到沟通和人际交往技巧以及团队活力在决定人员表现方面的重要性。CRM 扩展到空中交通服务(ATS)和维修工作中,使组织机构能够在差错管理中考虑团队的表现。工作人员与管理层之间的关系以及组织机构文化,也同属于 L-L 接口范畴。

5. 训练主题

根据中国民用航空局发布的咨询通告,CRM 培训主题主要包括 6 个方面:① 威胁与差错管理。机组需要识别和管理影响飞行安全的威胁和差错。在这方面,威胁与差错管理提供了一个框架和争取主动的方法。将 CRM 作为威胁与差错管理的工具,可有效提高运行安全性和效率。② 沟通。沟通是 CRM 的核心,有效的沟通可以提升机组的表现。机组的沟通技能包括简令、质询与反应、讲评、冲突解决等。③ 情景意识保持。情景意识是机组判断与决策的基础,与机组成员做出对当前状况的评估、未来状况的判断和预期所应采取的行动有关。保持良好的情景意识需要飞行员或飞行机组密切监视、评价、思考和预测航空器的状态、航路飞行环境和机组成员的状态。④ 工作负荷管理。工作负荷管理反映机组成员是否能够有效安排任务的优先级、分担工作负荷,以及避免在执行重要任务时出现注意力分散。⑤ 决策。飞行过程中的决策过程涉及对意外变化、偏差、威胁的识别与判断,制定并执行行动方案和对结果的评估。有效的决策行为与宽松、开放的沟通氛围有关,反映出机组成员在适当时机提供必要信息的行为能力。⑥ 领导与协作。机组由机长(领导)和其他机组成员(下属)组成,团队工作需要机长的有效领导及其他机组成员的积极配合。

6. 行为指标

CRM 训练的目的是形成有助于机组协作的技能和态度,提升团队工作表现。

---

① 此图出自 ICAO《安全管理手册》(Doc 9859)。

这些技能可以通过一些可观察的、有效的行为指标体现。以沟通为例,行为指标包括:① 简令是交互式的,并且是完整的、可操作的;② 通过简令营造开放、互动的沟通氛围;③ 强调提问、评论、提供信息的重要性;④ 通过简令来建立"团队"概念;⑤ 机长简令涵盖与飞行安全、客舱安全和空防等有关的问题;⑥ 通过简令确认潜在的问题,如天气、延误和系统状况等;⑦ 机组成员勇于表达自己的意见,在没有得到响应的情况下能够灵活调整表达方式,直到获得明确的解决办法;⑧ 通过简令明确操控驾驶员与监控驾驶员和自动化系统有关的职责;⑨ 鼓励提问并且以开放的、非防御性的方式回答;⑩ 鼓励机组成员对他人的行动与决策提出疑问;⑪ 机组成员在必要时寻求他人的协助;⑫ 机组成员对自动化系统的状态与设定提出问题以确保情景意识。

7. 职权梯度

根据"驾驶舱职权梯度"(Trans-cockpit Authority Gradient,TCAG)概念,在匹配机组成员时,既不能将技术、资历、职位很高的机长与年青、胆小的副驾驶匹配在一起(梯度过大),也不能将两个技术、职位、资历相当的飞行员匹配在一起(梯度过小)。主要原因在于:梯度过大的搭配,可能使副驾驶慑于机长的威望而不敢提出自己的主张,起不到交互监视和检查的目的,在机长判断、操纵失误或失能时就会危及飞行安全;梯度过小的搭配,则不利于机长做出决断,有可能造成相互挑剔、引发逆反心理,或出现反其道而行之等局面。

8. 有效工具

在飞行实践基础上,专业人员总结出了基于 CRM 的、保证安全的六大工具,分别是标准程序、标准喊话、交叉检查、飞行简令、检查单、指令复诵与确认。其中,标准喊话和交叉检查特别适用于远程长航线,可用于应对疲劳风险。标准喊话是坚持 CRM 原则、积极搞好机组配合的重要内容,喊话可以使机组成员了解飞行状态的变化以及对方参与的情况。在应喊话之时没有进行标准喊话,表明飞机系统或指示有故障,或者机组成员有可能失能。标准喊话可以营造一个和谐的工作环境,使失误的可能性降至最低;同时,也使机组有更充分的时间对飞机实施监控。交叉检查是加强个人和团队监控的标准安全惯例,之所以有效,是因为别人比自己更容易检测出错误。CRM 强调机组作为一个整体进行工作,力求保证机组不因个人失误导致整体出差错。交叉检查的实质,就是检查主体充分利用尽可能多的判断手段对检查客体(其中包含另一主体所做的动作及效果)进行核查,力求发现不妥之处并及时弥补,确保飞机在安全裕度内运行。

9. 文献资料

① ICAO《安全管理手册》(Doc 9859);

② ICAO《人为因素训练手册》(Doc 9683)；

③ FAA Aviation Instructor's Handbook (FAA - H - 8083 - 9A)；

④ 中国民用航空局《机组资源管理训练》(AC - 121 - FS - 2011 - 41)。

10. 相关事件

① 1978 年 12 月 28 日,联合航空 173 号航班事故；

② 1988 年 4 月 28 日,阿罗哈航空 243 号航班事故；

③ 2002 年 10 月 9 日,西北航空 85 号航班事故。

第八章　民航术语翻译研究

本章汇集了课题组在民航术语翻译领域的相关研究成果,主要包含 7 节,内容涉及 ICAO 术语、缩略语、基于域事件的术语认知与翻译、面向 MTI 的民航英汉翻译课程和基于《空中浩劫》的术语课程构建等,其中多项成果已在国内外专业期刊上发表。

第一节　论民航专业文本中的术语翻译
——以 ICAO 术语为例[①]

1. 引　言

民航是技术和风险密集型行业,直接参与国际市场。为民航提供语言服务,译员必须具备术语意识和责任感。在机场环境下,日常生活中的"taxi"(出租车/的士)经过"术语化"变成一个术语,特指"(飞机在跑道上)滑行"。参照无线电陆空通话中用单词"hotel"指代字母"H"的特殊规定,"taxi to hotel"应译为"滑行到 H 点",而不是"打的去宾馆"。从事民航翻译的译员只有具备过硬的术语能力,才能译得准确、译得充分、译得专业。

随着翻译硕士专业学位(MTI)教育的发展,从职业能力出发培养术语意识和术语能力,成为业内共识。[②] 虽然有高校尝试开设术语课程,但对专业领域的术语能力缺乏探索。近年来,我国民航业发展迅速,已成为全球第二大航空市场,同时也是世界上机场数目增长最快的国家。市场对专业语言服务提出了更高要求。以行业标准为指引培养专业语言服务人才成为当务之急。通过 ICAO 术语标准探索民航专业文本翻译中的术语能力和术语翻译,彰显出翻译专业教学的国际化和校本特色。

---

① 朱波,王伟.论民航专业文本中的术语翻译——以 ICAO 术语为例[J].中国翻译,2013,34(6):94-98.

② 苗菊,高乾.构建翻译专业教学模式——术语学的借鉴意义[J].外语与外语教学,2008(10):57-60.
冷冰冰,王华树,梁爱林.高校 MTI 术语课程构建[J].中国翻译,2013(1):55-59.

2. ICAO 语言和术语标准

英语是国际民航通用语言(de facto language)。① 作为联合国的一个专门机构，ICAO 负责为航空安全、秩序和环境保护制定标准和法规。随着国际间航空运输的不断增长，不同国家飞行员和管制员的交流增多，语言差异成为安全隐患。ICAO 事故/事故征候数据库(ADREP)、美国国家运输及安全理事会报告及英国强制事件报告系统的数据显示，误解或歧义是事故和事故征候的主要诱因之一。调查显示，通信失误造成飞行事故的出现频率非常高，平均每 1 年多就有 1 起。为保障飞行安全，减少并消除由语言能力不足引发的安全隐患，ICAO 于 2004 年颁发了《语言能力要求实施手册》(Doc 9835　AN/453，简称"《手册》")，并于 2010 年对相关条款进行了修订。② 《手册》与其他一系列文件，包括《公约》附件 10《航空电信》(Aeronautical Communication)、《无线电通话手册》(Manual of Radiotelephony，Doc 9432 AN/925)、《空中规则和空中交通服务》(Rules of the Air and Air Traffic Services，Doc 4444　RAC/501)等，形成了 ICAO 语言标准体系。除要求专业人员英语水平在规定时间内达到工作级(Operational Level)外，《手册》还规定"必须使用 ICAO 术语"，强调各成员国或个人要确保其使用的术语符合 ICAO 标准。

ICAO 针对飞行员和管制员设定的语言标准，尤其是术语标准，对语言服务者具有同等重要的意义。对于已经习惯使用非 ICAO 术语，或对 ICAO 术语不甚了解的译员而言，这意味着对自身的一次重新定位。比如，在英语中，"airport""aerodrome""airfield"三个词是一组并列词，并非同义词。"aerodrome"是机场的总称，也是 ICAO 术语，凡具有跑道、滑行道等场地设施可供航空器起落的，都可称"aerodrome"。"airport"专指含对客服务和货邮集散设施的民用机场。而"airfield"专指陆地机场，尤其是军用机场和设施简陋者。在汉语中，"航空港"和"机场"也是并列词，含义并不完全相同，前者涉及对旅客和货邮的服务设施，后者仅涉及航空器的起降。③ 因此，"airport"和"航空港"是一对等价术语，"aerodrome"和"airfield"可译为"机场"。

3. ICAO 术语翻译

术语是 ICAO 语言资产的重要组成部分。如果处理不当，不仅有损 ICAO 技术文档和交流的专业性和规范性，还会直接或间接影响到飞行安全和效率。比如，在"Dumping is subject to strict regulations by the Federal Office for Civil Aviation."

---

① ALDERSON J C. The politics of aviation English testing [J]. Language Assessment Quarterly，2011，8 (4)：386-403.

② ICAO：Manual on the implementation of ICAO language proficiency requirements，2004/2010。

③ 周其焕.民航术语规范化探索[J]. 中国民航大学学报，2010,28(4)：41-45＋50.

这句话中,"dumping"是一个术语化的日常用语,特指飞机在紧急情况下实施"空中放油"(jettisoning)。如果想当然地将其译为"倾倒",就会产生安全隐患。作为一种转换形式,翻译所转换的不仅是词语,而且还有词语表征的概念。译员只有将原语术语内化,与之建立一种亲密的语内阐释关系,才能领会其所指,在不同语言之间寻求或创建"表示同一概念的等价术语"。①

《手册》指出,航空英语、无线电通话英语以及 ICAO 术语是英语语言中逐渐细化的分支。航空英语不仅包括管制员和飞行员之间的通信用语,还涵盖航空领域所需使用英语的诸多方面,涉及天气简报、空中情况播报、机舱内交流,以及维修师、空中乘务员、签派员、管理人员和官员所使用的语言。译员可以从 ICAO 术语开始,逐步延伸至无线电通话英语和航空英语,在实践中培养术语能力,把自己变成术语工作者,并与行业专家(Subject Matter Expert,SME)密切配合,为民航市场提供专业语言服务。

4. 民航专业文本中的术语翻译

术语翻译是一个涉及多个学科的问题,也是术语建设的一个前沿性话题。统计显示,用于翻译的全部时间的 75% 花在了术语翻译上。② 在民航术语翻译中,译员要对空管、飞行、适航、机务等专业有所了解,并具备一定的专业素养。当译员遭遇自己不熟悉的专业和专业语言(Language for Specific Purpose,LSP)时,首先要有术语意识——"一种基于对术语的性质与功能的认识而产生的严谨、科学地对待本专业术语,小心谨慎地对待其他专业术语的学术自觉性"③。术语意识是术语能力的前提,后者指能够从事术语工作、利用术语学知识和工具解决实际术语问题的知识和技能。王少爽把面向翻译的术语能力细分为理论能力、应用能力、文献能力、管理能力、专题能力、技术能力、语言能力等 7 种子能力,并构建出以应用能力为核心的关系网络。④在应用能力中,术语翻译为首。Montero-Martinez 和 Faber-Benitez 讨论了译员术语能力的培养,指出为解决术语翻译问题,译员需发展策略,完成一系列具体任务。在他们看来,术语能力不是指对一组术语的掌握,而是指译员习得这些术语所包含的知识的能力。⑤ 接下,我们将以 ICAO 术语为例,从以下几方面探讨民航专业文本中的术语翻译问题。

(1) 话语中所激活的专业概念的辨认与识别

研究显示,缺乏术语识别力是翻译学习者在术语检索和术语翻译中存在的主要

① 魏向清. 人文社科术语翻译中的术语属性[J]. 外语学刊,2010(6): 165-167.
② 郑述谱. 术语翻译及其对策[J]. 外语学刊,2012(5): 102-105.
③ 郑述谱. 对开展术语教育的几点思考[J]. 中国科技术语,2009,11(6): 25-29.
④ 王少爽. 面向翻译的术语能力:理念、构成与培养[J]. 外语界,2011(5): 68-75.
⑤ MONTERO MARTÍNEZ S, FABER P. Terminological competence in translation[J]. Terminology, 2009, 15(1): 88-104.

困难之一。导致术语翻译不规范的原因不仅在于译员没有找到规范术语,而且包括译员没能识别出术语中的专业概念。[①] 比如,对初涉民航领域的学员来说,下面这段对话中可能有两个难点,一个是"CG",另一个是"Stall"。

D：The aircraft has an allowable range of CG locations rather than one fixed position.

C：Yes, it does, but it should lie within the allowable range.

D：What happens to your flight with the CG moved forward?

C：In that case, stall speeds will increase and elevator control force will increase as well.[②]

在上述对话中,"D"指航班签派员(Flight Dispatcher),"C"指代机长。在翻译时,译员首先要对"CG"(Center of Gravity,重心点)有所了解。所有飞机,无论机型和大小,都有对平衡的要求。飞机越小,对平衡要求越高。重心点一旦确定,旅客和货物的数量及位置就不能再变,签派员即着手制作舱单,这就是从停止办票至起飞前半小时的工作内容。登机后,旅客不能随意更换座位,否则就会改变CG,产生安全隐患。接下来处理"Stall"。开过车的人基本上都有熄火的体验,这在英文里叫"Stall"。在这段对话中,"Stall"不是指发动机骤停或速度不够,而是指失速。在空气动力学中,失速是指翼型气动迎角(Angle of Attack)增加到一定程度(达到临界值)时,翼型所产生的升力突然减小的一种状态。简单说,失速意味着机翼上产生的升力突然减少,飞行高度骤降。在临界值之前,升力随迎角度数的增加而递增;超过该临界值后,升力将随迎角度数的增加而递减。失速时,升力会大幅降低,飞机会出现抖振且强度逐渐增加,严重时会失控并坠毁。为摆脱失速,飞行员要改变飞行姿态,向下俯冲,提高速度。"Stall Speeds"是飞机在一定载荷下到达升力临界点时的速度。译员只有识别出其中的术语概念,才能准确译出"失速速度值将提高,升降舵操纵力也加大"。对于自己不熟悉或没有把握的术语,译员可采取不译法。这种看似不作为的方法可以避免误译,折射出译员的术语意识。

(2) 信息资源的评估、查阅与详细说明

和民航专业人员不同,译员大多是语言专业出身,缺乏相应的专业知识或专题能力。专题能力并不要求译员具备 SME 所具备的知识和技能,而是要求对所涉领域的知识做到基本熟悉,知道如何获取相关文献资料并独立解决翻译中的术语问题。比如,"颠簸"(turbulence)是空中播报中的高频词,经常给乘客(尤其是未系安全带者)带来惊魂一刻。如果对它不熟悉,学员可以通过检索术语在线(https://www.termonline. cn/index),获得等价术语及其释义。

互联网为专业译员提供了传统字典无法企及的术语资源空间。在使用在线词典

① 冷冰冰.科技术语在线检索策略的实证研究[J].上海理工大学学报(社会科学版),2012(3)：173-177.
② 吴土星.国际航线飞行英语无线电通话[C].成都：四川科学技术出版社,2006：11.

进行检索的过程中,检索术语在线或 CNKI 工具书总库(https://gongjushu.cnki.net/rbook/)等术语网站或词典只是术语查找的第一步,全面检索有道、Google 等有网络释义的词典和专业网站(如 ICAO 官网 http://www.icao.int/Pages/default.aspx;中国民用航空局官网 http://www.caac.gov.cn/;航空专业在线词典 http://www.airdict.com/;新浪航空 http://sky.news.sina.com.cn/ 等)也是民航术语翻译的必要步骤。以"turbulence"为例,2024 年 5 月的术语在线检索结果显示,除在航空科技领域译作"颠簸"外,还另有 12 条记录,在力学、地球物理学、电力等领域对应"湍流""湍流度"等。与之相比,有道检索结果更为丰富。在航空航天领域,"Turbulence"可译为"湍流""湍流度"等。此外,还能找到"Clear Air Turbulence"(晴空湍流)、"Turbulence Intensity"(湍流强度)、"Wake Turbulence"(尾流)、"Turbulence Model"(湍流模型)等相关词条及其释义。其中,晴空湍流被称为飞机的"隐形杀手",有道对它不仅有详尽解释,还有图示。《手册》以附录形式列出了常用术语,并给出了相应搭配,如"Moderate Turbulence"(中度颠簸)、"Severe Turbulence"(严重颠簸)、"smooth"(平稳的)、"bumpy"(颠簸的)、"be tossed/buffeted"(受气流影响而摇摆)等表达方法,为译员提供了便利,使翻译更加专业。

(3) 专业领域中基于概念的跨语对应词识别

为帮助专业人员妥善应对可控情况及正常或非正常情况,《手册》以条目形式列举出专业人员必须掌握的术语及其适用领域,具体为:① 包括危险接近(Airmiss)等在内的机场管制事件、适用范围和子适用范围,计 24 项;② 包括飞机故障(Aircraft breakdowns)等在内的与航路空中交通管制相关的事件和范围,计 19 项;③ 包括机场环境(Aerodrome)等在内的其他适用范围,计 6 项,共 1 300 个术语,详见附录 5。这些按领域分类的专业术语方便了术语教学和术语翻译。以"机腹着陆"(Belly Landing)为例,译员可以通过常用术语双语对照表(如表 8-1 所列)实现对跨语对应词的识别,或以表中术语为关键词检索民航专业文献,并形成专题能力。

表 8-1　"机腹着陆"常用术语双语对照表

Terminology (EN)	术语(中文)
Attempted Maneuvers	试图机动
Status of Light	灯光状态
Visual Check (low pass)	目视检查(低空通场)
Position of Landing Gear	起落架位置
Endurance	续航时间
Fuel Dumping/Jettisoning	空中放油

续表 8 - 1

Emergency	紧急
Evacuation（emergency slides）	撤离（应急滑梯）
Fire hazard/risk	火灾/火险
Ditching	水上迫降

需要指出的是,ICAO 术语标准是单语标准。术语标准化包括技术标准与术语标准、单语言标准与多语言标准等,一般是由某一个国家对某一个专题的新术语进行标准化,然后推广到国际范围。术语学原则的标准化首先在国际层面标准化,然后再将这一标准向成员国推广。[①] 伴随民航业的普及和民用大飞机(C919)计划的实施,我国正在从民航大国向民航强国迈进。从术语学角度看,认识水平的加快取决于专业词汇的发展水平。致力于本国专业词汇的发展,就是为本国的科学、工业与文明进步创造条件。为促进民航发展,可以参照专业建议,在民航领域率先实行"双术语标准"[②]。参照 ICAO《公约》以及航行服务程序等技术性文件,中国民用航空局空管局推出的《空中交通无线电通话用语》就是一个典型案例,受到了 MTI 学员的青睐。

(4) 术语管理以及未来在翻译中的再次使用

术语管理是为了达到某种目的而对术语资源进行管理的实践活动,通常包括术语的收集、描述、处理、存储、编辑、呈现、搜索、维护和分享等。根究 SDL 公司 2010 年对包括航空在内的专业领域国际术语管理调查(Terminology Survey),93％的人认为术语的一致性十分重要,77％的人认为术语不一致会导致内容质量下降。[③] 在民航专业翻译中,对术语进行统一有效的管理,可以减少译员查找术语的时间,减少因术语而提出的问题,减少前后不一致的翻译造成的负面影响,提高诸如飞行手册、运行手册、机务手册等大型项目的翻译效率,降低后期审核压力。

在术语管理中要区分随机术语管理和系统术语管理。前者只处理单个或有限数量的术语,而后者要处理与一个特定领域相关的所有术语。在民航专业领域,术语翻译往往涉及多个层面。例如,空管会涉及诸如缩略语、航空(飞行)、技术、天气(气候、自然灾害)等,具体可见图 8 - 1。由中国民航出版社出版的《英汉民航缩略语词典》精选了与民航以及航空器的设计制造相关的 54 000 余条缩略语,以及 7 个附录,基本覆盖了民用航空领域的各个方面,是专业人员不可或缺的工具书。

有效的术语管理离不开专业的术语管理工具。与复杂且昂贵的大型集成式术语管理工具(如 SDL MultiTerm)相比,独立且免费的 Lingo 可以帮助译员建立自己的术语库,且不限数量。在灵巧的工具栏界面中,译员可以运用快速检索和拖放功能,一边翻译一边创建/修改词条。此外,Lingo 还具有 Unicode 兼容性,支持 XML、

---

① 冯志伟.现代术语学引论[M].北京:语文出版社,1997:47-60.
② 周有光.漫谈科技术语的民族化和国际化[J].中国科技术语,2010(1):8-10.
③ 王华树.浅议实践中的术语管理[J].中国科技术语,2013(2):11-14.

— Abbreviations, acronyms
— Animals, birds
— Aviation, flight
— Behaviour, activities
— Cargo, merchandise, packaging, materials
— Causes, conditions
— Geography, topographical features, nationalities
— Health, medicine
— Language, spoken communications
— Modality (obligation, probability, possibility)
— Numbers
— Perception, senses
— Problems, errors, accidents, malfunctions
— Rules, enforcement, infringement, protocol
— Space, movement, position, distance, dimension
— Technology
— Time, duration, schedules
— Transport, travel, vehicles
— Weather, climate, natural disasters

图 8 - 1　ICAO 空中交通管制重点词汇范围

TMX 和 TXT 等多种格式文件的导入和导出。针对图 8 - 1 中的空中交通管制重点词汇,可以用 Lingo 建立分类术语库,实时添加并编辑各类词条。比如,CDM(Collaborative Decision Making,协同决策)指在管制部门与航空公司之间进行协调的方法。译员可以把它做成一个词条,放入自建的双语缩略语库,以便在线查找与使用。具体如图 8 - 2 所示。

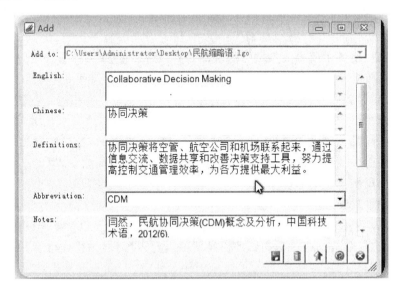

图 8 - 2　在民航缩略语术语库中添加词条 CDM

5. 结　语

截至 2013 年 6 月,获准试办 MTI 的高校已从最初的 15 所快速增加至 159 所。尽管 MTI 教育指导委员会强调培养单位要根据自身特色设置相应的专业方向,在专业指向性和实践性方面自成一体,但同质化现象仍然存在。从民航的角度看,如果把学员视为乘客,那么试办单位就是执飞航班,教指委行使的就是 ATC(Air Traffic Control,空中交通管制)的职责。在无线电陆空通话中,"Roger"和"Wilco"是两个标准用语,前者的意思是"收到",后者是"Will Comply"的缩略语,可译为"执行"或"照办"。作为对指令的回复用语,二者的差别在于是否按照要求采取相应行动。MTI "高层次、应用型、专业性口笔译人才"的培养目标恰如指令,民航专业文本中的术语翻译问题虽属初探,但作为 Wilco 的尝试,希望得到学界的关注和业界的支持。

(原载《中国翻译》2013 年第 6 期,略有删改)

第二节　民航英语缩略语零翻译及其理据[①]

1. 引　言

民航是技术密集型行业。为民航业提供语言服务的译者经常遇到缩略语——一种用简易手段表达复杂概念的专业术语。2013 年 7 月,韩亚航空 214 号航班在旧金山机场降落时失事。新浪网报导称"这可能是一起典型的 CFIT 事故,机组对非 ILS 程序不熟悉所致"[②]。在英语中,"CFIT"和"ILS"分别是"Controlled Flight into Terrain"(可控飞行撞地)和"Instrument Landing System"(仪表着陆系统)的缩略语。把 CFIT 和 ILS 原封不动地移入中文看似不作为,但随着"零翻译"概念的引入,这种做法开始被接受,并得到越来越多的支持。

2. 关于零翻译

"零翻译"(zero-translation)这一概念由邱懋如提出,有两层意思:① 对原文中的词语故意不译;② 不用目的语中现成的词语译原文的词语。前者指译者对两种语言句法结构的差异所做的调整,如省略;后者表现为音译和移译。零翻译(尤其是后者)从表面上看没有翻译,但从深层次看,却包含了原语所有的含义,是最精确的翻译。[③]

---

①　朱波,孙永华.民航英语缩略语零翻译及其理据[J].中国民航飞行学院学报,2014,25(5):69-72.

②　参见新浪网报道:韩亚航空坠机或为可控撞地事故(http://sky. news. sina. cn/2013-07-07/134240713. html)。

③　邱懋如.可译性及零翻译[J].中国翻译,2001(1):24-27.

零翻译从根本上消除了对可译性的怀疑。零翻译在"能指"层面上得到普遍认可,迅速传播开来,但在"所指"层面上却存在争议。从故意不译到"不是不译"[①],从"音译、形译的上义词"[②]到"窄式的、严格意义上的移译"[③],从词语零翻译到语篇零翻译[④],零翻译概念不断变化、延伸,一直没有形成统一的约定。术语是通过语音或文字来表达或限定专业概念的约定性符号。术语的单义性意味着在同一学科内,一个术语只表达一个概念,同一个概念只用同一个术语来表达,不能有歧义。作为一种译法,零翻译在本文中限于术语层面,指"将原语符号原封不动地转入译语的全译方法,所译对象包括语言符号和非语言符号,可归入全译七法之一的转译"[⑤],同术语翻译中的"不译法"[⑥]或用译语再现原语书写形式的"形译法"[⑦]。

3. 民航英语缩略语及其构成

在英语中,对词的音节加以省略或简化而产生的新词统称为缩略语。缩略语的使用可以追溯到语言的早期阶段。古罗马时期曾有"SPQR"(Senatus Populusque Romanus),意为"Senate and People of Rome",这是有据可考的最早的缩略语。缩略语的发展与语言认知能力、省力原则和经济原则关系密切。在其他条件均等的情况下,语言使用者总是"遵循或倾向于语言减缩"[⑧],即:如果可以使用完整表达或替代表达,那么总是倾向于使用替代表达;如果可以使用替代表达或省略,那么总是倾向于省略。

在现代英语中,缩略语顺应了新学科、新技术、新产品、新组织的语用需求,成为发展最快的语言现象之一。以民航为例,权威的《英汉民航缩略语词典》精选了与民航以及航空器的设计制造相关的 54 000 余条缩略语,以及 7 个附录,基本覆盖了民用航空领域的各个方面。[⑨] 从构成上看,民航英语缩略语可分为 4 类:

首字母缩略词(Initialism),取拼音文字表示的词组型术语中各个单词的首字母组成缩略语,如 ATC(Air Traffic Control,空中交通管制)、CDM(Collaborative Decision Making,协同决策)、ICAO(International Civil Aviation Organization,国际民航组织)、VIP(Very Important Person,贵宾)等。

首字母拼音词(Acronym),构成方法同前,不同之处在于可作为一个单词按照英

---

① 罗国清.零翻译概念辩证[J].上海翻译,2005(翻译学词典与译理论专辑):88-91.

② 孙迎春.汉英双向翻译学语林[M].济南:山东大学出版社,2001:58,268.

③ 袁宜平.科技术语的零翻译[J].术语标准化与信息技术,2010(3):65-68.

④ 石春让,覃成强.语篇零翻译:名与实[J].外语学刊,2012(5):109-112.

⑤ 李丹,黄忠廉.零翻译类型考[J].山东外语教学,2012(2):93-97.

⑥ 郑述谱.术语翻译及其对策[J].外语学刊,2012(5):102-105.

⑦ 信娜.试析术语符号性及翻译策略[J].上海翻译,2011(4):69-72.

⑧ 韩光清,王法政.英语缩略语略议[J].北京大学学报,2000(国内访问学者、进修教师论文专刊):242-247.

⑨ 祝世兴.英汉民航缩略语词典[M].北京:中国民航出版社,2013.

语发音规则读出，如 ATIS(Automatic Terminal Information Service,自动终端情报服务)、CAVOK(Ceiling and Visibility OK,云层及能见度良好,天气良好)、Radar(Radio Detection and Ranging,雷达)、STAR(Standard Terminal Arrival Route,标准仪表进场)等。

截短词(Clipped word),截取某个术语的一个或几个音节组成缩略语,如 INFO(Information,情报)、MET(Meteorological/Meteorology,气象)。

拼缀词(Blend),用词组型术语中两个或两个以上的部分组成缩略语,如 ADREP(Accident/Incident Data Reporting,事故/事故征候报告系统)、SELCAL(Selective Calling System,选择呼叫系统)、SIGMET(Significant Meteorological Information,重要气象情报)等。

4. 民航缩略语零翻译之理据

术语翻译规范化是术语规范化的重要环节之一。民航业源于西方发达国家。在这一领域,我国自身的科技原创能力相对滞后,大量术语都是通过翻译引进。各类飞机手册(包括机组使用手册、快速检查单、机组训练手册等)、运行手册(包括飞机运行手册、安全管理手册、地面操作手册等)、机务类手册(包括放行清单、故障隔离手册、航线维修管理手册、航务通告等),以及空中交通陆空通话等都含有大量缩略语,对这类术语的翻译事关飞行标准和飞行安全。

术语翻译要区别已经标准化的术语与未经标准化的术语。对于前者,一定要遵守标准;对于后者,可以相约一些统一的措施,比如采用不译法(零翻译)。我们认为,对于标准化的术语,也要视情况而定。即便是民航专业人员也不能保证掌握每一个缩略语及标准译名,何况更多的非专业人士。当面对没有把握的或未经标准化的民航缩略语时,译者基于以下理由,可采用零翻译方法。

(1) 顺应国际标准

随着国际间航空运输的不断增长,不同国家的飞行员和管制员交流增多,语言差异成为安全隐患。国际民航组织事故/事故征候报告系统、美国国家运输及安全理事会报告及英国强制事件报告系统的数据显示,误解或歧义是事故和事故征候的主要诱因。调查显示,通信失误造成飞行事故的频率非常高,平均每 1 年多就有 1 起。为了保障飞行安全,减少并消除由语言能力不足引发的安全隐患,ICAO 于 2004 年颁发了《语言能力要求实施手册》(Doc 9835　AN/453,简称《手册》),并于 2010 年对相关条款进行了修订。除要求专业人员的英语水平在规定时间内达到工作级外,《手册》还规定"必须使用 ICAO 术语",强调各成员国或个人应确保其使用的术语符合 ICAO 标准。术语标准化包括技术标准与术语标准、单语言标准与多语言标准等。术语学原则的标准化要求在国际层面建立标准,然后将其向成员国推广。国际化是科学技术语言的发展趋势。任何语言中的术语使用都应该尽量做到与国际上一致。[①] 对民航缩略语(尤其是 ICAO 术语)采用零翻译,并不是屈从于英语在国际民航中的统治地位,而是为了顺应国际标准,为在民航领域率先建立"双术语"标准打下基础。[②]

(2) 追求形式极似

术语翻译的本质及术语特点决定了术语翻译应遵循"极似"标准,从内容、形式、风格 3 个层面展现出来。[③] 与普通词汇不同,术语更接近符号,具有符号的性质。术语的符号性主要表现在语形和称名上:术语语形符号性是其称名符号性的具体体现,而术语称名符号性是其语形符号性的内在原因。术语语形符号性具体指术语语形符号化和术语符号纯粹化。由于术语语形和语义的相对独立性,术语符号纯粹化,即用符号替代术语,不会对术语的内容产生任何影响,使得术语可以脱离它所在的语言体系而行使称名功能。VIP 的跨域流行就是一个典型的例子。在特定情景中,对民航缩略语实行零翻译,实现了双语术语形式的极似,符合术语翻译的内在规律。

(3) 彰显透明效应

在术语翻译中,准确性至关重要,但同时要注意译名的可读性和透明性。[④] 所谓透明性,是指读者能从译名轻松地辨认出源词,能轻松地回译。比如,在"ADREP"中,"Incident"一词最初被译为"事件",后统一译为"事故征候"。改进后的译名更准确,可读性也更强。但有一点,"事故征候"在中文里是个合成词,包含两层意思,一是事故,二是征候(发生某种情况的迹象)。对于非专业人员而言,回译绝不轻松。对缩略语采取零翻译,能够体现出术语翻译中的透明性;专业人员也可以轻松实现回译,节省时间和精力。

(4) 促进专业交流

近年来,随着民航的市场化和国际化程度不断提高,英语缩略词不断涌入。有人认为英文缩写词应该尽量少用,但完全不用不太现实;专业人员强调维护母语是必要的,媒体应该引导汉语的规范使用。还有人认为,在正式新闻报道中,可以中文为主,双语并行,而在日常生活中,则可顺其自然。在这个问题上,应对日常生活和专业领域的用语加以区分。如同翻译专业教师习惯说"MTI",而不说"翻译硕士专业学位"一样,为了交流中的便捷,相比"国际民航组织"或"空中交通管制",民航专业人员更喜欢用"ICAO"或"ATC"。中国知网的检索结果显示,缩略语零翻译在民航专业文献中频繁出现,如"民航 ATC 系统中交通信息的数据融合""DEA 方法在中国民用机场评价中的应用研究""ADS-B 对我国民航飞行训练的影响"等。我国自主研发的

① 孟令霞.国际术语的特点类型及构成途径[J].外语学刊,2010(6):168-170.
② 周有光.漫谈科技语的民族化和国际化[J].中国科技术语,2010(1):8-10.
③ 信娜.术语翻译标准体系刍议[J].中国科技翻译,2011(2):24-27+16.
④ 姜望琪.论术语翻译的标准[J].上海翻译,2005(翻译学词典与翻译理论专辑):80-84.

21 世纪新一代涡扇支线飞机——翔凤,也以英文缩略语形式"ARJ21"(Advanced Regional Jet for 21st Centry)出现,如"ARJ21:中国民航适航审定的挑战"。在民航专业文本翻译中,若缩略语在同一语篇中反复出现,一般都采用首次零翻译加汉语全译注释、重复处则直接零翻译的方法处理,简单明了,便于专业交流。

5. 结　语

作为国际民航组织成员国之一,我国已成为全球第二大航空市场,同时也是世界上机场数目增长最快的国家,民航业在我国发展迅速。英语是国际民航通用语言。面对不断涌入的民航缩略语,零翻译不是不译;相反,它在某种程度上表现出译者的术语意识——一种基于对术语的性质与功能的认识而产生的严谨、科学地对待本专业术语,小心慎重地对待其他专业术语的学术自觉性。这种看似不作为的译法在某种程度上具有积极意义,因为它可以避免增加混乱及误译的出现。有了这种自觉性,就不会把"CFIT"(Controlled Flight into Terrain,可控飞行撞地)贸然译为"飞机可控撞地"。民航是一个高技术和高风险行业,任何疏漏都可能酿成大祸。

(原载《中国民航飞行学院学报》2014 年第 5 期,略有删改)

第三节　基于域事件的术语认知与翻译
——以美国国家航空 102 号航班事故调查为例[①]

1. 引　言

术语是知识结构化的产物,具有认知、语言和交际功能。[②] 在翻译活动中,术语通过其认知功能,为译者提供获取专业知识的途径。[③] 术语作为认知中介层,不仅传递信息,也可作为专业知识的载体,可以有效连接认知主体(人)与认知客体(外部世界)。术语学与认知科学的融合,是学科发展的必然结果。俄罗斯学者 Алексеев 于 1998 年首次提出"认知术语学"概念,Temmerman 等西方学者相继提出"认知术语学"理论。[④] 框架型术语学(Frame-Based Terminology,FBT)是认知术语学研究的最新领域之一。FBT 将术语表征方式与认知因素相联系,构建术语知识网络,以"域事

---

①　本文作者为郑丹丹、朱波。

②　李海斌. 认知术语学:术语学研究的新方向[J]. 外语学刊,2014(3):149-154.

③　CABRÉ M T. Terminology:theory, methods and applications[M]. Amsterdam/Philadelphia:John Benjamins, 1998:219.

④　CABRÉ M T. Terminology and translation[A]//GAMBIER Y, DOORSLAER L V. Handbook of translation studies[C]. Amsterdam/Philadelphia:John Benjamins, 2010.

件"(Domain Event)表示宏观上的知识领域、微观上的概念类别。① 在 FBT 理论框架中解决术语问题,可为知识传播和专业翻译奠定基础。

空难事故报告由国家专业机构撰写发布,其中包含大量民航术语,是进行术语认知与翻译研究的良好范本。2013 年 4 月 29 日,美国国家航空(National Airlines,NA)102 号航班在起飞后不久坠毁,造成整机和部分货物损毁,7 名机组成员全部罹难。NA102 号事故调查报告还原了空难事故链:① 装卸长未按照要求装载、固定货物;② 起飞过程中货物移动,损坏了液压系统;③ 飞机失速坠毁。基于该事故链,可构建基于"货运域事件"的术语知识网络。本节拟从 FBT 角度出发,选取 NA102 号空难调查报告中的"货运域事件"相关术语,构建术语知识网络,分析术语及其相应译文。

2. 域事件下的术语认知

域事件指专业领域中发生的各类事件,以类似框架的知识结构来表示专业知识领域。基于域事件之间的概念关系而衍生出的该专业领域的知识概念网络(Conceptual Networks),可为发生于该领域的专业化过程、行动和参与其中的实体提供模板,同时展现具体专业背景或语境。② 知识概念网络将术语所属领域、子领域、概念关系、语境等信息囊括其中,引入图像等直观展示概念内涵的可视化手段,可弥补专业知识的不足,为术语认知和翻译奠定基础。

(1) 概念范畴激活

FBT 借鉴认知语言学中的原型概念,规范域事件的基础概念框架。每个专业域都可用一个通用事件来表示,这类事件被称为"原型域事件"(Prototypical Domain Event)。基于原型域事件可构建适用于所有信息的基础模板,模板内包含该专业域的所有事件、实体及属性。③ 领域中所有域(Domain)和子域(Subdomain)都基于此模板而产生,通过概念关系(Relationship)相连接。如图 8-3 所示,在域事件中,术语的构建以根据不同范畴对概念进行的层级划分为基础,通常包括实体、事件、属性等基本范畴,其中实体又可细分为物理实体和认知实体,事件可细分为过程和状态范畴。例如,在货运域事件中,"失速"归属于状态范畴,"液压系统"归属于物理实体范畴。④ 范畴中的具体概念同时具有横向和纵向结构,通过层级与非层级关系联系。术语根据其在事件中所扮演的语义角色,被赋予施事、过程、受事、工具、地点等语义角色。角色间通过因果、目的、方式等语义关系相联系,在术语层面表现为非层级关

---

① FABER P. A cognitive linguistics view of terminology and specialized language[M]. Berlin/Boston: De Gruyter, 2012: 10,29.

② FABER P, LINARES C M, VEGA EXPÓSITO M. Framing terminology: a process-oriented approach [J]. Meta: Translators' Journal, 2005, 50(4): 121-146.

③ 卢华国. 框架术语学的三大研究焦点[J]. 中国科技术语, 2021, 23(1): 3-9.

④ FABER P. A cognitive linguistics view of terminology and specialized language[M]. Berlin/Boston: De Gruyter, 2012: 29,137.

系。通过这种方式,术语的双重角色——概念和语言组织同时得到体现。不仅可从语义角度观察术语单位,也可通过概念间的关系分辨概念表达上的差别。

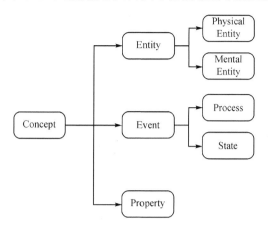

图 8 - 3　概念基本范畴

在域事件内创建术语节点时,有关术语的基本信息(如所属领域、子领域、来源、词性、定义等)可以被激活,术语本身与其他概念之间的关系也被激活。其下位概念也同样可以被激活,并衍生出自己的下位概念和概念关系。术语的多义性决定了术语可能同时属于多个专业域,其概念关系因而呈现出多维性。然而,概念关系的多维性可能造成概念网络信息密度过高、辨别度过低。针对这个问题,FBT 主张基于语境排除不相关的概念关系,简化概念网络,以免信息过载。

（2）概念网络构建

理解专业术语概念需要激活其背后的知识结构,这意味着用户需要了解该术语所指的概念实体、与它相关联的事件及其概念关系。FBT 认为,概念存在于更大的结构或事件系统中,每个类别中的专业概念间存在不同类型的语义关系,概念本身与概念关系集成知识网络。由域事件搭建而成的知识网络构成该领域的认知框架,连接着实体与概念,成为专业知识存储和传播的媒介。

概念范畴通过域事件产生关联,而范畴中的术语概念则由基于概念关系构建而成的"网"组织起来,概念网络由此产生。如图 8 - 4 所示,货运事件概念网络图可串联起 NA102 号航班空难事故链:① 按照在货运域事件中扮演的语义角色,概念可分为施事(如机组人员)、过程(如装载)、工具(如货物系统)、受事(如液压系统)和结果(如失速)五大类型。② 概念范畴和语义角色的结合,可反映概念间的互动关系。如"机组人员"凸显施动角色,执行了人为过程"装载"。③ 此过程将"货物系统"作为工具,影响受动角色"液压系统",造成结果"失速"。概念网络将术语概念之间的关系清晰、动态地展现出来,直观展示出概念在知识网络中的位置。概念网络可还展示概念之间的逻辑关系与知识框架的构建方式,有助于用户对相关知识进行连锁式扩展检索和学习。

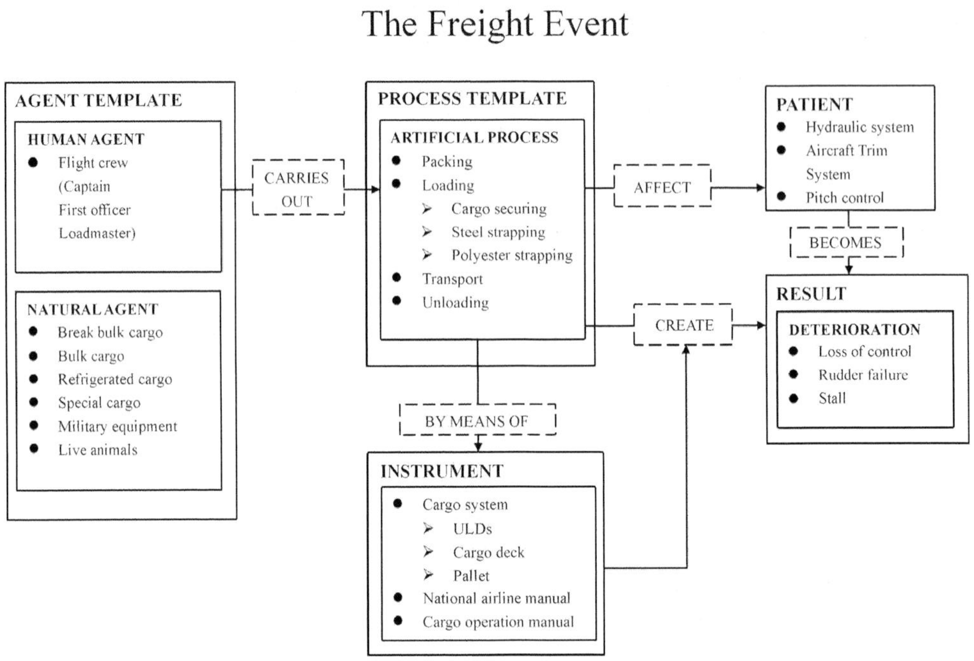

The Freight Event

图 8 - 4 概念网络示例

(3) 信息可视化

相比单纯依靠文字,以可视化手段获取知识更为直接、高效。对于非专业人士而言,专业领域的术语认知难度大、成本高,引入的可视化信息可与语言语境形成互补,展现材料文本中的隐含内容与关系。在概念网络中,图像类型基于象似性、抽象性和动态性3个标准进行分类:① 象似性指图像要与其描述的概念属性所代表的真实客体相像;② 抽象性指图像需符合人类认知水平,可用于识别概念的代表物;③ 动态性指图像需以状态图、动画、视频等方式表现概念所处的不同阶段。[①] 根据术语信息编纂的实际需要,可根据这3个标准中的一个或多个对图像进行分类。结合多维度、多方面的图像信息与语言信息,可展示描述术语概念所需的全部细节。

激活任何专业知识概念,都应掌握其概念背景,将其作为事件的一部分看待。结合域事件,还可整合不同类型的图形信息,以便于展现事件的关键脉络。事故调查报告显示,NA102号航班失事的直接原因是飞行过程中有货物移至飞机尾部,破坏了飞机部件,导致控制系统失效。图 8 - 5 展示了 NA102 号航班上的货物装载信息,图像信息的象似性、抽象性和动态性分别在 3 幅图中得到体现,形象地传达了货物的类型、外观、装载位置、装载方式等信息。借助图形与语言信息,概念的语境信息得到了

---

① FABER P, ARAUZ L P, VELASCO J A P, et al. Linking images and words: the description of specialized concepts[J]. International journal of lexicography, 2007(20):39-65.

表达,用户对于概念和概念关系的认知也将得到深化、扩展。语言、图像等多模态概念的描述,可使用户获取术语认知所需的多维度信息,如货运域事件的背景、事故因果等,从而搭建起包含事件发展脉络、因果逻辑的认知框架。

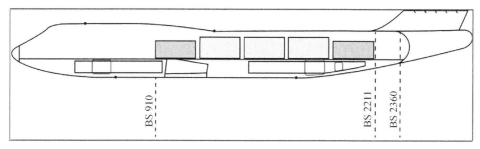

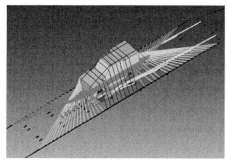

图 8 - 5 货运域事件背景图

3. 术语翻译

翻译本质上是一种认知活动,能够反映出译者的内在心理机制和认知过程。专业语言翻译过程中出现的问题,往往源于译者对术语在语篇中的含义、在目标语言中可能的对应关系的不充分认知。可见,理解、组织和规范不同语言专业知识单元之间的对应关系至关重要。译者在翻译过程中不仅是语言的解码者,更是语际与互文的中介,其行为目的便是利用目标语言传递原文本信息。术语翻译往往受到译者认知能力、意图、知识水平等因素的影响,因此搭建认知框架有助于译者辨认专业概念及其关系,保证翻译质量。基于 FBT 理论,我们提出以下术语翻译策略。

(1) 把握范畴 参照背景

在专业翻译中,译者作为语言工作者通常不具备原文作者在专业领域的知识水平。对译者而言,达到专业领域的"知识门槛"是开展专业翻译活动的第一步。[①] 术语是专业语言的核心,构建术语知识体系可帮助译者快速获取领域知识。在知识系

---

① FABER P. A cognitive linguistics view of terminology and specialized language[M]. Berlin/Boston: De Gruyter, 2012: 288.

统中,术语含义的构建基于其所在的背景知识体系,通过分类实现其解释、说明功能。这种分类即范畴化的过程,其结果是产生认知范畴。术语知识网络的构建以根据不同范畴对概念进行的划分为基础,通常包括对象、属性、过程和特征等基本范畴。通过范畴化过程,译者可获取术语属性、背景知识、语境等信息。由于社会文化因素对人类认知能力的差异化影响,不同背景的译者之间会出现认知范畴的不一致。这种现象的表现形式之一,便是看似相同的词语在不同专业域映射不同层次的认知范畴。对术语概念的专业域施加限制,排除不相关、不兼容的概念关系,可以帮助译者获取与具体文本相关的背景知识。比如下例:

> ST:The captain said "Rotate," followed 6 seconds later by "Positive climb."
>
> TT:机长说"起飞抬头",6秒后说"正在爬升"。

"rotate"的字面含义为"旋转、循环",但若将其放在不同专业域中,背景不同的译员将产生不同的认知。在民航领域中,"rotate"意为"起飞抬头,拉起机头",飞机在起飞期间达到一定速度后,机长将执行这一操作。缺乏民航专业背景知识的译者易出现判断或理解上的错误,而将该术语错译为"旋转"。"positive"的多义性也导致"positive climb"有多种译法,译者需选择最符合原意的翻译。翻译这种词组型术语不仅需要准确传达原意,还应准确反映词语间的语法和修辞关系。在民航专业域中,"climb"是"(飞机)爬升"的意思。波音操作手册要求飞行员在起飞后检查飞行仪表,当高度计显示飞机高度增加时,便会报告"positive climb",用于表述飞机爬升的状态,因此该术语应译为"正在爬升"。

(2)明确语境 探求词义

任何关于术语的翻译问题,都受上下文和文化因素影响。[①] 术语在文本中并不是分离的,而是与上下文中的词汇搭配、文化背景和其他因素共同作用、传递信息的。在翻译术语时,译者须重视术语的语境因素影响,从而确保术语翻译时的语义选择更加准确,尽可能为译入语受众减少认知负荷,确保翻译的可理解性和接受度。FBT主张基于术语在专业域中的语义角色,来激活、筛选与这些关系相关的上下文和概念关系,以改善术语表征的清晰度和辨识度,为译者构建更详细的概念心理空间。比如下例:

> ST:The transcript contained no further discussion about the straps or cargo.
>
> TT:文字记录中没有关于捆扎带或货物的进一步讨论。

---

① MONTERO-MARTÍNEZ S, FABER P. Terminological competence in translation[J]. Terminology, 2009,15(1):88-104.

FBT 认为,交际语境中的关键维度包括:① 文本发送者的信念和期望;② 文本发送者和接收者共有的知识;③ 语篇的交际目标;④ 影响接收者解读文本的因素。"strap"通常译为"皮带""绳",就字面而言,这种直译法已传达原意。但从交际语境的 4 个关键维度考虑:① 文本发送者所写下的"strap"指的是飞机上用于捆扎货物的工具,是一种特制的"皮带",区别于汉语中一般的"皮带";② 文本发送者与接收者(即事故报告读者)都具备一定的民航专业知识,理解常用的货物捆扎工具知识;③ 英汉两种语言对某些事物的范畴分属不同,英语中"strap"一词的概括化程度高,可以表示用于携带、固定物品的所有带状物。若直译为中文,则易使读者误认为该飞机用普通的皮带或绳子来捆扎货物。因此,在翻译此类术语时,应根据其词汇搭配、上下文语境和文化背景,限定其所在的域事件范畴,选择更准确的语义。在该例中,"straps"译为"捆扎带"更为恰当。

(3) 突显受众　加注添彩

受文化背景、专业应用发展的影响,不同语言在规范、结构等方面存在差异。原语读者和译语读者所处文化环境或工作领域的不同,会形成认知环境差异。译者的任务就是在两种认知图式间架起一座沟通的桥梁。对于术语翻译而言,译者需判断文本的目标受众,准确理解源文本的编写内容与目的,在心理上创建与读者群体相匹配的潜在读者档案。为使读者能够读懂译作,译者可以增添缺省的文化、专业背景信息,以帮助读者更好地理解。当原语与译语间文化差异较大,或译入语中涉及译出语读者无法理解的、其他领域的专业术语时,译者可采用特殊方法填补信息空缺,如在文中添加注解、适当增词说明等。比如下例:

ST:The FDR's crash-survivable memory unit was found separated from the chassis.

TT:发现飞行数据记录器的防撞击记忆单元从底架脱落。

(注:防撞击记忆单元包含热敏存储单元的存储设备,可在飞机发生坠毁时保护关键数据,使其免遭损毁。)

译者在翻译过程中扮演"中间人"的角色,作者将一系列意欲表达的信息付诸于文字,译者重构话语信息并将其传递给译语读者。在此过程中,译者必须考虑目标读者已有的知识范围、习惯的语言结构与规范。上述示例中,事故调查报告的目标读者是民航从业者、民航英语学习者及民航业余爱好者,报告中的术语涉及电子信息科学、气象学等多个专业领域,目标读者往往难以理解。"crash-survivable memory"属于电子信息科学领域,指一种包含热敏存储单元的存储设备,在译文中添加注解能够使译语读者充分理解这一术语。

（4）透明翻译　避免混乱

面对不同专业领域、发展日新月异的大量新术语，多样化的翻译方法可能对术语的规范化、统一化造成阻碍。术语的符号性决定了术语翻译应遵循概念与形式上的透明性，译者应使目标语术语概念和形式的所指更清楚。[①] 术语的透明翻译指读者可利用译名轻松实现回译、辨析源词，避免认知偏误。译者可采用"字面对等"的直译法、零翻译等方法，保留原语术语的形态结构和意义，使目标语术语意义透明，避免一词多译、译名混乱的现象发生。比如下例：

> ST：The augmented flight crew（the four pilots together were known as a "heavy crew"）...
>
> TT：扩编机组（4 名飞行员的配置也被称为"重载机组"）。

术语具有社会约定性，对于新出现的或理据不明显的"未规范术语"，透明译法可准确再现术语间的细微差异，确保译文不夸大、不缩小其概念内涵。民航业内将超过两名飞行员的飞行配置称作"augmented flight crew"，即"扩编机组"，而 4 名飞行员的配置又可称为"heavy crew"。"heavy crew"对于专业人员而言意义明确，不会引起误解。因此，翻译时采用与原有构词结构相同的译名，即"重载机组"，以实现语义与形式上的透明，能使读者在第一时间将原术语与译名联系起来，有利于术语普及。

4．结　语

术语是专业领域的知识结构，没有术语就没有知识。认知是构建知识的思维过程。从认知层面看，建立术语的语言形式与其知识结构之间的联系，是构建专业知识领域的基础。在知识系统中，概念是构成知识的基本单位，知识的表征与传播通过概念和意义的连接而呈现。在全球科技频繁交流的数字化时代，术语翻译是知识传播的关键环节。译者通过多层次的认知建构，将语言与现实世界联系起来，利用语言转换达成跨文化交流的目的。FBT 理论为术语研究带来了视角和方法的创新，引入了认知语言学中的"认知框架"概念以作为术语概念模型，模拟人类认知系统，构建起有序且灵活的知识网络，促进了专业翻译和知识传播。本节基于域事件和 FBT，提出了 4 种翻译策略：通过术语的范畴化帮助译者获取背景知识；通过明确语境确保译的可理解性；通过突出受众为译入语读者填补信息空缺；通过透明翻译避免一词多译等混乱现象。从概念层面出发，综合考虑术语含义、范畴内信息和概念间的关系，提高译文的准确性。此外，FBT 可为术语能力培养提供新思路，推动数字化时代下的知识引进与传播。

[①] 孙毅、孟林林.认知术语学视角下的外交部网站新闻术语翻译[J].上海翻译,2018(4)：30-38.

第四节 基于 ESP 的 MTI 特色课程设计
——以"民航英汉翻译"为例①

1. 引　言

自 2007 年翻译硕士专业学位(MTI)设置获批以来,开设此专业的高校已从首批的 15 所发展到 316 所。MTI 的发展取得了丰硕成果,不过许多问题也随之而来。专业人士通过回顾 MTI 教育的发展,总结出 MTI 教育的八大问题,指出不少 MTI 培养院校照搬照抄教育指导委员会的指导性培养方案,缺乏学校特色。② 值得一提的是,翻译属于外语学科,但在获批开设 MTI 的培养单位中,语言类院校仅占 5% 左右,更多的是综合类、理工类、财经类、师范类等类型的院校。作为当代复合型人才的培养基地,理工类院校将以其特有的专业背景优势,在 MTI 培养中发挥重要作用。③ 如何结合学校专业背景打造 MTI 特色课程,提高人才培养的针对性,已成为推动 MTI 教育可持续发展的关键。

近年来,MTI 教育工作者广泛吸收专门用途英语(ESP)的教学经验,各大高校开始为 MTI 学生开设专门用途英语课程。④ 专门用途英语,顾名思义,是指与某种特定职业或学科相关的英语,是根据学习者的特定目的和需要而开设的英语课程,如商务英语、民航英语、医学英语、海事英语、国际金融英语等。⑤ ESP 已成为未来大学英语教学发展的方向。⑥ MTI 教育与 ESP 教学目标和要求基本一致,依托 ESP 发展 MTI 教育具有充分的必要性和可行性。⑦ ESP 课程在设置上有宽窄之分(wide and narrow-angled course designs),在 MTI 教学中开设 ESP 的窄型(专门型)课程更具市场针对性。⑧ 现有研究表明,ESP 在 MTI 培养中将发挥愈发重要的作用。但国内

① 高鹏,朱波.基于 ESP 的 MTI 特色课程设计——以"民航英汉翻译"为例[J].中国 ESP 研究,2020(2):63-70+94-95.
② 仲伟合.十年扬帆,蓄势远航:MTI 教育十年回顾与展望[J].中国翻译,2017,38(3):7-9.
③ 苗亚男.理工类院校英语本科与翻译硕士(MTI)课程设置比较研究[J].上海翻译,2016(4):57-60.
④ ZHU B, GAO H, WU H, et al. Studying crashes to avoid clashes: a translational approach to develop terminological competence for aeronautic communication[J]. Círculo de lingüística aplicada a la comunicación, 2019(79): 119-138.
⑤ HUTCHINSON T, WATERS A. English for specific purposes a learning-centered approach[M]. Cambridge: Cambridge University Press, 1987: 1-4.
⑥ 蔡基刚.再论我国大学英语教学发展方向:通用英语和学术英语[J].浙江大学学报(人文社会科学版),2015,45(4):83-93.
⑦ 冯建中.基于 ESP 的 MTI 教育模式研究[J].外语研究,2015,32(2):51-55.
⑧ 方梦之.ESP 与 MTI[J].上海理工大学学报(社会科学版),2018,40(4):301-305.

仍缺少针对依托 ESP 的 MTI 特色课程设计的研究。针对课程的设计方案、实施流程、分析评价等具体问题,业界应展开深入探讨,以期为其他院校的 MTI 课程设计和教学实践提供参考。

2. 设计方案

本文探讨的 MTI 特色课程"民航英汉翻译",正是结合学校"航空、航天、民航"(三航)特色,依托 ESP 教学的三个基本原则——"真实性"(Authenticity)原则、"需求分析"(Needs Analysis)原则、"以学生为中心"(Student-centered)原则而设计。[①] 首先,教学真实性体现为教学内容和材料的"针对性"和"实效性",教师不拘泥于某本教材,而是自己收集很多时下有针对性的材料,保证教学目的达成。[②] 选用空难系列纪录片《空中浩劫》作为教材正是真实性的体现。其次,在教学中做到将学生需求分析和社会需求分析相结合。目前,社会对语言服务业从业人员的需求日益多样化,早已超越了传统意义上的口笔译,课程教学也不再局限于单调的翻译技能训练,而是以案例教学、职前模拟训练等多种形式,加强专业英语知识的渗透。最后,以学生为中心开展教学,要重新审视教师和学生在课堂中的角色定位,通过角色转换调动学生自主学习、创新学习的积极性。基于此,课程设计的具体方案包含以下 3 部分。

(1) 课程准备

充分的课程准备能够保证课程的有序展开。ESP 课程以学生为中心,教师应引导学生参与到课程准备中。准备流程可简述为:

① 将课程设计方案告知学生,以方便全体学生准备和参与;

② 指导学生分组,让各组从《空中浩劫》中选取与本组特定主题相关的影视资料;

③ 组内进行任务分配,整理资料并制作课件,准备课堂展示。

(2) 课程实施

课程实施是整个课程设计的重心。课程准备完成后,通过课程实施来实现教学目标。课程实施包含以下 3 步:

① 组长放映选取的纪录片片段,介绍相关知识背景,快速导入课程;

② 组员充当"事故调查员"和"相关行业专家"角色,开展事故原因分析;

③ 组员回归"译者"身份,对专业词汇进行翻译与讲解。

(3) 课程评价

课程评价包括"即时评价和延时评价"两种。[③] 即时评价通常指课堂上的评价,包括教师讲评、学生互评等。教师讲评可及时有效地对学生知识、学习情绪等进行引

---

① 秦秀白. ESP 的性质、范畴和教学原则——兼谈在我国高校开展多种类型英语教学的可行性[J]. 华南理工大学学报(社会科学版),2003,5(4):79-83.

② 彭萍. 对 ESP 翻译教学几个重要问题的思考[J]. 中国 ESP 研究,2010(1):161-166+196-197.

③ 文秋芳."产出导向法"与对外汉语教学[J]. 世界汉语教学,2018,32(3):387-400.

导和调整。学生互评能让大家找出不足、互相学习,进一步加深对相关内容的理解。两者皆可有效促进教学目标的实现。延时评价有助于学生的主动发展,评价主体不仅是教师,也包括学生——使学生作为研究者对课程展开分析评价,帮助课程不断发展并取得更好的教学效果。

3. 课程实施

在 2018—2019 学年第二学期的"民航英汉翻译"课程中,教师指导学生分为7 组,各组依照设计方案完成了课程学习任务。具体分组情况如表 8 - 2 所列。

表 8 - 2　分组信息

组　别	季/集	标　题
1	18~02	*Blown Away*(《风雨满城——复兴航空 222 号航班》)
2	10~05	*Hudson River Runway*(《哈迪逊河跑道——全美航空公司 1549 号航班》)
3	13~10	*Qantas 32:Titanic in the Sky*(《泰坦惊魂——澳大利亚航空 32 号航班》)
4	16~10	*Afghan Nightmare*(《战地梦魇——美国国家航空 102 号航班》)
5	16~06	*Dangerous Approach*(《绝命机师——跨科罗拉多航空 2286 号航班》)
6	16~03	*Disaster at Tenerife*(《天堂哀鸣曲——特内里费空难》)
7	12~13	*Air France 447:Vanished*(《失落航班——法国航空 447 号航班》)

依照课程实施计划,各组选取相关纪录片,分配任务并实施课程教学环节。课程实施具体流程如下。

(1) 课堂导入

课程开始后,组长播放纪录片片段,约 10 分钟。该部分通常包含常规及非常规情况下飞机的起飞或降落、空中交通管制与飞行员的通讯过程等,此环节必不可少。首先,视听刺激能令学生迅速置身于事故现场,教学氛围随视频的推进由单调转向生动。其次,影视片段将专业知识与语境结合,反映出专业词汇如何在语境下实现交际目标。同时,影视中的图像信息和语言语境可形成互补,共同描写概念。[1] 最后,丰富的民航语言及专业字幕能初步满足学生的翻译需求。以第 1 组选取的纪录片*Blown Away* 为例,提取播放片段(00:00—09:20)的字幕,可得到无线电通信和航空语言共 53 句、885 词,分别由飞行员、管制员以及调查员发起,民航标准及非标准语言较为丰富。通过视频导入课堂,不仅能引导学生快速融入教学活动,还能初步满足学生的语际和语内翻译需求。

(2) 事故调查

民航是技术和风险密集型行业。无论是在课堂还是未来工作中,标准的民航语

---

[1]　FABER P. A cognitive linguistic view of terminology and specialized language[M]. Berlin & Boston: De Gruyter,2012.

言输出都十分重要。很多事故及事故征候是由于管制员或飞行员传递信息方式有误或不够直接而引发的,此类情况在《空中浩劫》纪录片中有生动详尽的描述。第 6 组选取《空中浩劫》第 16 季第 3 集 *Disaster at Tenerife*(《特内里费空难》)作为课程材料。事件发生于 1977 年 3 月 27 日,美国泛美航空 1736 号航班在机场跑道滑行时,荷兰皇家航空(简称"荷航")4805 号航班在同一跑道加速起飞,两机相撞后燃起大火,最终造成 583 人死亡,成为迄今为止最惨烈的空难。组员准备了相关资料,讲述了两机相撞的原因。事故发生前,荷航机长为了赶时间,听到空中管制许可中包含"take off"(起飞)便以为是允许起飞,于是开始加速。此时,泛美航空的飞机尚未离开跑道。荷航机长向塔台报告"We are taking off"(我们正在起飞),但空管以为荷航机长说的是"We are at *take-off*"(我们在起飞处等待),所以回答了"OK... Standby for *take off*, we will call you!"(好的,待命起飞,我们会通知你!)。但不巧的是,泛美航空的机长在同一时刻呼出"We are still taxiing down the runway!"(我们还在跑道上滑行!)无线电通信刚好覆盖了空管员的后半段话。荷航机长只听见了前面半句"OK",便加速起飞,酿成大祸。

以此为鉴,ICAO 引入并通过了标准用语要求。当飞机位于跑道但未获得起飞许可时,必须采用"line up and wait"。在发出起飞指令前,空管员不允许使用"take off",一律改用"departure"。空管员和飞行员要避免使用简单用语和俚语,飞行员回复指令时首先要复诵指令。ICAO 还规定,在航空通信中必须使用标准术语,在没有对应术语时,必须熟练使用简明通用语言。通过角色模拟,教师指导组员充当"事故调查员"和"相关行业专家"角色,讲述事故的调查过程和主要原因。教学过程通过模拟"事故现场""调查机构"等学习者未来可能的工作环境,为学习者开展真实的职前训练、实现语言输出和专业知识输出提供了练习的机会。

(3) 回归翻译

课程最后,组员回归"译者"身份,将课堂中涉及的大量民航专业用语分类汇总讲解。各组按照教师的指导选取了不同主题、不同事故原因的纪录片,将各组纪录片涉及的事故原因进行整理,可与 ICAO《语言能力要求实施手册》(Doc 9835　AN/453)列举的管制事件(Events)和适用范围/子域(Domains/Sub-domain)形成知识概念系统,具体可见表 8 - 3。

表 8 - 3　纪录片主题所属事件和适用范围

组　　别	事故原因	适用范围(子域)	所属事件
1	气候恶劣、飞行员疲劳工作	MET(Weather) Conditions(气象/天气情况)	ATIS-Visibility, Clouds, etc. (情报通播——能见度、云层等) Minima(最低标准) Storms(雷暴) Turbulence(湍流)

续表 8 - 3

组 别	事故原因	适用范围(子域)	所属事件
2	鸟击	Bird Risk/Hazard (鸟击风险/危害)	Names/Types of Birds(鸟类名称/种类) Damage to Aircraft(飞机受损情况) Behavior of Birds(鸟类行为) Delays(延误)
3	输油管断裂导致引擎炸裂	Aircraft Breakdowns (飞机故障)	Instrument(仪表) Aircraft Spare Parts(飞机零配件) Flight Deck/Cockpit(飞行机组室/驾驶舱) Overheating-brakes,Engine,etc.(过热——刹车、发动机等)
4	装载货物脱落撞坏飞机	Cargo Problems/ Dangerous Goods (货舱问题/危险品)	Type of Cargo(货物种类) Toxic Substance(有毒物质) Load Distribution(货物装载布局) Loading/Unloading(装货/卸货)
5	飞行员吸食毒品	Health Problem (健康问题)	Medicine/Drugs(药物/毒品) Symptoms(症状) First Aid(急救) Medical Equipment(医疗设备)
6	沟通失误导致两机跑道相撞	Take-off Incidents (起飞事故征候)	Traffic Interference(与其他飞机活动冲突) Runway Incursion(侵入跑道) Cancellation and Change of Clearance(许可变更) Problems with Steering Gear(转向轮故障)
7	飞行员操作失误导致飞机失速	Unauthorized Maneuvers(非法操作)	Flight Profile(飞行剖面) Stall Levels(失速高度层) Airspace(空域) Position/Locations(位置/方位)

在"事件"和"子域"中,表示属的类别放置在那里,为本知识领域内更多相关专业概念的组织提供了框架,各概念类别通过"域事件"关联在一起。每一个类别中的专业概念,由水平(非层级)关系或者垂直(层级)关系相连的"网"组织起来。① 由于普通英语(EGP)教师一般不具有学科知识背景,学界对他们能否胜任 ESP 教学一直存在争议。② 借助知识框架从专业语料库中提取概念知识,可以解决教师的专业知识

---

① FABER P, MONTERO MARTÍNEZ S, CASTRO PRIETO M R, et al. Process-oriented terminology management in the domain of coastal engineering [J]. Terminology, 2016(12):189-213.

② 张济华,高钦,王蓓蕾.语料库与大学专门用途英语(ESP)词汇教学探讨[J].外语界,2009(3):17-23.

短板,为开展基于 ESP 的 MTI 课程提供思路。

此外,《空中浩劫》包含丰富的静态及动态图像信息,能够为一些抽象、不熟悉的专业术语及概念提供丰富的视觉信息,方便使用者从多个维度对术语或专业概念进行更为完整的描述。第 3 组以澳大利亚航空 32 号航班事故报告①(部分截取)为例,讲述了译者如何结合图像对专业概念进行认知:

> 例:The flight crew contacted ATC and advised that they would need about 30 minutes to process the ECAM messages and associated procedures, and requested an appropriate *holding position* in order for that to occur. ATC initially cleared the flight crew to conduct a *holding pattern* to the east of Singapore. Following further discussion amongst the flight crew, ATC was advised that a *holding area* within 30 NM (56 km) of Changi Airport was required. ATC acknowledged that requirement and directed the aircraft to a different area to the east of the airport and provided heading information to maintain the aircraft in an approximately 20 NM (37 km) long racetrack *holding pattern* at 7400 ft.
>
> 飞行机组联系空中交通管制,说明他们需要大约 30 分钟处理电子中央监控信息、执行相关程序,并请求空中交通管制提供合适的等待位置。空中交通管制初步批准飞行机组可进入新加坡东部某处等待航线。经飞行机组进一步讨论后,他们告知空中交通管制等待空域需位于樟宜机场 30 海里(56 千米)范围内。空中交通管制明确这一请求,并指引飞机进入另外一个位于机场以东的区域,并提供航向信息确保飞机位于一个长约 20 海里(37 千米)、高 7 400 英尺的等待航线。

结合语境,译者能够了解文中"holding"(等待)的含义。然而文本中"holding"对应 3 个不同术语:"holding position"(等待位置)、"holding area"(等待空域)和"holding pattern"(等待航线)。这 3 个术语的准确定义及其异同容易让译者感到困惑。《空中浩劫》给出了澳大利亚航空 32 号航班的航行路线图,能够指明等待航线的运动过程、等待航线的起始转弯点(即等待位置、跑马场型航线),由此可描绘出等待航线的范围(即等待空域)。航行路线图向读者动态展示了整个事件以及等待航线的特定概念。图像与文本结合,共同为术语的描述提供信息,方便译者更加系统完整地理解术语概念。

---

① 澳大利亚航空 32 号航班是一架由英国飞往澳大利亚的空客 A380 飞机,2010 年 11 月 4 日上午在印度尼西亚巴淡岛上空发生引擎爆炸事故,最后迫降新加坡樟宜机场,无人伤亡。

4. 课程特色

对课程进行分析评价,能够更好地展现课程设计的经验与成果。结合访谈和调查,可发现"民航英汉翻译"课程具有以下 4 个特色。

(1) "真材实料"——课程教材基于真实语料

《空中浩劫》纪录片基于真实事件,根据官方报告以及目击者证言制作而成。作为授课教材,该纪录片符合 ESP 教学中教材选择的真实性原则,真实性是 ESP 教学的灵魂。"真实的语篇"加上"真实的学习任务"才能体现 ESP 教学的特色。[①] 作为全球权威专业的空难纪录片之一,《空中浩劫》目前已经播出 23 季、近 200 集,内容涉及军事、经济、恐怖主义、特殊货物运输等民航相关领域,遇险飞机包括波音、空客等的不同机型。其中涉及的专业知识和术语为民航英汉翻译教学提供了一个巨大的资源库。对于纪录片中可能出现的术语,Doc 9835 罗列了事件、适用范围和子适用范围,作为典型的空中交通管制和飞行员的日常通信用语,总共 1 300 个术语被归于 50 个不同的子域,对于每一事件均要求学生熟悉相关的词汇和用语。[②] 除此以外,航站楼及客舱广播用语、机场地面服务用语、维修机械师用语、乘务员服务用语等,这些原汁原味的专门用途语言不断出现在《空中浩劫》中。借助多媒体视听手段,学生能够将知识习得与语境和图像信息相结合,依靠术语框架体系,从专业领域系统、快捷地提取知识。

(2) "以教为学"——课程教学以学生为主体

传统的教学模式是"输入式教学",教师负责讲授和演示,学生按照教师的指导进行学习。"以教为学"的教学模式则是"输出式教学",学生成为教学的主体,自己找资料、做调研、准备课件,然后在课堂上进行讲解展示,这个过程能调动学生的积极性和主体性。[③] 教师在课堂中进一步"放权",从课堂的全权主导者转变为设计者、指导者、组织者和管理者,不仅要构思设计教学,还要巧妙地引导学生实施教学计划。学习者通过承担教学任务,实现习得收益最大化。在课程准备时,学生能培养自己观察问题、思考问题和解决问题的能力,在实践体验中获取知识、习得技能。在课堂上,学生通过充当事故调查员、相关行业专家以及译者的角色,作为"准职业者"开展职前训练,提高自身的实践能力,有利于今后成为适应特定行业或职业实际工作需要的应用型人才。

(3) "授人以渔"——课程理念由教师主导

《翻译硕士专业学位研究生指导性培养方案》(以下简为"《培养方案》")中规定,

①　COFFEY B. ESP—English for specific purposes[J]. Language teaching, 1984, 17(1): 2-16.

②　Manual on the implementation of ICAO language proficiency requirements[S]. Montréal: International Civil Aviation Organization, 2004/2010.

③　张斐瑞. 从通用走向专用:高校英语教学改革之路——王立非教授访谈录[J]. 山东外语教学, 2015, 36(2): 3-8+2.

各院校可根据本专业的培养目标和院校办学特色,自行设置若干特色课程,作为限定性选修课。翻译研究生课程设置可分为三年制的翻译学硕士(MA)和两年制的翻译硕士专业学位(MTI)。① 对 MTI 研究生而言,真正上课的时间往往只有 1 年,在翻译专业基础必修课和重要的选修课之外,留给特色课程的时间并不多。对教师而言,即便是专职翻译,也要经过多年历练才能成为某个领域的专门人才,想在课堂上将所有专业知识传授给学生是不可能的。教师要清楚人才培养理念,特色课程的根本目的并非给学生灌输专业知识,更重要的是培养学生对专业领域的兴趣,教给学生学习方法。因此,课程应做到"授人以渔"而非"授人以鱼",尽可能为学生提供一个自由而安全的环境,让他们能够进行自主学习和探究,进而提升综合能力,以快速适应未来多变的工作环境。此外,依托 ESP 设计的 MTI 课程要平衡好专业知识和语言技能之间的关系。教师要成为课堂活动的引导者,通过宏观把控和微观施策,实现语言训练和专业知识的完美结合。

(4)"以校为本"——课程建设依托院校特色

统筹的《培养方案》不可能照顾到各地各类学校的特殊性。在国家政策的保障下,立足学科优势建设 MTI 特色课程和培养体系,能满足市场对多样化翻译人才的需要,改变翻译硕士培养特色不足的弊端,提高 MTI 教育的应用性和针对性。② 校本课程的开发依靠学校特色完成。《国务院关于促进民航业发展的若干意见》指出:要加大飞行、机务、空管等紧缺专业人才的培养力度,强化民航院校行业特色;鼓励有条件的非民航直属院校和民航类院校培养民航专业人才,增强国际航空竞争力。在我国民航业大发展、高水平民航语言服务人才稀缺的背景下,南京航空航天大学外国语学院结合学校"三航"特色,确立了建设具有民航特色教学体系的发展目标,不断探索民航英语特色课程和特色人才培养模式,打造"需求为基础、特色为灵魂、质量为保证"的"民航英汉翻译"课程,培养高层次、应用型、专业化的民航语言服务人才,并期待通过他们最终形成"招生—培养—就业—反哺"的良好循环。发挥学科和区位优势,实现"产学研"紧密结合的人才培养模式,正是对新时代民航强国战略的响应。

5．结　语

依托 ESP 设计 MTI 特色课程,"民航英汉翻译"取得了以下成果:① 学生从"学习者"过渡为事故调查员、相关行业专家、译者等"准职业者"。②《空中浩劫》创新教材,视野开阔,让学生有机会实现与波音、空客、国际民航组织等国际机构的联系与互动。③ 特色课程培养模式形成的品牌效应让院校得到更多来自社会的认可和资源,促进了院校与用人单位的互动(如学院与东航江苏公司开通合作直通车),最终形成资源互通、优势互补的格局。生物学界的"生态位"理论认为,生态群落中的物种只有

---

① 穆雷,王巍巍.翻译硕士专业学位教育的特色培养模式[J].中国翻译,2011,32(2):29-32＋95.
② 孔令翠,王慧.MTI 热中的冷思考[J].外语界,2011(3):9-15＋30.

处于最适合自己的"生态位",才能在长期的激烈竞争中生存并发展。把 MTI 视为"生态群落",每所学校都有最适合自身发展的、特定的"生态位"。只有找准这个生态位,办出自己的特色,才能形成较强的竞争力。依托 ESP 发展 MTI 教育,不仅能帮助 MTI 培养单位办出自身特色,解决"千校一面"的发展现状,二者共融共通的新发展趋势亦将不断满足社会对多样化、复合型语言服务人才的需求。

(原载《中国 ESP 研究》第 19 辑,略有删改)

第五节　基于《空中浩劫》的 MTI 术语课程: 理念、构成与特色①

1. 引　言

2007 年,翻译硕士专业学位(Master of Translation and Interpreting,MTI)获批设立,15 家单位得到试办机会。截至 2022 年,培养单位已达 316 家。在迅速发展的同时,MTI 专业也暴露了一些问题,包括人才培养理念不清、人才培养方案不妥、教学方式方法不新、教学管理方法不变等,严重影响到培养质量。②③ 对此,业界不断传来警示和改革之声,呼吁各培养单位基于自身特色创新培养方法、优化课程设置、注重实践能力、提高专业素养、落实培养目标,并改善同质化严重、实践性缺失、专业特色不明显等问题。

译者是术语工作者。翻译与术语息息相关。Cabré、苗菊、魏向清、王少爽、王华树等深入面向翻译的术语研究,取得了一系列成果。术语是凝集一个学科系统知识的关键词④,有特定的形式和意义,不同语言的术语并不完全对等。职业译员需要解决术语问题,术语能力是译者必备的职业能力。译者要有储备和获取知识的意识,有创造术语的能力,能够在翻译中习得知识,这些能力"都直接影响概念和语言表征之间联系的创建"⑤。术语能力的培养离不开术语教学。国内推出 MTI 术语教学的高校不在少数,但就现有文献看,所设课程缺乏针对性和导向性,缺乏行业特色,造成学生在面对特定行业或学科知识时"失语",无法满足市场对高层次专业翻译人才的需

---

① 本文作者为叶慧弘、朱波。

② 仲伟合.我国翻译专业教育的问题与对策[J].中国翻译,2014,35(4):40-44.

③ 孔令翠,王慧.MTI 热中的冷思考[J].外语界,2011(3):9-15+30.

④ 郑述谱.术语的定义[J].术语标准化与信息技术,2005(1):4-11+14.

⑤ FABER P. Terminological competence and enhanced knowledge acquisition[J]. Research in language, 2003(1):95-117.

求。^① 因此,有必要开发契合培养目标、彰显学校或行业特色的 MTI 术语课程。

2. 课程理念

《空中浩劫》(*Mayday/Air Crash Investigation*)是加拿大 Cineflix 公司推出的系列空难纪录片,以模拟演出的方式生动再现了 20 世纪 60 年代黑匣子发明以来的重大航空事故。从 2003 年首发至今,《空中浩劫》已播至第 24 季,共 200 余集,每集时长近 60 分钟。通过飞行记录、空管记录、调查报告和新闻片段重建情节,穿插幸存者笔录、目击者叙述、航空专家专访以及真实影像资料,借助先进的计算机生成图像技术(CGI),《空中浩劫》真实还原了事故原因、经过及影响。自推出以来,这套系列纪录片深受好评。亚马逊旗下影视网站 IMDB 给出 8.8 分的评分。此外,它还获得了第 25 届双子星奖"最佳纪录片画面制作奖"。作为教学材料,《空中浩劫》内容涉及机场设施、飞机部件、航空管制、陆空通话等民航领域的知识和术语,能使观众了解民航的方方面面,为 MTI 专业术语教学提供了一个庞大、权威的资源库。

音像结合的教学手段,比任何一种教学媒体都能更全面而真实地展示语言信息。^② 本课程将《空中浩劫》引入 MTI 术语教学,通过观看、解说、研讨、翻译等教学活动,从设计要求、课程目标和设计方案中体现出课程理念,详见表 8-4。

表 8-4 课程设计要求、目标和方案

基于《空中浩劫》MTI 术语课程的理念			
设计要求	课程目标	课程方案	
培养 MTI 学生的术语意识	应用术语理论,形成术语意识	课程准备	公开设计方案,方便学生参与
			指导学生分组,选取事故主题
			组内任务分配,准备课堂展示
注重 MTI 学生的术语实践	了解民航知识,学习民航术语	课程计划	导入纪录片段,介绍相关背景
			结合图文讲解,分析事故原因
			围绕核心术语,开展深度学习
			绘制术语框架,编织概念网络
			回归译者身份,优化术语翻译
兼顾 MTI 学生的专业能力	强化翻译能力,锻炼双语表达	课程评价	学生互评:展示完毕,学生进行评价并总结
			教师点评:做好观察和记录,随时进行点评
			成果评价:做域事件调查表,明晰课程所得

① XU M J, ZHAO T Y. On translator training in industry-specific universities in China—a case study of 16 MTI programs [J]. Lebende sprachen, 2020(1):1-19.

② STEMPLESKI S, TOMALIN B. Video in action: recipes for using video in language teaching[M]. Hemel Hempstead: Prentice Hall International(UK)Limited, 1990:19.

首先,参照 MTI 培养"高层次、应用型、专业性"翻译人才的目标,提出构建 MTI 术语课程的基本要求:第一,培养 MTI 学生的术语意识,使其不仅在思想上认真、谨慎、负责地对待术语翻译,形成高度自觉,而且在知识储备上积极学习相关理论,了解术语认知和管理方法。第二,注重 MTI 学生的术语实践,以行业特色或社会需求为依托,开展以任务为中心、形式多样的教学活动,使学生最大程度地参与并了解翻译过程、参与术语翻译的实际工作。第三,兼顾 MTI 学生的专业能力,即翻译能力和术语能力。MTI 学生必须首先掌握好中外两种语言的基本功,能写作能交流,并在此基础上熟知翻译理论、策略与技巧,了解术语理论、术语技术和术语管理等知识。培养术语意识、注重术语实践、兼顾专业能力,是课程的基本要求。

其次,课程设置了 3 个目标,分别对应上述基本要求。第一,应用术语理论、形成术语意识是本课程的核心目标。具备术语意识,就是要严谨、科学地对待本专业术语,面对非本专业术语时,"至少也要有一种小心、谨慎,甚至敬畏心理"①。因此,本课程首先从术语学的理论层次解释并组织术语教学,以培养学生的术语意识为首要目标。第二,了解民航知识、学习民航术语是满足专业领域翻译人才需求的体现。根据《2022 中国翻译人才发展报告》,翻译与其他学科的融合发展是时代所趋,对具备"一专多能"素质的复合型人才的需求日益迫切。课程结合《空中浩劫》进行教学,使学生习得民航专业知识,有利于特定领域翻译人才的培养。第三,强化翻译能力、锻炼双语表达是 MTI 培养的题中应有之义。MTI 学生理应在双语交际能力的基础上,具备职业翻译技能。课程通过英文视频剪辑、中文课堂展示、字幕翻译、术语校译等环节,培养并考查学生的双语表达与翻译能力。

课程设计方案主要包含 3 个部分。第一,课程准备保证课程有序开展,为课程的顺利进行做好前期工作。准备流程可简述为 3 步:① 公开设计方案,方便学生准备并参与相关教学活动;② 指导学生分组,各组从《空中浩劫》中选取一集,作为学习和研究的素材;③ 组内任务分配,根据所选主题整理相关资料,准备课堂展示。第二,课程实施是课程设计的重心,以教师为主导、学生为参与主体,依次展开教学活动,实现课程目标。课程的实施共有 5 步:① 导入纪录片段,介绍相关背景;② 结合图文讲解,分析事故原因;③ 围绕核心术语,开展深度学习;④ 绘制术语框架,编织概念网络;⑤ 回归译者身份,优化术语翻译。第三,课程评价采用质性评价,以多元化的方法评价学生的学习过程及结果,主要有 3 种方法:① 学生互评:一组学生展示完毕后,由其他组学生进行评价和总结,促进互相进步;② 教师点评:由学生主持并推进课堂,教师做好观察和记录,随时进行点评;③ 成果评价:各组完成展示后,将过程及成果进行整理,形成域事件调查表,明晰课程所得,由教师和其他小组共同评价。

---

① 郑述谱. 对开展术语教育的几点思考[J]. 中国科技术语,2009,11(6):25-29.

3. 课程构成

教师指导学生分为 8 组，每组 3～4 人，各组依照设计方案完成课程学习任务。以第 1 组所选《空中浩劫》第 2 季第 4 集 Mid-air Collision（《致命交汇点》——乌伯林根空难）为例，展示具体内容。2002 年 7 月 1 日晚，德国南部乌伯林根上空发生了一起惨烈空难。一架俄罗斯图-154M 型（BTC2937 号）客机和德国 DHL 快递公司的波音 B757-200 型（DHL611 号）货机在万米高空相撞，图-154M 型客机在空中爆炸并解体，B757-200 型客机于两分钟后坠毁。事故造成包括双方机组成员在内的 71 人全部遇难。[①] 2004 年 5 月，长达 22 个月的调查终于还原了事件真相。在这起事故中，管制员指令与空中交通预警和防撞系统（Traffic Alert and Collision Avoidance System，TCAS）指令相互冲突，最终酿成大祸。依托这起空难，课程引导学生结合事故调查学习专业知识，围绕 TCAS 展开术语与翻译教学，内容如下。

(1) 导入纪录片段，介绍相关背景

课程开始，组长播放剪辑后的纪录片片段，约 10 分钟。片段包含涉事飞机基本情况、机组成员，以及事件经过、调查、分析和后续等。这一环节必不可少，目的是通过影视片段吸引学生的注意力，激发兴趣，帮助学生把握事件本身，使其融入教学环境。视频片段营造出空难调查专业、严肃的氛围，提醒学生重视对空难题材内容的学习，引导学生关注对事故原因的调查与分析。要解释一个复杂概念，动态图像更有效，语境和视觉信息相结合的方式能够促进学生对概念和专业知识的理解。在观看时，学生将解说词、英文字幕、中文字幕和画面一一联系，验证所听和所译，在此过程中实现术语意义建构和内容理解。

乌伯林根空难的视频剪辑片段共 11 分 32 秒，主要为事故概要，帮助学生在语境中学习相关术语和词汇，尤其是核心术语"TCAS"的构成和作用机制。在展开事故调查前，视频首先引入 TCAS，向观众说明了 TCAS 的重要性——"如果空中管制出现问题，TCAS 就是飞行员的最后一道防线"，以做好铺垫、引起重视。旁白解说 TCAS 功能的过程中，画面上显示了仪表、实景以及动画演示，多次穿插播放了 TCAS 系统特有的语音提示，使观众在进入具体语境前，预先熟悉新概念，起到了铺垫作用。视频进入具体事件后，TCAS 在情景中变得更加立体，先前遗漏或令人暂感疑惑的知识要点得到补充和说明，这能够使观众对 TCAS 产生更深刻的认识，有助于后继学习。

(2) 结合图文讲解，分析事故原因

安全是民航的底线。事故调查是危机学习的重要环节，也是预防危机的关键因

---

① 俄方遇难者有 45 人为来自乌法市的杰出少年代表，受邀前往巴塞罗那，参加联合国教科文组织的暑期活动。

素。① 课程要求学生进行事故调查,旨在培养学生实际分析和解决问题的能力,将学生置于教学的中心位置,促使其全身心投入学习。观看视频后,组员概述事故经过,并解说两机相撞的原因。事故发生前,DHL611 号航班和 BTC2937 号航班先后进入苏黎世空管中心负责的空域,两机处于同一飞行高度,且航线冲突,几乎在同一时间出现的管制员指令和 TCAS 指令也发生冲突。DHL611 号听从了 TCAS 指令并执行下降,但在两架飞机快速接近时,BTC2937 号执行了管制员发出的下降指令而忽略了 TCAS 发出的爬升指令,最终导致两机相撞。这起惨烈事故为民航安全敲响了警钟。为避免此类事故再次发生,ICAO 规定:当 TCAS 发出警报后,机组人员务必优先执行计算机指令,而不是地面管制人员的指挥。

视频片段揭开了事故调查的序幕,但还不足以让学生充分了解乌伯林根空难,以及 TCAS 的构成和工作原理。因此,课程先由视频导入预热,让学生形成初步印象,再启动事故调查,使其在语境中开展危机学习。在展示过程中,组员化身"事故调查员",详细梳理这起事故的起因、经过、结果、影响和启示等,抓住各项细节,巩固对事件本身和专业知识的理解。术语不是孤立存在的,而是与上下文其他信息相联系的。在真实语境中开展的术语学习避免了学习过程的枯燥乏味,效果显著。事故调查紧扣事故原因,为术语和危机学习提供了鲜活的语境,使学习者能够快速进入,并把握术语概念的特征和各种组合关系。

(3) 围绕核心术语,开展深度学习

在语境中学习术语,可以达到更为理想的效果。在充分了解事件后,组员需选取事件中的一个核心术语,并围绕其进行深度学习。事件调查的过程是反复熟悉术语所在语境的过程。语境能帮助理解专业知识,甚至比术语定义提供的信息更多。术语定义极为精练,学生从定义中只能获取有限的信息。通过影视片段学习术语,视频中的图形、动画、文字甚至情节,都在为解释术语服务,这是一种补充和增强定义的手段,能够给学生带来更多知识。以 TCAS 为例,可结合乌伯林根空难开展深度学习。专业词典对 TCAS 的定义十分简短:TCAS 是安装于中大型飞机上的一组计算机系统,用以防止飞机在空中相撞。在乌伯林根空难调查中,TCAS 一词被反复提及,地位显著,片中有相当篇幅介绍了 TCAS 的功能与数值识别。

学习术语的第一步,是要明确译名。"TCAS"译名多而杂,并不统一。术语翻译要尽可能兼顾准确性、可读性和透明性,同时还要遵守约定俗成原则。在简要介绍何为 TCAS 后,组员结合文字和图片讲解 TCAS 的作用和功能。如何使术语使用者充分理解术语的含义,以及该术语在知识体系中的位置,是术语管理的一个关键问题。对此,文字描述和图表解读起着重要作用。将术语定义中的结构化信息与图表中的视觉信息相匹配,可以让使用者更好地理解复杂的、动态的概念系统。为帮助理解

---

① 马奔,程海漫.危机学习的困境:基于特别重大事故调查报告的分析[J].公共行政评论,2017,10(2):118-139+195-196.

TCAS 在实际运作中的功用,组员结合示意图进行讲解,介绍了本机上的 TCAS 系统发现"入侵"外机时,会根据外机的不同状态做出反应并发出语音警报。通过深度学习,学生能够理解 TCAS 及系统内的其他构成和相关概念,对专业术语形成更完整、更全面的认识。

(4) 绘制术语框架,编织概念网络

在深度学习核心术语及其表征的专业知识后,学生需进一步结合语境展开认知与应用研究,围绕该术语绘制出框架结构图,提高知识获取水平和术语管理能力。框架型术语学强调概念网的建立,认为与语境相关的概念含义是构成理解框架内或者特定情景下知识的基础。在这一理论下,"框架"指的是一个概念系统,与对整个系统中任何一个概念的理解有必要相关性。"框架"的重要性体现在特定场景中,它能够激活最重要的语境信息,能够在语境中提供访问概念的途径。基于乌伯林根事故调查,通过建构术语框架,与 TCAS 相关的专业概念可呈现为由水平(非层级)或垂直(层级)关系组成的概念网络,如图 8-6 所示。

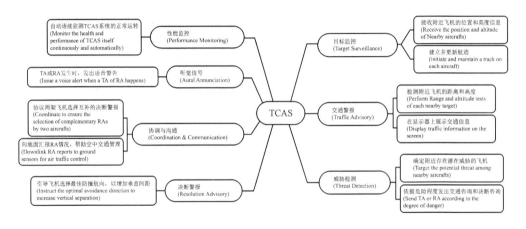

图 8-6 TCAS 框架结构图

要理解一个概念系统,必须尽可能地理解、把握它所在的框架体系。在框架中,当一个概念应用于文本或对话中时,其他相关概念也被自动激活。为理解术语,必须将其置于语义框架中,获悉该术语在概念系统中的存在,以及在话语中使用的背景和动因。许多相关联的概念以"认知框架"的形式综合在一起,概念间的动态关系得以显现,从而建立起概念间的动态结构。本例中,所有概念都存在于乌伯林根事件中,TCAS 是其中的一个关键概念。TCAS 的主要功能是一个重要主题,由 7 个子类别组成,不仅呈现了航迹(track)、交通警报(traffic advisory)等专业术语,还有术语语境下适用的动词(如 downlink)、形容词(如 complementary)等搭配,它们组成了域事件的知识系统和语言搭配系统,有利于在句子中实现术语认知。通过上图学习术语,对 TCAS 的认知便跨越了扁平化的概念介绍及讲解,横向识句法,纵向认层级,使

TCAS 概念立体化、更易识记,提高了术语学习的科学性。这种联系"类别"和"概念"的术语框架层层相连,共同编织出核心术语 TCAS 的概念网络。

(5) 回归译者身份,优化术语翻译

最后,学生需担任"字幕纠错员",对先前播放的视频字幕进行术语翻译优化。衡量 MTI 术语课程质量的一个重要指标是学生发现并妥善解决术语翻译问题的情况。在学生完成术语学习后,教师应指导学生将术语能力与翻译能力结合起来,锻炼学生的查证、转换以及校译能力。术语反映了人类的整体认知能力,强调概念化和范畴化的重要性。概念化指对现象进行抽象、从概念中提取名字的过程;范畴化则是指在认知中对事物进行概括,并依据相似或不同将其归类。在某种程度上,术语翻译是再概念化和再范畴化的过程。再概念化的依据是上下文、背景知识和个人经验,再范畴化则涵盖概括、比较与对比。[①] 原译文正误参杂,具有迷惑性,因此术语改译的难度更大,要求学生具备良好的中英文水平和术语意识,在此基础上进行中英术语的甄别与转换。本例中,组员找出了 7 处术语翻译错误,如表 8-5 所列。

表 8-5　术语改译

序　号	英文术语	原　译	改　译	方　法
1	TCAS	航情警告避撞系统	空中交通预警和防撞系统	再概念化
2	Sky Guide Area Control Center	天导航管中心	瑞士空管局	再范畴化
3	Level 270	270 空层	270 高度层	再概念化
4	Affirm	可以	确定	再范畴化
5	Fallback Mode	全屏模式	退守模式	再概念化
6	Frequency	频道	频率	再概念化
7	Altitude	空层	高度层	再概念化

组员首先明确了准确、可读和透明的翻译原则,而后列举了术语检索拟采用的途径,包括网络辅助翻译工具(Google、Wikipedia)、电子词典(有道词典、Mdict)和专业网站(蓝天民航词典、云帆民航专业词典、中国民用航空局官网)等。从表 8-5 可以看出,原译的缺陷在于专有名词和行业术语的翻译存在翻译脱离语境的问题。例如,"Affirm"一词在无线电陆空通话中是专业用语,而原译"可以"过于口语化,与专业语境不符。参照 ICAO 标准术语和《空中交通无线电通话用语》[②],此处可再范畴化为"确定"。再如,"Frequency"一词在通信领域专指无线电波每秒振动的频率,与"频

---

① 孙毅,孟林林.认知术语学视角下的外交部网站新闻术语翻译[J].上海翻译,2018(4):30-38.
② 参见中华人民共和国民用航空行业标准(MH/T4014—2003)。

道"(信号传输的通道)是两个截然不同的概念,原译过于随意,缺乏专业性。经查证,责任团队将其再概念化为"频率"。通过逐一检查和纠错,学生可以在熟悉翻译程序的同时,对此类错误引以为戒,以提高术语和翻译能力,形成术语翻译的自觉意识。

4. 课程特色

(1) 面向学科建设和行业发展的真需求

高校开展MTI教育应首先立足于该校学科特色[①],这一培养理念在业内得到了越来越多的响应。MTI人才培养如今面临同质化严重的问题,一些培养单位忽视学校特色和区域发展需求,没有对培养方案进行个性化调整,使课程缺乏特色、质量欠佳,与目标市场的多样化人才需求不匹配。民航是技术和风险密集型行业,陆空通话中的专业术语及其语调、语速甚至重音停顿,都直接影响通信质量和飞行安全。语言障碍是潜在的安全隐患。如何使用规范的无线电通话用语,特别是专业术语,是民航从业者的必修课。从事民航语言工作的译员,必须具备相关知识储备和术语意识。在当下民航强国背景下,本课程依托学校"航空、航天、民航"三航特色,响应当地民航运输企业对专业语言服务人才的需求,探索兼具特色与质量的MTI术语翻译课程,助力民航业发展。

(2) 追求教学模式从输入到输出的真转变

在学习过程中,知识从输入到输出需要经过5个阶段:感知到的输入、理解了的输入、吸收、整合、输出。传统教学为输入式教学,教师是知识的传授者,学生是知识的被动接收者,学习的主体性难以体现。只管输入、不顾输出的教学方式,忽视了学生的独立性、积极性与能动性,难以保证人才培养质量。在输出式教学中,教师是学习指导者,学生是主动研究者,凸显了学生的自主学习。学生先通过自学、讨论尝试解决实际问题,后续教师再针对学生存疑或难以解决的问题进行指导。通过自学、讨论,学生的学习潜能得到发挥,自主学习能力得到锻炼。学生自主查询资料、整合知识、准备展示,在整个过程中完成了知识的输入、吸收与输出。教师在学生展示后进行点评,使学生理解、吸收和应用知识的效果得到保证。本课程以学生为主体、教师为主导,引导学生自主进行事故调查、术语学习、术语扩展和术语校译,极大培养了学生的术语意识和实践能力。

(3) 采用民航域事件视听资源的真语料

所谓真语料,是指来自交际场景的真实语料,而非出于教学目的而编写的虚拟语料。真实语料具有极强的口语化特征,杜绝了传统教材中对字句的简单、机械重复,能够激发学生的兴趣,充分调动学习积极性。视频语料是真实的多模态语料,可同步

---

① 何刚强.“四重忧患”伴“三关失守”——我国翻译专业研究生教育何去何从? [J].上海翻译,2016(2):1-5+94.

提供音频、视频、字幕,直观生动,言语互动中语言与眼神、表情和肢体动作的协调,可以辅助意义表达,比单模态话语更容易理解与记忆。[①] 本课程的语料源自《空中浩劫》,聚焦民航真实事件,从机组、乘客和专业调查人员等不同视角,再现了从登机、起飞到事故发生,再到调查、善后及影响分析的全过程。纪录片取材于事故调查报告及相关新闻报道,辅以对生还者、调查员、目击者和专业人士的访谈,悉心考究飞机外观、机组制服、机场环境等细节。课程采用真实语料,模拟真实语境,充分刺激感官,激发学习兴趣与热情,以提高教学效果。

(4) 立足概念网和情景化表征的真环境

框架型术语学是一个新的术语认知研究途径。它把术语视为文本的一部分,将术语置于更广阔的语境中,从认知角度建立术语之间概念与意义的联系。术语的多维性决定了从不同维度定义术语的可行性,让术语的认知网络建构和情景化表征成为可能。术语意义的不确定性,又决定了需要依靠语境实现视角定位;明确术语所处的具体维度,可消除不确定性,确定术语内涵。[②] 基于框架的术语学设置了横轴和纵轴相结合的结构,在纵轴上体现概念术语的层级,在横轴上体现词汇的搭配特征。通过这种方式,学员不仅可以从语义角度认识术语的专业概念,也能够通过观察其句法和搭配特征分辨不同术语的概念表达。课程引导学生绘制术语的认知框架图,帮助学生构建术语的概念网络。在这一网络式的环境中,每个术语单元承载着丰富的知识信息,不同术语单元之间又环环相扣,使学生从认知角度科学管理从术语学习、理解到记忆的各个环节,增加学习所得,强化术语学习、管理以及应用能力。

5. 结 语

本研究依托《空中浩劫》的术语课程,基于 MTI 培养目标,提出了课程构建理念,展示了课程设计方案,并借助课程实施实例介绍具体课程的内容构成,通过"四个真"展现了术语课程的创新之处。课程教学只有在传授知识的同时,还关注学生正确价值观念、端正职业操守的形成,才能真正实现"教书"与"育人"。2022 年 3 月 21 日,东航 MU5735 客机在广西梧州市坠毁,中国民航的飞行安全记录定格在 4 227 天,再次引发社会各界对民航安全管理的关注。在中国民航安全管理和安全文化建设中,素来倡导"三敬畏"——敬畏生命、敬畏规章、敬畏职责。课程将"三敬畏"融入教学过程,在术语教学中力求潜移默化、润物无声地培养学生的安全意识和责任意识,使之对民航的敬畏内化于思想、外显于行动,从知识、能力和伦理上做好准备,满足国家总体安全和民航国际化战略对高层次、应用型和专业性翻译人才的需求。

---

① 张德禄. 多模态话语理论与媒体技术在外语教学中的应用[J]. 外语教学,2009,30(4):15-20.
② ROGERS M. Multidimensionality in concepts systems[J]. Terminology, 2004, 10(2):215-240.

第六节　Studying crashes to avoid clashes: a translational approach to develop terminological competence for aeronautic communication[①]

1. Introduction

One of the worst aviation accidents in history claimed 583 lives on March 27, 1977 at Los Rodeos Airport on the Spanish island of Tenerife, Canary Islands. The tragedy proved that miscommunication between pilots and air traffic controllers (ATCs) can have serious, even fatal consequences when they switch from their native tongue to English, the de facto language for international civil aviation. [②] Other high-profile accidents, including the Avianca crash in Jamaica Bay near JFK and the American Airlines crash in Columbia in 1995, were also the results of communication problems. The effects of communication on safety in aviation and air traffic management have been firmly established ever since.

With mechanical failures featuring less prominently in recent accidents and incidents, more attention has been focused on the human factors that contribute to them. Data obtained from the ICAO Accident/Incident Data Reporting System (ADREP) database, the Aviation Safety Reporting System (ASRS) in the United States, the United Kingdom Mandatory Occurrence Reporting System (MORS), and the Confidential Human Factors Incident Reporting Program (CHIRP) indicate that the role of language in accidents and incidents is significant. Starting from 1976, miscommunication en-route has caused more than one accident each year, prompting efforts to improve the language proficiency of both pilots and ATCs crossing national and linguistic borders. [③]

Based on the work of aviation English and communication experts, ICAO

① ZHU B, GAO H, WU H X, et al. Studying crashes to avoid clashes: a translational approach to develop terminological competence for aeronautic communication [J]. Círculo de lingüística aplicada a la comunicación, 2019(79): 119-138.

② ALDERSON J C. The politics of aviation English testing [J]. Language assessment quarterly, 2011, 8 (4): 386-403.

③ JONES R K. Miscommunication between pilots and air traffic control [J]. Language problems & language planning, 2003, 27(3): 233-248.

issued the *Manual on the Implementation of Language Proficiency Requirements*, more widely known as Document 9835. ① One of its main objectives was to standardize the use of terminologies in radiotelephony (RT). While perfect communication may never be achieved, communication can be greatly improved by agreeing to use, wherever possible, the set phraseologies. For voice communications to provide the level required for safe operations, the use of standardized terminologies must be emphasized. This means a re-orientation for controllers or pilots who may have become accustomed to either non-ICAO terminologies or, perhaps, who have developed some laxity regarding the use of ICAO terminologies.

Flying in China was once only for the privileged few. Now, however, it is becoming one of the most important markets for air travel. A 2018 government report states that a total of 46 airports would be developed within the following five years. New intercontinental routes opened by Chinese carriers in 2006 numbered only six, but from 2014 to 2017, the number was more than 50. ② The Civil Aviation Administration of China (CAAC) forecasts that an annual increase of 2,000 to 2,500 pilots will be needed to meet the increasing demand for international flights. Compared with such rapid market development, however, the existing body of studies on aviation English is scanty and scarce. Among them, Wu and Huang analyzed the influence of ICAO English standards on Chinese ATCs and proposed some measures. ③ Huang looked into uncertainties in aviation English tests. ④ Wang (2007) examined the development of aviation English curriculum in the Chinese context. ⑤ Chen (2012) studied the wash-back effects of the Pilots' English Proficiency Examination of China (PEPEC), a test of licensure in line with ICAO standards. ⑥ Zhao et al. (2017) explored cargo airline pilots' test preparation and learning engagement, and expressed concerns over the effectiveness of a uniform training course for all pilots, given the marked differences in the needs

---

① Manual on the implementation of ICAO language proficiency requirements[S]. Montréal: International Civil Aviation Organization, 2004/2010.

② See http://knowledge. ckgsb. edu. cn/2017/04/17/airline-industry/china-aviation-industry-becoming-global-force/.

③ WU T X, HUANG D Y. The influence of ICAO English standard on China's air traffic controllers and counter-measures[J]. Journal of Nanjing university of aeronautics and astronautics, 2006(3): 87-90.

④ HUANG D Y. Uncertainties of aviation English test[J]. China civil aviation, 2007(10):41-42.

⑤ WANG A G. Teaching aviation English in the Chinese context: developing ESP theory in a non-English speaking country[J]. English for specific purposes, 2007(26): 121-129.

⑥ CHEN H N. Washback effects of PEPEC on English learning strategies of pilot students[J]. Journal of civil aviation university of China, 2012(1): 67-70.

of learners. ① So far, studies have been to a great extent test-oriented, with only a few on terminological competence and its role in preparing student pilots for meeting ICAO requirements — hence the importance of the current research.

2. Terminological competence in translation and its link with LSP

(1) Terminology in specialized translation

A word is a single unit of language that forms part of the general vocabulary. Unlike a word, which belongs to general language, a term conveys a concept that is specific to a certain field. It can be made up of one word or multiple words, and forms part of the terminology of a specialized language. Together, the concept and term form a terminological unit that, with other such units, makes up the nomenclature of a specific field. The study of Terminology ② focuses on a system of terms used to name things in a particular discipline. Its function is to identify the precise association between the term and concept. Little has been written about how to design and teach a terminology course for different user profiles. The theoretical principles and methods in Terminology were still taking shape. In Spain, Terminology was not taken seriously as an academic subject until 1991 when it began to be taught in universities as part of a degree program in translation and interpreting.

According to Cabré, Translation Studies and Terminology are relatively recent academic disciplines despite that they have existed for centuries as applied language activities. Both are interdisciplinary, and happen to be convergence points for linguistic, cognitive, and communication sciences. However, they are different because terminology, as the inventory of terms within specialized domain, is not in itself a type of speech act, but rather an instrument used in specialized communication. Translation focuses on the communication process and strives for effect and efficiency through terminology. Terminology is interesting to the translator in the sense that it is part of the message conveyed by a specialized text. As a result, the relationship between Terminology and Translation is asymmetric since terminology has no intrinsic need to recur to translation. In contrast, translation must use terminology to achieve "the inter-linguistic transfer of specialized knowledge

---

① ZHAO K, GUO X H, GAO X S. Learning English to fly: a study of Chinese cargo airline pilots' learning engagement [J]. English today, 2017(4): 5-11.

② We follow the conventional use of upper case for the theory of terminology and lower case for terminology as the inventory of terms.

units". ①

In her study on specialized translation, Faber found that the actual representation of expert knowledge in specialized translation would necessarily include processes such as the rapid acquisition and assimilation of specialized knowledge into previous cognitive structures by extending them to more specific levels. ② It would also involve the ability to accurately relate this knowledge to specialized linguistic representations in one or various languages. In this sense, terminological competence can be viewed as a module of translation competence as specified below:

> *It would comprise the storage of specialized knowledge in memory, automatisms pertaining to terminological access, creativity related to term formation, as well as the translator's ability to solve problems of knowledge acquisition during the translation process, all of which directly affect the creation and establishment of links between conceptual and linguistic representations.* ③

In a later work, Montero-Martínez and Faber reiterate that terminological competence in translation does not refer to the acquisition of a list of terms, but rather to "the ability of the translator to acquire the knowledge represented by these terms". ④

(2) Teaching Terminology for LSP

Language for specific purposes (LSP) is an approach to language training that focuses its program content on subjects, topics, and issues of direct interest to learners. LSP training is driven by what learners need to do in the language, and focuses principally on those features of the language that are required to undertake a particular task. In the early days of LSP studies, terminology was often prioritized as a defining characteristic of this variety of language, which had been a means of

---

① VELÁSQUEZ G. Translation and terminology in mediated bilingual communication [J]. Meta: translators' journal, 2002, 47(3): 444-459.

② FABER P. Terminological competence and enhanced knowledge acquisition[J]. Research in language, 2003(1): 95-117.

③ FABER P. Terminological competence and enhanced knowledge acquisition[J]. Research in language, 2003(1): 95-117.

④ MONTERO-MARTÍNEZ S, FABER P. Terminological competence in translation[J]. Terminology, 2009, 15 (1): 88-104.

communication for centuries. The terms of a domain are indeed a very salient part of any LSP text, as they help to mark the text as belonging to a particular domain and play a major part in the mapping and presentation of the knowledge space and perspective presented in the text. Take *clearance*, for example. The word generally means an act of clearing or distance between objects. When used in aerodromes, however, it becomes a term denoting permission, usually from a control tower, to take off, land, etc.

As LSP studies progressed and developed through the 1990s and into the new millennium, their scope broadened from the linguistic features studied by Hoffmann and others to the philosophy of science, cultural aspects of LSP, LSP and technology (particularly in relation to terminology), text and pragmatics. [1] The early theme of LSP translation was extended with studies focusing on particular language pairs, genres, and textual features. Further developments in knowledge representation, cognition, sociolinguistics, discourse analysis and the visual aspects of LSP texts were closely linked to terminology studies and can be traced in the proceedings of the European Symposia on LSP. [2]

To meet the market demand for translation and localization, the Masters in Translation and Interpreting (MTI) program has developed rapidly in China with policy adjustments to professional degrees since 2007. Because of the common goal of training talents for task-based communication in special domains, MTI educators have drawn extensively from English for Specific Purposes (ESP), ranging from curriculum design to teaching principles [3], with mounting awareness of terminological competence for translation. Based on the analysis of terminology courses offered by 18 foreign universities for their translation /interpretation graduate programs, Leng *et al*. discussed the necessity and principles for the design of terminology course targeting MTI candidates. [4] Drawing from Montero-Martínez and Faber, Wang carried out a component analysis of translation-oriented terminological competence and constructed a scheme of seven sub-competences with

---

[1] ROGERS M. Translating specialized texts: from terms to communication [J]. The journal of specialized translation, 2012(18): 1-6.

[2] AHMAD K, ROGERS M. Evidence-based LSP: translation, text and terminology[M]. Bern: Peter Lang, 2007: 13.

[3] FENG J Z. Research on MTI education model based on ESP[J]. Foreign languages research, 2015(2): 51-55.

[4] LENG B B, WANG H S, LIANG A L. On the construction of terminology course for MTI students [J]. Chinese translators' journal, 2013(1): 55-59.

application at its core. [①] In addition, he proposed an industry-teaching-research integration mode for terminology education. [②]

(3) A Translational Approach

Airspeak is the English used for international civil aviation. It is English in grammar, vocabulary, and pronunciation, but some of the vocabulary is highly technical and specialized. The ICAO ruled in 1962 that ATCs must provide services in English, and soon afterwards they also recommended that pilots and ATCs communicate with each other using RT phraseology, which includes features such as attention markers, markers of urgency, fronting, imperatives, and ellipsis [③], all for clarity and transparency in communication. Language proficiency is an intricate interplay of knowledge, skills, and competence, requiring much more than memorization of vocabulary items. ICAO requires the use of standard phraseology for clear, concise, unambiguous communication. However, it also states that memorization of ICAO phraseologies alone does not constitute language proficiency and is an unsafe practice. [④] Aviation language training for flight crews and air traffic controllers, then, necessarily includes a broader focus on different aspects.

Because of its linkage with LSP and specialized translation, terminology is vital to aviation language training that focuses program content on the subjects, topics, and issues of direct interest to learners. It is driven by what they need to do in the language and focuses primarily on those features of the language that are required to undertake a particular task. For Chinese student pilots to fly international routes, the translation needs are twofold: one in the inter-lingual sense of transferring from Chinese into English, and the other in the intra-lingual sense of switching from plain words to standard phraseologies. They need to establish terminological competence to function in the special domains of aviation. Drawing from the above studies on terminological competence and its crucial role in LSP, specialized translation and translator training, we initiate a translational approach to develop such competence for aeronautic communication with data interpretation to explain the following research questions:

---

① WANG S S. Translation-oriented terminological competence: concept, components and cultivation[J]. Foreign languages world, 2011(5): 68-75.

② WANG S S. Developing translation majors' terminological competence: experience, the status quo and suggestions[J]. Foreign languages world, 2013(5): 26-34.

③ CUTTING J. English for airport ground staff [J]. English for specific purposes, 2012(31): 3-13.

④ Manual on the implementation of ICAO language proficiency requirements[S]. Montréal: International Civil Aviation Organization, 2004/2010: 89.

How did the students develop terminological competence for airspeak in this course?

How did they perceive the design of this course and adapt to new professional profiles during it?

3. The Course and the Inquiry

This paper presents the design of a terminology course tailored to the needs of student pilots in China. It features *Mayday*, a Canadian documentary television series produced by Cineflix that recounts air crashes, near-crashes, fires, hijackings, bombings, and other mainly flight-related disasters and crises. The program is known as *Air Crash Investigation(s)* outside the United States and Canada, and also known as *Air Emergency* or *Air Disasters* in the United States. By extracting subtitles from 14 episodes of *Mayday*, we built up a bilingual parallel corpus on air crash investigations and explored the development of terminological competence by translating English for civil aviation into simplified Chinese.

First, a class of first-year student pilots was divided evenly into 14 groups. Each group was assigned one episode of *Mayday* and asked to transcribe the subtitles in English. Second, the subtitles were translated by the students into Chinese and cross-checked within the group. Third, a bilingual parallel corpus was constructed using the translations, which were modified and revised by the instructor. Fourth, each group was guided to extract 5 items of terminological data in terms of frequency and relevance to topic, forming a terminology bank against the backdrop of events, domains, and sub-domains detailed in Document 9835. Finally, these data were collected and analyzed in the corpus to cultivate terminological competence for aeronautic communication. A list of the episodes from *Mayday* and the data extracted from these episodes are given in Table 8 - 6.

Table 8 - 6　Details of the bilingual parallel corpus and the terms extracted

G.	Serial No.	Title	ENG	CHN	Terms
1	E05S10	*Hudson River Runway*	6199	8687	bird strike, APU, FCC, airspeed, QRH
2	E10S12	*Polish Air Force 101*	6380	8765	visibility, FDR, go around, explosives, altimeter
3	E13S12	*Air France Flight 447: Vanished*	5361	9338	pitot tube, stall, pitch, CVR, sensor

Table 8 - 6(continued)

G.	Serial No.	Title	ENG	CHN	Terms
4	E05S13	*Queen's Catastrophe*	5585	9085	turbulence, rudder, V1, terrain, vertical stabilizer
5	E06S13	*Into the Eye of the Storm*	6448	9849	hurricane, cross wind, shutdown, penetration, de-icing
6	E08S13	*Deadly Test*	5379	8841	airspace, auto-trim, acceptance flight, stall protection, dive
7	E10S13	*Qantas 32: Titanic in the Sky*	5623	10093	ECAM, hydraulics, ROP, slats, landing gear
8	E01S14	*Choosing Sides*	5656	8376	vibration, throttle, metal fatigue, brace for impact, terrain
9	E07S14	*Air France 4590 What Happened?*	4914	7392	delta wing, grounding, wear strip, rupture, cowling
10	E11S14	*Malaysia 370 What happened?*	5466	8443	ACARS, hostage, transponder, mask, hypoxia
11	E02S16	*American Airlines 77*	5692	9059	black box, terrorism, autopilot, CAPPS, tarmac
12	E08S16	*River Runway*	4749	8624	WXR, thrust, ground proximity, hydraulics, thunder storm
13	E04S17	*Explosive Proof (TWA Flight 800)*	5979	9062	CWT, wreckage, CVR, beam, flammability
14	E09S17	*Deadly Discussion (LAPA 3142)*	5068	8301	EPR, budget airline, checklist, blade, thrust reverser

4. Acquisition and Assimilation of ICAO Terminologies

To assist program, curriculum, and material developers, Document 9835 offers several resources to guide training. Among them is an inventory of events and related domains which characterize the routine and non-routine day-to-day work of ATCs and pilots. These "events" represent control situations, routine or non-routine, which all controllers and pilots must be able to handle. Each event may require familiarity with many lexical domains, with which are associated related words and terms. The inventory consists of three parts: ① events, domains, and sub-domains in aerodrome control, e. g. , air-misses, approach delay; ② events and domains linked to en-route air traffic control, e. g. , aircraft breakdown, special flights, weather, and MET problems; ③ other domains such as ground services and airfield facilities.

A total of 1,300 terms were categorized into 50 different domains and sub-domains. When they appear in *Mayday*, the students are able to acquire and assimilate them by a translational approach that consists of the following strategies drawn from the inquiry.

(1) Identification of specialized concepts

E13S12 traces the disappearance of FA447 on June 1, 2009. A scheduled flight from Rio de Janeiro, Brazil to Paris, France, the Airbus A330 entered a *stall*, killing all 228 people aboard. The initial investigation was hampered because the flight data recorders (FDRs) were not recovered from the ocean until two years later. The final report concluded that the aircraft crashed after temporary inconsistencies between the airspeed measurements, likely due to the aircraft's *pitot tubes* being obstructed by ice crystals, caused the autopilot to disconnect, after which the crew reacted incorrectly and ultimately caused the aircraft to *stall* and crash. Below is an extract from this episode, translated by the students from Group 3. From the specification of prototypical actions of pulling, they developed a better understanding of the special concept of *stall* and "its cause and consequence evident in an action-environment interface". ①

Here, their speed dropped more than 90 knots in less than a minute.
This triggered a **stall** warning here.
Raising the nose of a plane at high altitude put the plane into a **stall** very quickly.
In an air dynamic **stall**, the wings lose lift, and the plane drops from the sky.
It was the pilots' actions that led to the **stall**.
They fell more than 12,000 feet per minute.
Inexplicably, the pilot continues to pull back, when he should have been pitching the plane's nose down to gain speed and lift.

此时,飞机速度在不到一分钟内下降 90 节。

这触发了**失速**警告。

在这一高度把机头拉起,很快就会让飞机**失速**。

气动**失速**状态下,机翼失去升力,飞机就会从天上坠落。

飞行员操作造成了**失速**。

① ZHU B, WANG W. On terminologies in the domain of civil aviation and their translations[J]. Chinese translators' journal, 2013(6): 94-98.

他们以每分钟超过 12 000 英尺的速度落下。

难以理解的是,飞行员继续拉杆,此时他应推杆,把机头向下,通过加速获得升力。

Most students (39/42) were familiar with the concept of 失速 (shisu, stall) as a malfunction in the flight of an aircraft, in which there is a sudden loss of lift that results in a downward plunge. However, only 5 of them (12%) knew the word *stall* for this concept in English before watching this episode. When the word appeared in the above context, its usual meaning in general English (a stand, booth, or compartment for the sale of goods in a market) gave way to the professional representation. From this context, students also learned that sufficient airspeed must be maintained in flight to produce enough lift to support the airplane without requiring too large *angle of attack*. At a specific angle of attack, called the critical angle of attack, the air going over a wing will separate from the wing, or "burble" (see Figure 8 - 7), causing the wing to lose its lift (i. e. , stall). The airspeed at which the wing will not support the airplane without exceeding this critical angle of attack is called the *stalling speed*. This speed will vary with changes in wing configuration (flap position). Excessive load factors caused by sudden maneuvers, like those in E13S12, can cause the aircraft to exceed the critical angle of attack and thus stall at any airspeed and any attitude. Speeds permitting a smooth flow of air over the airfoil and control surfaces must be maintained to control the airplane. The term *stall* is therefore embedded in a system of concepts and reinforced through visual images.

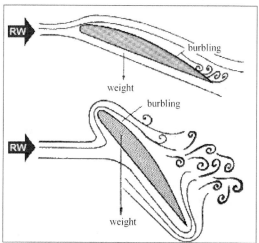

Figure 8 - 7　Airfoil approaching and entering a stall

(2) Elaboration of Information

E05S13 examines the crash of American Airlines 587 on November 12, 2001. It occurred two months and one day after the September 11 attacks. Shortly after takeoff, the plane crashed into the Queens borough of New York City, killing 260 people aboard and five bystanders on the ground, making it the second deadliest aviation accident on US soil. Terrorism was officially ruled out as the cause by the National Transportation Safety Board (NTSB), which instead attributed the disaster to the first officer's overuse of rudder controls in response to *wake turbulence*, or jet wash, from a Japan Airlines Boeing 747-400 that had taken off minutes before it. According to the final report, this aggressive use of the rudder controls by the co-pilot caused the vertical stabilizer to snap off the plane. The plane's two engines also separated from the aircraft before it hit the ground.

Turbulence is a frequent occurrence in the air, often heard in flight announcements. Passengers on a commercial airplane are most likely to be injured by turbulence if their seatbelts aren't fastened. As shown in one of the data extracts from E05S13, turbulence has two equivalents in simple Chinese: one is 湍流 (tuanliu, meaning the unstable flow of air, eddies and vertical currents), and the other is 颠簸 (dianbo, meaning the bump or jolt resulting from such flow). From "http://shuyu.cnki.net/" and the *Dictionary of Aeronautical Terms*, Group 4 found the origin of this term from fluid dynamics, meaning any pattern of fluid motion characterized by chaotic changes in pressure and flow velocity. They got further information from *Britannica* on clear air turbulence (CAT), erratic air currents that occur in cloudless air between altitudes of 6,000 and 15,000 metres (20,000 and 49,000 feet) and which constitute a hazard to aircraft. Also called 气穴 (qixue, air pockets), CAT can be caused by small-scale wind velocity gradients around the jet stream, where rapidly moving air is close to much slower air. It is most severe over mountainous areas and also occurs in the vicinity of thunderstorms. As a type of CAT, wake turbulence appears when the rotating vortex created by aircraft wings remains for some time after it's taking off or passing by (see Figure 8 – 8). When this occurs, the lingering turbulence can deflect or even flip other aircraft on the ground or in the air. While severe turbulence can produce considerable changes in attitude, altitude, heading, and airspeed, extreme turbulence can cause damage to aircraft structure and even loss of aircraft control. Through all these, the concept of turbulence was elaborated and situated in a more complex network of relations with other concepts, which turned translation into a process of acquiring terminologies and knowledge for professional communication.

Figure 8 – 8　Wake turbulence by aircraft wings

(3) Inter-linguistic Correspondence

E05S10 recalls the emergency water landing by US Airways 1549 on January 15, 2009. After taking off from LaGuardia Airport in New York, the flight struck a flock of Canada geese and lost all engine power. The pilots glided the plane to a ditching in the Hudson River off Midtown Manhattan. All 155 people aboard were rescued. A NTSB report (it can be found in the database of "https://aviation-safety. net/") attributed the survivability of the incident to: ① the decision-making of the pilots and the crew resource management; ② the availability and use of the forward slide/rafts, though the aircraft was not required to be so equipped; ③ the performance of the cabin crewmembers while expediting the evacuation of the airplane; ④ the proximity of the emergency responders to the accident site and their immediate and appropriate response to the accident.

Bird strike, sometimes called bird ingestion (for an engine), bird hit, or bird aircraft strike hazard (BASH), is a collision between an airborne animal (usually a bird) and a manmade vehicle, especially an aircraft. The term is also used for bird deaths resulting from collisions with structures such as power lines, towers, and wind turbines. *Bird strikes* are a significant threat to flight safety. More than 262 people have been killed and over 247 aircrafts destroyed by bird and other wildlife strikes since 1988. [1]

---

[1]　DOLBEER R A, WELLER J R, ANDERSON A L, et al. Wildlife strikes to civil aircraft in the United States 1990-2015 [R]. Washington D. C.: U. S. Department of Transportation, Federal Aviation Administration, 2016.

In the aftermath of the Hudson ditching, the goal of education about *bird strikes* has been achieved. While processing the data, Group 1 reported three different designations for this term, namely 鸟击(niaoji), 鸟撞(niaozhuang), and 鸟撞击(niaozhuangji), all of which appeared in the papers collected by China National Knowledge Infrastructure (CNKI) Database. Table 8 – 7 shows that niaozhuang (bird impact) is favored by local scholars over niaoji (bird strike) even though the latter is recommended by the ICAO and CAAC. For the sake of accuracy, readability, and transparency in term translation [1], niaoji is adopted in our corpus as the equivalent to bird strike.

Table 8 – 7　Details of bird strike as keyword and its translation

Term	Translation variants	Frequency	Percentage/%	Back translation
bird strike	鸟击 (niaoji)	75	21	bird strike/bird hit
	鸟撞 (niaozhuang)	221	61	bird impact
	鸟撞击 (niaozhuangji)	64	18	bird strike/collision

For AA1549, the damage was not directly to the engines. Evidence of strikes was also found on *wings*, *flaps*, and *fuselage*. While translating, students in this group translated *wing* as 机翼(jiyi) and *fuselage* as 机身(jishen), but they struggled with others that were difficult to detect. The first was *flap* (jinyi, 襟翼), an auxiliary control built into the wings of an airplane. Such a device can be extended, or lowered, to change the airfoil shape of the wing to increase both its lift and drag. The second was *skin*. As it denotes the outside covering of an aircraft airframe, the correspondence in Chinese is 蒙皮(mengpi) instead of 皮肤(pifu). The third was *Mayday*, derived from the French word "m'aidez" (help me) and pronounced "mayday" in English. This is the international call for help, used in voice radio transmission as SOS is used in code transmission. Nothing gets the attention of Search and Rescue (SAR) apparatus faster than a radioed *mayday* call followed by a loss of radar contact. For urgent situations that are not immediately life-threatening but which require assistance from the ground, a *Pan-Pan* call should be used. Since there are no corresponding expressions in Chinese, the students were guided to render them directly into the target language as zero-translation, the intact transference of symbols from source language. [2] The

---

① JIANG W Q. On the criteria of term translation[J]. Shanghai journal of translators, 2005(S1): 80-84.

② QIU M R. Translatability and zero translation[J]. Chinese translators' journal, 2001(1): 24-27.

process of translating not only created links between conceptual and linguistic representations, but turned students into mediators across linguistic and cultural differences.

（4）Management for Future Use

E19S13 recounts the forced landing of Qantas 32 because of engine shutdown, the first such incident involving an A380, the world's largest passenger aircraft. During a long-haul journey from Heathrow to Sydney, the plane experienced an avalanche of warnings following an explosion just four minutes after taking off from Singapore-Changi International Airport (SIN) for the second leg of the journey. On inspection, it was found that a turbine disc in the No. 2 Rolls-Royce Trent 900 engine had fallen apart, causing damage to the nacelle, wing, fuel system, landing gear, and flight control system, and a fire in the left-wing fuel tank. Mounting failures soon made the big bird unsafe to fly. After a two-hour ordeal, the crew struggled to a stop on the same runway they had taken off from, with only 150 meters to spare. The accident led to the grounding of the Qantas A380 fleet and inspections/engine replacements on some Rolls-Royce powered A380s.

To fly or land the A380, a pilot needs courage, patience, and skill to master a small control stick. In this episode, the 575-ton aircraft was weighted down with fuel as it has burned little of the 105 tons it took on at Changi. The heavier an aircraft, the more runway and the higher the speeds will be needed for its approach. Maintaining the right speed on landing is critical: the plane would lose lift and plummet to the ground if too slow, but it could run off the end of the runway and crash if too fast. Once the crew misses the runway, there would be no way for the crippled plane to go around for another try.

From this incident, students realized the vital role of runway overrun protections (ROP), an onboard technology that increases situational awareness during landing, reduces exposure to runway excursion risk, and if necessary, provides active protection. Impacted by the A380 cockpit and its fly-by-wire (FBW) technology, Group 7 reported that they used Lingo, a standalone system that allows the creation and management of subject specific glossaries (see Figure 8 – 9), to probe into A380's internal mechanisms and plan language practice through a self-developed database for future use.

5. Students' Perceptions

While there is a role for general language training and learning, aviation-focused language training and learning at all skill levels are essential because of

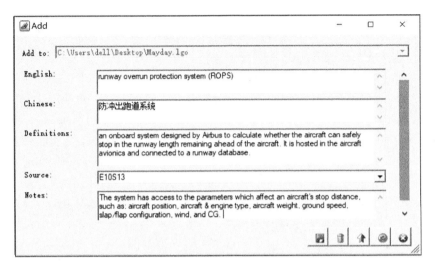

图 8 - 9　**Datum added and managed in Lingo**

safety and learners' motivation. As increased safety is the motivating factor beneath any initiative, including the establishment of provisions for language proficiency in civil aviation, it is important that language training programs address appropriate needs within the domain of operational communications. As an extension of the translational approach, 4 students were interviewed to find out how they perceived the design of the course and its effectiveness in preparing them to develop a professional profile and meet ICAO requirements. The findings are summarized below.

(1) Adherence

In daily life, miscommunication frequently occurs but rarely results in anything other than minor inconvenience, embarrassment, or lost time. In aeronautical radiotelephony communications, however, communication errors have the potential to cause far more serious consequences. Because of the high-stakes nature of language practice within the aviation industry, it is critical that course designers and developers maintain quality by conscientious adherence to standardized phraseology embodied as an ICAO Standard. Terms are univocal and universal to avoid ambiguity. Only when standardized phraseology cannot serve an intended transmission, plain language shall be used. By a translational approach, this course targeted the work in or around the wreckage of a crash site and led students to communicate in specific and job-related domains with accuracy, making them accountable for mediation at critical moments. When a stall occurs, the sudden loss of lift is frightening to a student pilot and some pilots with few hours in the air. For a quick recovery, the pilot must relax the backpressure on the stick and push it slightly forward. The nose of the airplane will drop below the horizon line. This remedy action, coupled with clarity and precision in language use, helps the airplane to generate lift again. The crash of flight AF447 deepened students' understanding of *stall* and *level flight*, and the adherence to standard terminology for cockpit communication, as noted by Charlie in the interview:

> *I learned a lot from this terminology course. It is more than just finding out the cause of a crash. Stalls need not be feared. They are just a set of maneuvers we have to practice to understand the flight characteristics of the airplane we are flying. It is not only what you say, but how you say it that counts. A demonstrable and well-articulated adherence to terms ensures the best possible communication under stress-induced situations. (Interview notes)*

(2) Affordance

An affordance is a quality of an object, or an environment, which allows an individual to perform an action. [1] Affordances interact with various individually-perceived action environments, such as teaching, studying, learning, and communication environments. It is the task of the teacher to help students start seeing and perceiving and then benefiting from the course. Different from previous programs where linguistic data are collected and disseminated by the instructor, this course affords the students an opportunity to experience and explore, encouraging them to create a corpus of their own and compile their own data bank.

Like long security lines and bad coffee, air turbulence is one of the headaches for travelers when they decide to board an airplane. After watching the crash of UA587 in E05S13, students in Group 4 became interested in air turbulence. They went further into this subject, looking at aspects such as causes, grade, and forecasting, based on the corpus they developed. From this initiative, we saw learners can take ownership, literally and figuratively, of their development in terminological competence, managing and processing their data by having a closer bond with them, and increasing the potential for discovery by collaborating with fellow students and teachers.

(3) Airworthiness

Airworthiness is a special term for a condition in which the aircraft or

---

① GIBSON J J. Affordances and behavior[C]//REED E S, JONES R. Reasons for realism: selected essays of James J. Gibson. Hillsdale: Lawrence Erlbaum, 1975: 410-411.

component meets its type design and is suitable for operation. To become an accredited pilot for international routes, the student pilots must go through a series of screening and selection stages. The use of terminology is an operational skill that is taught by qualified specialists, and trainees are expected to reach a certain level of proficiency. Document 9835 stipulates that they should demonstrate Level 4 (Operational) proficiency in the use of terminology. Those below Level 6 (Expert) will be re-evaluated at intervals. ICAO recommends the interval should be 6 years for those at Level 5 (Extended) and 3 years for those at Level 4. This can be seen as a measure to ensure airworthiness among aviation English learners and their instructors.

Less than a minute after takeoff, Captain Sullenberger of UA 1549 reported a "double bird strike" and asked to return to the ground. An eerie calm characterized subsequent communications in the cockpit as their options dwindled and the flight crew decided to ditch into the Hudson. The first announcement to the cabin, when the die had been cast, was: "This is the captain. Brace for impact." Three and a half minutes, the time elapsed between the strike and the landing, seems long enough for effective decision making. The outcome was the result of good teamwork and the belief that a pilot's judgment must go hand-in-hand with technology and terminology.

As a combination of skill and high standards, airworthiness also means the ability to say more with less in the face of crises and dangers. By focusing on the terms from the events, domains, and sub-domains in aerodrome control, En-route air traffic control, and other domains, this course brought the trainees up to ICAO standards and made them airworthy through agentic choices and actions. [①] To alert classmates to the significance of professional communication through terminology, Kevin from Group 2 reported an agentic action of consulting Document 9835 for the use of "go around" to avoid misunderstanding and ensure airworthiness.

> ... When a captain elects to initiate a go-around while still in the clouds, it is a regulatory requirement that the ATCs be notified as soon as practical. We found in 3. 3 of Document 9835 some variations or non-standard phrases such as "missed approach", "balked approach", "abandon approach", or "we're on the go". If non-standard phrases or local jargon

---

① TAO J, GAO X S. Teacher agency and identity commitment in curricular reform[J]. Teaching and teacher education, 2017(63): 346-355.

are used, the actions within the cockpit may be clear and the crew may perform it as a team, their intentions may not be clearly understood by those on the radio frequency, including other aero planes in the vicinity as well as the controller responsible for providing separation. (Interview notes)

(4) Authenticity

According to Qin, authenticity is one of the core elements for ESP teaching. [①] The use of authentic material for input has become increasingly common in ESP programs. For student pilots in particular, exposure to the language and terminology used by professionals in this field may accelerate their graduation into the target domain with improved skills for communication. A key issue for ESP teachers is to base the course on true materials and enable the students to use what they have learned naturally in their future work. In line with the students' needs, this course is based on real-world communications, and improves both the efficiency of meeting strict terminology requirements, as well as the overall effectiveness of their use in communication. In his interview, Louis from Group 7 said that he had learned the terms underlined below, and recognized their impact when they appeared in *Mayday* accompanied by the explosion of a Rolls-Royce engine.

There was a loud explosion. Everybody just said, "What was that?"

My reaction immediately was, "Oh my goodness, maybe this is it?"

The first thought when it goes bang is an engine failure. Possibly severe damage.

We lost No. 2.

Holding 7,400 feet.

De Crespigny wastes no time, taking over control from the autopilot. 35 years of flying tells him what to do next.

I pressed the altitude hold button, which would cause the nose to lower and aircraft level.

Matt, ECAM actions.

The Electronic Centralized Aircraft Monitor (ECAM) is an electronic

---

① QIN X B. On the nature, category and teaching principles of ESP[J]. Journal of South China University of Technology, 2003(4):79-83.

instrument system that monitors the functions of the aircraft and displays the information on two color displays in the cockpit. In Qantas 32, Captain Richard De Crespigny, once a fighter pilot, was quick to respond when the explosion occurred. He took control of the plane and held altitude, and assigned his first officer to locate the malfunction using ECAM data. By introducing students to the sites of accident and incident, this course works like a simulator and enhances their terminological awareness and competence with the visual information in images for a better understanding of complex and dynamic concept systems [①], supporting student pilots' attempts to learn aviation terminologies and sharpening their skills for communication.

6. Conclusion

Terminology is not only a matter of terms or term entries that try to represent pieces of objective reality. The representation of a specialized field should be more than a list or a configuration of objects linguistically translated into either simple or compound nominal forms. It is necessary to situate concepts in a setting and within the context of dynamic processes that define and describe the principal event in the specialized field in question. Addressing the relationship between aviation English terminology and general English, the ICAO proposes that aviation English, RT English, and ICAO terminologies as increasingly smaller subsets within the larger category of the English language. As a sub-category of aviation English, RT English is the language used in RT communications. It includes but must not be limited to ICAO terminology, and can require the use of general English at times. ICAO terminologies are standardized words/phrases approved for RT communications. They have been developed over years and represent a very narrow, specialized, and rigid subset of language. The instructors in such a course should be familiar with a variety of language teaching methods and techniques, with principles of curriculum development, and with the notions of learners' styles and motivations. They are expected to link the approach used to an underlying theory of language and language learning, creating a program with domain-specific materials to teach ICAO terminologies.

As Stevick points out, central to the quests of both alchemists and language teachers was some quick and simple piece of equipment—the so-called philosopher's

---

① FABER P, LEÓN ARAÚZ P, PRIETO VELASCO J A, et al. Linking images and words: the description of specialized concepts[J]. International journal of lexicography, 2007,20(1): 39-65.

stone that would make the transformation possible. [1] This paper has made a brief introduction to teaching ICAO terminologies to student pilots in China, and takes the perspective of a translational approach to develop terminological competence for airspeak. The approach derives from previous studies on Terminology, LSP and specialized translation at home and abroad. The content was based on a need determined by the first author's dual professional experience as an ESP and MTI instructor designing and delivering a terminology course, a component of the aviation English program for student pilots and MTI candidates, in the Nanjing University of Aeronautics and Astronautics (NUAA) of China. By teaching aviation terminologies and thereby continuing to develop aviation English courses, we should be able to steadily improve systematic and comprehensive curricula for teaching aviation English, in collaboration with the joint efforts of fellow language practitioners. It is our hope that this paper has provided some insight into the challenges facing the LSP/ESP instructor acting as an aviation English curriculum developer, and the complexity of shaping language learners into domain experts qualified for professional communication.

(原载 Círculo de Lingüística Aplicada a la Comunicación, ISSN：1576-4737, 略有删改, 可见于 https://revistas.ucm.es/index.php/CLAC/article/view/65651)

第七节　Framing the concepts in specialized translation：a cognitive approach to terms in Qantas 32 investigation report and their translations[2]

1. Introduction

One of the major concerns for Terminology lies in the description of concepts. In the past two decades, the cognitive aspect of lexical units and their impact have gained more attention. Similar to Linguistics, Terminology has also been affected

---

① STEVICK E W. Affect in learning and memory：from alchemy to chemistry[C]//ARNOLD J. Affect in language learning. Cambridge：Cambridge University Press, 2000.

② WU L L, ZHU B, GAO P. Framing the concepts in specialized translation：a cognitive approach to terms in Qantas 32 investigation report and their translations[J/OL]. Publifarum, (2020-06-17)[2023-09-25]. http://riviste.unige.it/index.php/publifarum/article/view/1868.

by the cognitive shift, which has led both disciplines to focus increasingly on the conceptual network underlying language. ① It is not by chance that such theories have gradually merged with Translation Studies.

Officially mandated by the International Civil Aviation Organization (ICAO), English is the de facto language for international civil aviation. As a comprehensive but specialized subset of English, aviation English includes "plain" language used for radiotelephony communications when phraseologies do not suffice. Not restricted to controller and pilot communications, aviation English also includes the use of English for various aspects of aviation. For example, the language used by maintenance technicians, dispatchers, or managers and officials within the industry.

To provide language services for this domain, translators should be fully aware of the terminological units and the specialized knowledge representation. For instance, the common word "taxi" can become a term in an airport environment, denoting the movement of an aircraft on the ground at a very low speed. According to regulations of radiotelephony communication, *H* is pronounced as *hotel* for clarity. In this sense, "taxi to hotel" should be translated into "滑行至 H 点" (slowly move to H point) instead of "打的去旅馆" (taking a cab to the hotel). Therefore, terminological competence is essential for civil aviation English translators to ensure accuracy and proficiency in their jobs.

Air travel in China was once only for the privileged few, it is currently one of the most important markets within the aviation industry. A 2018 government report stated that a total of 46 airports would be developed within the following five years. New intercontinental routes opened by Chinese carriers in 2006 increased the amount only by six units, but from 2014 to 2017, the number rose to more than 50. Compared with such rapid market development, however, the existing body of studies on aviation English is still scarce.

Considering the studies on civil aviation terminology, Zhou sought to achieve the standardization and unification of civil aviation terminology. ② Zhu & Wang discussed the translation of ICAO terms. ③ Huang & Li proposed two translation techniques for civil aviation terms, i. e. , zero-translation and literal translation,

---

① FABER P. A cognitive linguistics view of terminology and specialized language[M]. Berlin/Boston: De Gruyter, 2012: 286.

② ZHOU Q H. Investigation on normalization of Chinese civil aviation scientific terms [J]. China terminology, 2010(4): 41-45+50.

③ ZHU B, WANG W. On terminologies in the domain of civil aviation and their translations[J]. Chinese translators' journal, 2013(6): 94-98.

both meant to retain the original word formation and meaning, with the occasional application of back translation for accuracy. ① However, these studies mainly focused on terminology management or specific translation strategies, giving translation professionals little guidance on how to improve terminological competence. Hence the importance of the current research.

2. Terminology and terminological competence in translation

(1) Terminology and its development

The study of Terminology focuses on a system of terms used to name things in a particular discipline. Its function is to identify the specific relationship between the term and the concept. A term or a specialized language unit can be distinguished from a general language word by its single-meaning relationship with the specialized concept that it designates, and by the stability of the relationship between form and content in texts dealing with this concept. However, this is an extremely idealized vision of specialized communication. The variation stems from parameters of specialized communication, such as the knowledge and professionalism of the speakers, text function, etc. The same concept can often be designated by more than one term, and the same linguistic form can be used to refer to more than one concept. Furthermore, terms may behave differently in texts, depending on their conceptual focus. This is a problem that all translators should deal with. Instead of focusing merely on one-to-one correspondence, new studies treat terms as integral parts of texts and integrate terminology into a wider social, communicative, and linguistic context. Relevant proposals in this area are Socio-cognitive Terminology and Frame-based Terminology. ②

Frame-based Terminology provides the theoretical foundation for this project. The notion of frame in Frame Semantics can be traced back to case frames. It is said that if one wishes to understand the semantic structure of a verb, it is necessary to understand the properties of the entire scene that it activates. A frame has been more broadly defined as any system of concepts related in such a way that one concept evokes the entire system. In this sense, it bears an obvious affinity

---

① HUANG D X, LI Z Z. Transparent translation of civil aviation terminology[J]. Journal of Beijing University of Aeronautics and Astronautics(social sciences edition), 2017(1): 108-114.

② TEMMERMAN R. Towards new ways of terminology description: the socio-cognitive approach[M]. Amsterdam/ Philadelphia: John Benjamins, 2000. FABER P, MONTERO MARTÍNEZ S, CASTRO PRIETO M R, et al. Process-oriented terminology management in the domain of coastal engineering[J]. Terminology, 2006(12):189-213.

with terminology, which is also based on such conceptual organization. Despite that Frame Semantics has been usefully applied to lexicology and syntax, it has not been systematically applied to Terminology.

Frame-based Terminology is a very recent cognitive approach to Terminology, which shares many of the premises already identified in the Communicative Theory of Terminology (CTT) and Socio-cognitive Terminology approaches. It is a new approach to specialized language that focuses on: ① conceptual organization; ② the multidimensional nature of specialized knowledge units; ③ the extraction of semantic and syntactic information through the multilingual corpora. In 2005, Faber et al. argued for a frame-based organization of specialized fields in which a dynamic, process-oriented frame provided the conceptual underpinnings for the location of sub-hierarchies of concepts within a specialized domain event. ① Coupled with an elaborated definition template, the frame-based organization allows for a more adequate representation of specialized fields as well as supplying a better way of linking terms to concepts.

(2) Terminological competence in translation

As Cabré points out, Studies and Terminology are two relatively young disciplines which differ in terms of focus and aim but share complementary elements. On the one hand, terminology is considered a tool to solve concrete problems from the perspective of Translation Studies. Terminology resources play a paramount role in the specialized translation process, providing equivalence sources and assisting translators in the structuring of semi-specialized knowledge, which is a part of translation competence. On the other hand, translation has played a significant role in developing Terminology as a discipline and as a practice. It has greatly enriched the lexis of European languages. As a result, the relationship between Terminology and Translation is asymmetric since terminology has no intrinsic need to recur to translation. In contrast, Translation must use terminology as means to achieve the inter-linguistic transfer of specialized knowledge units. ②

In order to translate a specialized language text, translators must go beyond correspondences at the level of individual terms and establish cross-linguistic references to entire knowledge structures; only then can they achieve the level of

---

① FABER P, LINARES C M, VEGA EXPÓSITO M. Framing terminology: a process-oriented approach [J]. Meta: translators' journal, 2005,50(4): 35-60.

② VELÁSQUEZ G. Translation and terminology in mediated bilingual communication [J]. Meta: translators' journal, 2002,47(3): 444-459.

understanding the necessity to create an equivalent text in the target language [①]. This also involves the ability to accurately apply this knowledge to specialized linguistic representations in one or various languages. In this sense, terminological competence can be viewed as a module of translation competence, since

It would comprise the storage of specialized knowledge in memory, automatisms pertaining to terminological access, creativity related to term formation, as well as the translator's ability to solve problems of knowledge acquisition during the translation process, all of which directly affect the creation and establishment of links between conceptual and linguistic representations. [②]

In a later work, Montero-Martínez and Faber reiterated that terminological competence in translation does not refer to the acquisition of a list of terms, but rather to the ability of the translator to acquire the knowledge represented by these terms. [③]

In spite of the significant body of international scholarship on Terminology available so far, little attention has been paid to this discipline in China, especially when it comes to the translator's terminological competence. Liang described terminological competence as being made up of five sub-competences: knowledge acquisition, term management, term application, expertise in a domain, and socio-cognitive ability. These five sub-competences, as proposed by Liang, help improve terminological competence and achieve the goal of terminology teaching. [④] Wang carried out a componential analysis of translation-oriented terminological competence and created a network model of its seven sub-competences, i. e., the ability of understanding, literature research, management, application, knowledge acquisition, tool use, and language use. [⑤] Leng, et al. emphasized the significance

---

①　FABER P. A cognitive linguistics view of terminology and specialized language[M]. Berlin/Boston: De Gruyter, 2012: 13.

②　FABER P. Terminological competence and enhanced knowledge acquisition[J]. Research in language, 2003(1): 95-117.

③　MONTERO-MARTÍNEZ S, FABER P. Terminological competence in translation[J]. Terminology, 2009,15(1): 88-104.

④　LIANG A L. Approaching China's terminology education from the perspective of the nature of terms [J]. China terminology, 2010(4): 32-36.

⑤　WANG S S. Translation-oriented terminological competence: concept, components and cultivation[J]. Foreign languages world, 2011(5): 68-75.

of terminology course for Master of Translation and Interpreting (MTI) students. [1] Zhu, et al. discussed the development of terminological competence in aeronautic communication and the inspirations for teaching from the perspective of curriculum design. [2] Unlike such research works focusing on the description of terminological competence and on terminology teaching, this study intends to explore the terminological competence in specialized translation to address the following questions:

① How can Frame-based Terminology help to understand the terms in specialized texts?

② How can terminological competence be developed to ensure the quality of translation in the domain of civil aviation?

3. Project description

On 4th November, 2010, an Airbus A380 aircraft, the world's largest passenger aircraft, departed from Changi Airport, Singapore. Operated as Qantas flight 32, it was a long-haul journey from Heathrow to Sydney. The plane received several warnings following an explosion just four minutes after taking off—in the second leg of the journey. Upon inspection, the accident was determined to be the result of an uncontained engine failure in the No. 2 Rolls-Royce Trent 900 engine. A turbine disk fell apart, damaging the nacelle, wing, fuel system, landing gear, and flight control system, subsequently leading to a fire in the left-wing fuel tank. Due to mounting failures, the aircraft became unsafe to fly. After a two-hour ordeal, the crew struggled to land on the same runway they had taken off from, finally coming to full stop with only 150 meters to spare. The accident resulted in the grounding of the Qantas A380 fleet and inspections/engine replacements on some Rolls-Royce powered A380s. No deaths or injuries were reported thanks to the flight and cabin crew who managed the scenario as a competent team in accordance with standard operating procedures and practices.

The Australian Transport Safety Bureau (ATSB) released the final *Aviation Occurrence Investigation Report* in 2013, covering factual information, analysis of the causes, safety actions, etc. This report plays an important role in extending the

---

① LENG B B, WANG H S, LIANG A L. On the construction of terminology course for MTI students [J]. Chinese translators' journal, 2013(1):55-59.

② ZHU B, GAO H, WU H X, et al. Studying crashes to avoid clashes: a translational approach to develop terminological competence for aeronautic communication [J]. Círculo de lingüística aplicada a la comunicación, 2019(79):119-138.

knowledge base relating to the hazards from uncontained engine rotor failure (UERF) events and highlights the need to incorporate this knowledge into flight safety improvements. At the suggestion of her supervisor, the translator chose the first chapter from this report (about 10,000 words) and translated it into Chinese. The first chapter is a comprehensive introduction to the occurrence and an overview of the main factors that caused the problem. As an MTI candidate, the translator had not received systematic training in civil aviation. Hence, the translation needs were twofold: one in the interlingual sense of transferring from English into Chinese, and the other in the intralingual sense of switching to a specialized register.

After selecting the source text, the translator spent two months completing the translation and then cross-checking it with a classmate and her supervisor. Furthermore, she collected a great number of bilingual civil aviation terminology and text from her supervisor, the school library (Nanjing University of Aeronautics and Astronautics) and from other sources, such as the Civil Aviation Glossary published by Accounting Center of China Aviation (ACCA), an English-Chinese civil aviation dictionary published by Boeing Commercial Airplane Group, and the *Dictionary of Aeronautical Terms*.

4. The application

(1) Establishing a conceptual network

An effectiveway to study specialized knowledge units is by studying their behavior in texts. Since the general function of specialized language texts is the transmission of knowledge, such texts tend to conform to templates in order to facilitate understanding. Additionally, these texts are generally characterized by greater repetition of terms, phrases, sentences, and even full paragraphs. Scientific and technical texts are usually lexically dense and rich in terminology because of the quantity of specialized language units in them, and they are also distinctive in their syntactic structures. Understanding a terminology-rich text requires knowledge of the domain, the concepts within it, the propositional relations within the text, as well as the conceptual relations between the words within the domain. This is the first step towards creating an acceptable target language text.

1) Acquisition of specialized concepts

Frame-based Technology is based on deriving the conceptual system of the domain by means of an integrated top-down and bottom-up approach. The bottom-up approach consists of extracting information from a corpus of texts in various languages, specifically related to the domain. The top-down approach includes the information provided by specialized dictionaries and other reference material, complemented by the help of experts in the field. [1]

One basic premise of this approach is that the description of specialized domains is based on the events that generally take place and can be represented accordingly. Each knowledge area thus has its own event template. Accordingly, generic categories are configured in a domain event or action-environment interface[2], which provides a frame for the organization of more specific concepts. The specific concepts within each category are organized in a network where they are linked by both vertical (hierarchical) and horizontal (non-hierarchical) relations.

Faber, et al. first brought up the model of Environmental Engineering Event which was later named Environmental Event (EE) as a conceptual portion of the frame-based multilingual knowledge resource on the environment, the Eco-Lexicon. As indicated in a series of papers, they argue that an EE is a dynamic process initiated by an agent (either natural or human), that affects a specific kind of patient (an environmental entity), and produces a result in a geographical area. EE consists of a general level of EVENT and a basic level with central categories such as AGENT, PROCESS, and PATIENT as well as peripheral categories including INSTRUMENT and DESCRIPTION as illustrated by the Coastal Engineering Event [3] in Figure 8 - 10.

Accordingly, each sub-domain within the event is characterized by a template with a prototypical set of conceptual relations. This logically places emphasis on terminological definitions, which are regarded as mini-knowledge representations or frames. Such definitions are not entered in a cut-and-paste fashion from other resources. Rather, they result from comparing data through corpus analysis. This is evident in the following description of engine failure. According to EE, we have made a template about the Uncontained Engine Failure Event as in Figure 8 - 11.

A turbine engine failure occurs when a turbine engine unexpectedly stops producing power due to a malfunction other than fuel exhaustion. Engine failures may be described either as contained or uncontained. A contained engine failure is one in which components might separate inside the engine, but either remain within

---

① FABER P. A cognitive linguistics view of terminology and specialized language[M]. Berlin/Boston: De Gruyter, 2012: 29.

② BARSALOU L W. Situated simulation in the human conceptual system[J]. Language and cognitive processes, 2003(18): 513-562.

③ FABER P. The cognitive shift in terminology and specialized translation[J]. Monographs in translation and interpreting(Mon TI), 2009(1): 107-134.

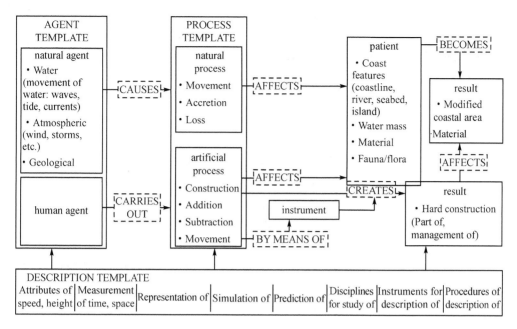

Figure 8－10 The Coastal Engineering Event (Faber，2009)

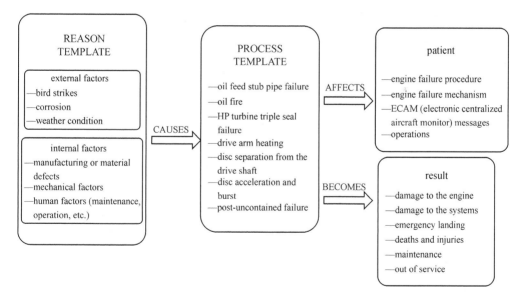

Figure 8－11 Uncontained Engine Failure Event

the engine cases or exit the engine through the tailpipe. An uncontained engine event occurs when an engine failure results in fragments of rotating engine parts, penetrating and exiting through the engine case. Uncontained turbine engine disk failures within an aircraft engine present a direct hazard to an airplane and its passengers, because high-energy disk fragments can penetrate the cabin or fuel tanks, damage flight control surfaces, set fire to flammable fluid or sever hydraulic lines.

Engine failures can be caused by mechanical problems in the engine itself, such as damage to portions of the turbine or oil leaks, as well as damage outside the engine such as fuel pump problems or fuel contamination. A turbine engine failure can also be caused by entirely external factors, such as volcanic ash, bird strikes or weather events such as icing conditions. These risks can sometimes be negated through supplementary ignition or anti-icing systems.

The study of corpus data, i. e. , concordances from specialized language texts, offers several attributes relative to engine failure as a process, as well as its relations to other entities in the same domain. These attributes will constitute its definition, map out its conceptual relations, link it to other concepts, and provide information about its combinatory potential in one or various languages. By analyzing concordances, the following information about uncontained engine failure comes to light, as listed in Table 8 - 8.

Table 8 - 8　Examples of concordances

1. Engine failure occurred during the flight • in-flight uncontained engine failure overhead Batam Island
2. Engine failure happened at turbine rotor, a part of the engine turbine • minimization of hazards resulting from an uncontained engine rotor failure (UERF) • initial inspection revealed that the No. 2 engine sustained an uncontained failure in the turbine region and that debris from the engine damaged the airframe and systems
3. Engine failure is a sequence • engine failure sequence
4. Engine failure can make direct or indirect damages/implications • which affected other systems not directly impacted by the engine failure • the debris from the engine failure directly damaged a number of systems • ... as a direct result of the damage from the engine failure • ECAM following the engine failure • understand the effect of engine failure on the aircraft and its systems
5. There is a specific procedure/mechanism referring to engine failure • a damage assessment as part of the engine failure procedure suggested that... • they then elected to continue the engine failure procedure, which included initiating a process of fuel transfer • ... to determine a sequence of events and understand the engine failure mechanism

This basic information about engine failure is activated in the context with more specific terms that appear as hyponyms of engine failure in the corpus. These complex nominal forms have their own syntax. A full list of such terms is given in Table 8 – 9.

Table 8 – 9　Complex nominal forms

Term	Verb	Subject	Reason
engine failure procedure	AFFECT	procedure	engine failure
engine failure mechanism	AFFECT	mechanism	engine failure
engine failure sequence	AFFECT	sequence	engine failure
Term	Verb	Process	Location/Type
engine rotor failure	OCCUR	engine failure	rotor
uncontained engine failure	OCCUR	engine failure	uncontained

These propositional representations can be activated in different ways, depending on the language involved and its rules for term formation. According to Goldberg, the basic clause types of a language form an interrelated network, with semantic structures paired with forms in a way as general as possible. ① This is extremely useful in the analysis of syntax in specialized language texts, and in the specification of definitional templates.

The organization of information encoded in definitions can be structured according to its perceptual salience as well as its relationship to information configurations in the definitions of other related concepts within the same category. This echoes what Martin argued about frames, as definition models, that offer more consistent, flexible, and complete representations. ②

2) Characterizing terms

In the above part of "Acquisition of specialized concepts", the use of Faber's bottom-up approach was mentioned, whereas in this section, the top-down approach in terminology translation will be discussed. As Faber argues, a domain sometimes refers to the knowledge area itself and sometimes to the categories of concepts within the specialized field.

Document 9835 (***Manual on the Implementation of Language Proficiency Requirements*** issued by ICAO) offers an inventory of events and related domains

---

① GOLDBERG A. A construction grammar approach to argument structure[M]. Chicago: University of Chicago Press, 1995: 5.

② MARTIN W. Frames as definition models for terms[C]//Proceedings of the international conference on professional communication and knowledge transfer: terminology work and knowledge transfer, Vienna: TermNet, 1998: 189-221.

which characterize the routine and non-routine work of civil aviation staff. The inventory consists of three parts: ① events, domains, and sub-domains in aerodrome control, e. g. , air-misses, approach delay; ② events and domains linked to en-route air traffic control, e. g. , aircraft breakdown, special flights, weather, and MET (meteorology) problems; ③ other domains such as ground services and airfield facilities. Once the conceptual network has been established, the translator extracts and classifies the terms in the conceptual network and organizes them in Table 8 - 10.

Through the establishment of the conceptual network, the translator developed the necessary background knowledge and classified the main terms. As a descriptive interpretation of the concept, the conceptual network provides a macroscopic understanding of the translation project by relating the concepts and sub-concepts. The terms in Table 8 - 10 provides some examples. During the translation, if an unfamiliar specialized concept arises, the translator can quickly locate it in the conceptual network and determine its relationships with existing concepts. In turn, this helps to establish an appropriate equivalence. In this case, the translator can also compile their own glossary to integrate the existing civil aviation term base.

Table 8 - 10   Characterizing terms

Airfield facilities terms	Aerodrome control terms
oil feed pipe	ECAM
counterbore	flight crew
turbine disk	message
HP/IP bearing chamber	approach

(2) Collocating terminological units

Frames also fall within cognitive linguistics approaches; they are a type of cognitive structuring device based on the experiences that provide the background knowledge and motivation for the existence of words in a language as well as the way those words are used in discourse. Frames have the advantage of making explicit both the potential semantic and the syntactic behavior of specialized language units. This includes a description of conceptual relations as well as a term combinatorial potential.

As mentioned before, the term ***engine failure*** can form a different conceptual unit matching with different verbs, such as ***engine failure procedure suggested*** and ***engine failure directly damaged***. Engine failure in both units has the same meaning. However, each context helps the translator identify the proper equivalence of the same term in different units. The following is an example.

The ATSB found that the misalignment of the counterbores was the result of movement within the HP/IP bearing support assembly during manufacture...

澳大利亚运输安全局发现,埋头孔在高压中压承力框架组件中发生位移导致轴心差。

That section of pipe contained an area of reduced wall thickness, which resulted from the misalignment of a counterbore machined into the end of the stub pipe during manufacture.

由于在制造期间短管末端埋头孔未对准轴心,造成该段管道部分管壁较薄。

In general English, misalignment means incorrect arrangement or position of something in relation to something else (Oxford English Dictionary 4). However, the conceptual unit here is *the misalignment of the counterbores/a counterbore*. The counterbore in the oil feed stub pipe became misaligned with the axis of the pipe due to the movements within the hub structure during the manufacturing process. After the oil feed stub pipe was fitted to the hub, the oil feed stub pipe counterbore was machined using the inner hub counterbore as the reference datum to position the counterbore. Because the inner hub counterbore was misaligned with the axis of the stub pipe, the oil feed stub pipe counterbore was also affected and as a result misaligned with the axis of the stub pipe.

Misalignment is a noun that stems from the verb misalign. It describes a process, an action through nominalization. The action itself, however, can also be expressed as a definition of a term. The use of misalignments of counterbores in the above passage appear to share the same meaning. In fact, they match with different verbs and as arguments of different verb types, they have different functions. In the first sentence, misalignment occurs with *was* (i. e., "be" as copula) and is a noun playing the subject function and matching with the verb complement; in the second sentence, misalignment occurs with machined, a transitive verb, and contributes to express an action as an instrument subject. So, for the first *misalignment of the counterbores*, the translator chooses "轴心差" (zhouxincha, the misalignment between the counterbore and the axis). For the second one, she translates it into "未对准" (weiduizhun, misalign).

(3) Verifying by images

Another important aspect of Frame-based Terminology is the reliance on images in the form of specialized concepts. For instance, Frame-based Terminology advocates for a multimodal conceptual description in which the context is combined with visual information for a better understanding of complex and dynamic concept systems. In this way, Frame-based Terminology provides a thorough account of the information necessary to fully describe a term.

Traditionally, images have been classified according to their morphology in categories of photographs, drawings, animations, videos, diagrams, charts, graphics, schemes, views, etc. [1] However, a more useful way of categorizing images is in terms of their most salient functions or in terms of their relationship with the real-world entity that they represent. Based on that, Faber divides images into three criteria of iconicity, abstraction, and dynamism as ways of referring to specific attributes of specialized concepts.

Iconic images resemble the real-world object represented through the abstraction of conceptual attributes in the illustration. Images may have different degrees of resemblance to the object that they represent. Abstraction in an illustration is a matter of degree and refers to the cognitive effort required for the recognition and representation of the concept thus represented. Dynamism refers to the representation of movement (i. e., video and animation, as well as images showing different stages of a superordinate process). Dynamic images can be more effective when some complex processes are to be explained. Therefore, illustrations should be chosen if they focus on the semantic features activated in the linguistic description of the concept. Their level of iconicity, abstraction, and/or dynamism should be the combination that best portrays the attributes of the concept and the semantic relations they activate. [2] In this respect, few (if any) images are purely iconic, abstract, or dynamic. These features can be combined to generate eight possible image profiles. As shown in Table 8 – 11, the eight possible profiles of graphical information are classified according to the presence or absence of three main criteria.

---

① DARIAN S. More than meets the eye: the role of visuals in science text-books[J]. LSP & professional communication, 2001(1):10-36.

② FABER P, ARAÚZ P L, VELASCO J A P, et al. Linking images and words: the description of specialized concepts[J]. International journal of lexicography, 2007(20):39-65.

Table 8 - 11 Typology of graphical information

TYPE	DESCRIPTION		
	Iconicity	Abstraction	Dynamism
A	√	√	√
B	√	√	×
C	√	×	×
D	×	×	×
E	×	√	√
F	×	×	√
G	√	×	√
H	×	√	×

In this translation project, the source text has 15 figures. These figures play important roles in the understanding of concepts as well as in seeking translation equivalents. For some abstract unfamiliar specialized concepts, images provide highly informative visual cues. The following is an example of how the translator verified the meaning of **holding** by an image.

The flight crew contacted ATC and advised that they would need about 30 minutes to process the ECAM messages and associated procedures, and requested an appropriate holding position for that to occur. ATC initially cleared the flight crew to conduct a holding pattern to the east of Singapore. Following further discussion amongst the flight crew, ATC was advised that a holding area within 30 NM (56 km) of Changi Airport was required. ATC acknowledged that requirement and directed the aircraft to a different area to the east of the airport and provided heading information to maintain the aircraft in an approximately 20 NM (37 km) long racetrack holding pattern at 7, 400 ft.

飞行机组联系空中交通管制并说明他们需要大约30分钟处理电子中央监控信息、执行相关程序,请求空中交通管制提供合适的等待位置。空中交通管制初步批准飞行机组可进入新加坡东部某处等待航线。经飞行机组进一步讨论后,他们告知空中交通管制等待空域需位于樟宜机场30海里(56千米)范围内。空中交通管制明确这一请求,并指引飞机进入另外一个位于机场以东的区域,并提供航向信息,确保飞机位于一个长约20海里(37千米)、高7 400英尺的等待航线。

After reading the text, the translator can determine the meaning of *holding* in this context as *waiting*. However, there are three different units: *holding position*, *holding area*, and *holding pattern*, which can be challenging for the translator since *position* can be regarded as a point, when associated to *area* as a range, and when collocating with *pattern* as a shape. Thus, the first need is to identify the differences and similarities concerning *holding* in the three conceptual units before accurately representing them in the target language.

The example below is a different typology of graph selected in the source text, representing the meaning of wall thickness.

> That section of pipe contained an area of reduced wall thickness, which resulted from the misalignment of a counterbore machined into the end of the stub pipe during manufacture. A detailed engineering analysis found that the stresses generated in the oil feed stub pipe were sensitive to the wall thickness, which in turn had a significant effect on the pipe's fatigue life.
>
> 由于在制造期间短管末端埋头孔未对准轴心,造成该段管道部分管壁较薄。一份详细工程分析表明,供油短管中产生的压力对壁厚敏感,反过来对管道疲劳寿命产生显著影响。

Wall thickness is a term in the field of mechanical manufacturing. In this case, it refers to the dimension between the counterbore and outer surface of the oil feed pipe in the airplane engine. The whole paragraph of the source text attempts to explain the impact of *misalignment* to the *wall thickness*, which is a crucial part of this investigative report. Since the translator does not have enough knowledge about aircraft engine manufacturing, painstaking efforts are required to understand such abstract concept and describe it in the target language.

Figure 8 - 12 is also selected from the source text. It is a cross-section diagram of the oil feed pipe that was found with cracks. As indicated by the Figure, the blue (inner) circle represents the counterbore for the filter while the pink (outer) circle represents the interference bore/oil feed pipe outer surface. The blue and pink circles separately show the position of each center axis. According to Faber, this figure is an example of type B. In this figure, we can clearly observe how the *misalignment* causes reduced *wall thickness*. The command of this concept resulting from the image paves the way for the translator to understand what follows, such as the cracks in the pipe, the leak of fuel, the explosion of the engine, and eventually, the main reason for the event.

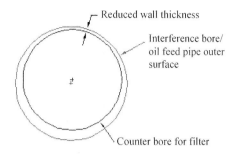

Figure 8 - 12　The Coastal Engineering Event (Faber, 2009)

5. Conclusion

Terminology is not only a matter of term entries that try to represent pieces of objective reality. The representation of a specialized field should be more than a list or a configuration of objects linguistically translated into either simple or compound nominal forms. It is necessary to situate concepts in a setting and place them within the context framework of dynamic processes that define and describe the principal event in the specialized field in question. Frame-based Terminology is a new approach to specialized language that focuses on semantic analysis and the meaning of terminological units. The data extracted from multilingual corpora and dictionaries provide the basis for conceptual maps which reflect the place of specialized knowledge units in large knowledge configurations. Concept systems are organized on the bases of definitional templates and situated representations for specialized knowledge concepts. Before flying, student pilots will practice in the flight training simulator to test themselves in a dynamic environment and be confronted with the actual feel of flying operation. Likewise, Frame-based Terminology provides translators with a dynamic context that allows them to fully understand what the terms stand for and their application in context.

This paper has examined the translation of civil aviation terms from English to Chinese under the framework of Frame-based Terminology. It takes a cognitive linguistics approach to develop terminological competence for this domain. The approach is derived from previous studies on Terminology and specialized translation. Likewise, the content is based on a need identified by the first author during a translation experience as an MTI student in China. From establishing a conceptual network, collocating terminological units, and verifying them through images, the translator has developed skills and abilities in learning new terms, their use in different strings of text, and has organized them in a more precise and systematic way. This is the first time that Frame-based Terminology has been applied to the translation of civil aviation terms. The top-down and bottom-up approaches resulted in this theory becoming a source of insight and inspiration for understanding terms and Language for Specific Purpose (LSP) learning. It is our hope that the study will illuminate how to overcome the challenges within specialized translation, and the complexity of transforming language learners into domain experts.

（原载于 Publifarum，ISSN：1824-7482，略有删改，

可见于 https：//riviste. unige. it/index. php/publifarum/article/view/1868/2592）

结　语

针对所研究的问题,本研究的主要发现如下。

第一,《公约》附件 13 对有人驾驶航空器事故的定义为,从任何人登上航空器准备飞行直至所有这类人员下了航空器为止的时间内所发生的与航空器运行有关的事件,在此事件中:① 由于在航空器内,或与航空器的任何部分包括已脱离航空器的部分直接接触,或直接暴露于喷气尾喷,造成人员遭受致命伤或重伤;② 航空器受到损坏或结构故障,并且对航空器的结构强度、性能或飞行特性造成不利影响,通常需要大修或更换有关受损部件;③ 航空器失踪或处于完全无法接近的地方。根据航空器受损和人员伤亡的严重程度,事故由重到轻依次为全毁事故(hull loss accident)、重大事故(major accident)、致命事故(fatal accident)和轻微事故(minor accident)。参照《公约》附件 13,我国对事故也进行了定义和分级。最新修订的《民用航空器事件调查规定》把事件分为事故、征候和一般性事件。根据人员伤亡和经济损失情况,事故分为特别重大事故、重大事故、较大事故和一般事故,具体可见国务院《生产安全事故报告和调查处理条例》第三条。此外,事故调查的国际标准可见《公约》附件 13。

第二,根据对事故的调查和官方发布的调查报告及其翻译文本,可以从事故概要、事实信息、调查结论和安全建议等方面,创建关于典型事件的术语概念网络,展现术语应用及其认知潜势。具体可见本书第四至六章的典型事件调查,以及第七章基于调查的术语认知研究。

第三,在调查报告的整理、翻译和学习过程中,术语认知和术语翻译实践可使对术语知识属性和术语翻译知识理据的认识不断深化。通过术语认知和翻译,可把基于事故调查和专用语料的术语库升级、优化为术语知识库。具体可见本书第八章术语翻译研究。

基于翻译和写作,课题组形成了系列成果及核心观点,具体包括:① 术语的形成历经概念化、范畴化和图景建构,在本质上是一种认知过程。② 术语单元集语言单元、思维单元、交流单元和知识单元于一体;情景化和多模态表征可展现术语单元的认知潜势。③ 术语翻译不仅仅是翻译术语,它在本质上是源术语概念跨语的二次命名。对于外来术语,对外再翻译时要解决准确回译的问题;对于本土原创术语,对外译介时则要重点解决汉语术语概念跨语二次命名的创造性翻译问题。④ 面向翻译的术语能力不是单纯掌握双语术语,而是掌握术语所表征的专业知识的能力,以及将其规范化、再概念化、再范畴化的能力。⑤ 在专业翻译中,译者可以通过术语识解和翻译,弥补专业知识的短板,贴近乃至达到原文作者的专业知识水平。⑥ 基于事故调查,通过翻译,可在概念识别、信息查找、跨语对应、术语管理等方面把语言学习和专业学习融为一体,把语言学习者培养成领域专家。

1923 年以来,发生了包含商业航班、军事航班和货运航班在内的 500 余次空难,其中有 200 余起造成至少 100 人死亡,共有 540 余架飞机坠毁。近 20 年来,随着技术的进步,空难发生率有显著下降,但死亡率仍然居高不下。空难往往由多个原因叠加而成,加之生还率低、机械损毁难以复原,因而调查往往是一个漫长而复杂的过程。航空业也正是在调查中不断优化机组管理、培训,改进飞机制造,以及制定更为精细的飞行规则的。民航规章是一本带血的书,事故往往是带血的案例。调查报告用血的事实创造了案例分析的真实环境。本研究借助事故调查报告展开民航术语认知和翻译研究,目标不是讲故事,而是产出知识。基于民航术语和专门用途语言的"真实性"特点,课题组在工作中求真务实,展现出"五个真",具体为:① 面向民航国际化和安全治理的真需求;② 聚焦管制域和子域内发生的真事件;③ 建构概念网络和多模态表征的真情景;④ 创造术语范畴化和再范畴化的真体验;⑤ 探索民航术语识解和翻译的真方案。在此基础上,力求把民航术语研究从概念推进到知识本体、从规范性研究推进到描述性研究、从静态研究推进到动态研究。

由于一些因素,本研究尚存在以下不足和值得改进之处:① 基于典型事件的术语认知与翻译研究缺乏系统性,可在现有基础上,围绕一个事件进行深化和挖掘,实现本体建构。② 受资源和技术限制,术语知识库的构建处于起步阶段,未能在研究周期内实现从民航专业术语库到术语知识库的突破。③ 受人力和篇幅限制,未能在事故调查报告翻译的基础上更进一步,开展危机学习,推动民航安全管理和安全文化建设,在总体国家安全观指引下把研究上升到安全治理高度。期待专业人士的批评和指正,以启发并推动后续研究不断深化。

附 录

附录 1 《国际民用航空公约》及其附件简介

《国际民用航空公约》是 ICAO 最重要的国际公约,也是国际民用航空活动的宪章性文件,由正文和 19 个附件(Annexe)组成。其中,正文分为"空中航行""国际民用航空组织""国际航空运输""最后条款"4 个部分,共 22 章(chapter)、96 条(article),奠定了国际航空运输的核心原则。19 个附件的名称具体如下。

附件 1 《人员执照的颁发》

附件 2 《空中规则》

附件 3 《国际空中航行气象服务》

附件 4 《航图》

附件 5 《空中和地面运行中使用的计量单位》

附件 6 《航空器的运行》

附件 7 《航空器国籍和登记标志》

附件 8 《航空器适航性》

附件 9 《简化手续》

附件 10 《航空电信》

附件 11 《空中交通服务》

附件 12 《搜寻与救援》

附件 13 《航空器事故和事故征候调查》

附件 14 《机场》

附件 15 《航空情报服务》

附件 16 《环境保护》

附件 17 《安保——保护国际民用航空免遭非法干扰行为》

附件 18 《危险物品的安全航空运输》

附件 19 《安全管理》

ICAO 制定的标准和建议措施(Standards and Recommended Practices,SARPs)集中体现在这 19 个附件中。

附录2 空中双语——飞行员和管制员之间的非母语交流①

全球每天约有10万架次商业航班运行,这意味着飞行员和空管员之间的交流可能有数百万次。英语是国际民航通用语言,上述交流常以这一语言形式进行。这导致了一种特殊双语形式的出现,其专业程度高,并且必须始终保持精准。双语交流如何发生?效果如何?是否会失败?如会,是何原因引起?还有哪些地方需要改进?曾供职于美国交通运输部下属研究和技术处的资深科学家尤迪特·比尔基-科恩(Judith Bürki-Cohen)博士对这些问题进行了广泛研究。针对空中双语问题,他接受了美国东北大学教授弗朗索瓦·格罗让(Francois Grosjean)的专访。

格罗让:在飞行员和空管员的英语交流中,您认为一方或双方为非母语者的比例是多少?

科恩:在非英语国家,接近100%,因为只有极少数空管员和一部分飞行员的母语是英语。在官方语言是英语的国家,这取决于国际航班或国际飞行学员的占比,因地区而有所不同。

格罗让:谁来负责确保空管员和飞行员都能足够熟练地用英语进行交流?

科恩:这由国际民用航空组织(ICAO)下属各成员国的民航管理部门负责。ICAO要求所有飞行员和空管员熟练掌握航空专业用语。自2011年3月起,ICAO还要求国际航线上或与国际航班交流的飞行员与空管员的英语水平达到工作级要求。

格罗让:他们在工作中总是使用英语吗?说同一语言的飞行员和空管员,比如一名德国飞行员与一名德国空管员,在通话时是否会转用母语?

科恩:哦,他们不应该这样做。一个重要原因就是所谓的"专用线",即飞行员和空管员的信息源。空域划分为不同部分,但在通信中使用同一雷达频率。飞行员可以通过聆听同一频率上其他人的通话来增强情景意识,并由此获悉谁在附近、其他航班是否遇到本机应该知晓的天气状况,甚至能发现空管员的错误,比如把一架飞机放行至另一架飞机正在使用的跑道上。如果飞行员和空管员在通话中使用其他语言,在同一空域飞行的非英语母语者就无法从专用线上获取信息,其情景意识随之降低。

格罗让:飞行是最安全的旅行方式之一。尽管英语对很多人来说是外语,但用

① 弗朗索瓦·格罗让,王婉馨.空中双语[J].英语世界,2020,39(10):71-75.

它交流的效果看起来非常好。目前有哪些程序使它如此有效？

　　科恩：最重要的一个方面就是，旨在避免误解而被严格规定的专业用语和通信程序。这些程序提供了多次发现错误的机会，因而所有飞行员和空管员对程序的遵守极为关键。比如，陆空通话有一个程序的要求是，由飞行员认真"复诵"空管员的指令，由空管员对其进行"监听"，并抓住复诵中的任何错误。当然，错误有可能未被注意到，尤其是在繁忙的空域。目前，业内设法通过卫星把常规通话转换为"数据链"，这样空管员就可通过短信与飞行员交流。

　　格罗让：在一些情况下，飞行员和空管员之间的通信会失败。和其他原因相比，请问有多少是由误用英语所致？

　　科恩：除复诵和监听错误外，导致通信失败的原因有很多。英语误用只是其中之一，仅在国际航班或飞行员身上出现。使用非标准专业用语可能是因为英语能力有欠缺，也可能不是。卡住的麦克风会堵塞整个频率，飞行员也会因频率繁忙而无法加入通话。另一原因就是混淆飞机呼号。当两架飞机的呼号发音相似时，飞行员可能会把空管员对另一架飞机的放行误听为对本机的放行。英语能力不足这一不利因素显然会加重这些问题。

　　格罗让：空管员和飞行员说英语时可能有不同口音，口音对通话（失败）的影响有多大？您能给出一个相关的事故案例吗？

　　科恩：毫无疑问，飞行员和空管员都抱怨过口音问题。在一些事件中，口音可能是一个原因。在美国一家官方报告系统中快速检索"外国口音"，发现在过去10年中只有不到10份相关报告记录。但是，很多事故都没有上报，如飞行员飞入非英语地区、飞行员与外国飞行学员共用机场、飞行员与英语非母语的机组人员交流，当然还有空管员与国际航班或飞行员交流等情况。

　　格罗让：针对空管员如何用英语与国外飞行员交流，请问您有哪些具体建议？

　　科恩：空管员应当意识到国外飞行员可能不太熟悉专业用语，或各地区用语可能有所不同。空管员应格外注意数字，必须坚持逐个报出而非把它们合到一起，如应当说"8"和"3"而不是"83"。组合数字在不同语言里说法不同（83在德语中是3加80，在法语中是4个20加3）。在不同国家，重量、距离或气压单位也有所不同。在发送指令时，空管员应当在单词之间短暂停顿，把每个单词隔开。对英语非母语者，通过听来判断一个单词结束、下一个单词开始的位置极其困难。当然，空管员还应格外重视复诵的完整性和准确性。另外，保持指令简短，不把过多信息塞进一个放行指令，将有助于提高复诵的准确性并节省时间。

　　（本文编译自 https://unitingaviation.com/news/safety/pilot-air-traffic-controller-communication/，载于《英语世界》2020年第10期，略有改动）

附录3 走近空难调查员^①

空难是由不可抗拒的原因或人为因素造成的飞机失事，由此可能导致灾难性的人员伤亡和财产损失，如1979年芝加哥空难、1988年洛克比空难、2008年马德里空难等。针对大型空难的调查，不能有半点疏忽。

在英国，空难调查归口于航空事故调查局（AAIB）。该机构负责英国境内民用航空事故和重大事故征候的调查，也经常参与军用飞机事故征候和海外民用航空事故调查，特别是涉及在英国注册的飞机时。AAIB旨在对航空事故和重大事故征候做出快速反应，领导并管理事故调查组。在其官方网站上，AAIB强调调查目的在于"确定航空事故和重大事故征候的原因，并提出安全建议，避免重蹈覆辙，以保障航空安全，而非追究责任"。

空难发生后，AAIB会委派一位空难督查员或调查官来监管调查。空难督查员有法定权力，但必须与警方和应急部门密切合作。他们拥有以下权力：自由进入飞机残骸和内部结构；立即获得飞行记录器；得到相关人员或目击者证词。如果是调查所需，他们还有权扣留飞机，以便完成相关调查任务。调查官会组建一个调查小组，决定组内专业人员的构成，并协调、指挥调查工作。

揭秘"快速行动队"

除有毒部件、坠落残骸和火灾隐患的危险外，空难调查员还面临着因接触血传性病原而感染的危险。血传性病原体是存在于病人血液、组织或其他体液内的病毒、细菌或寄生虫。这些病原体包括但不限于乙型和丙型肝炎病毒，以及艾滋病病毒。有些病毒并不会因接触氧气或体液变干而立刻死亡。事实上，有研究证明：特定的气候条件会延长艾滋病病毒的传染期。因此，在失事飞机残骸内部或周围工作的人员，尤其是当其处于传染病流行的国家或地区时，必须极其谨慎，尽可能减少与血传性病毒的直接接触。美国国家运输安全委员会（NTSB）要求调查员必须在防渗橡胶手套上加戴厚皮工作手套；在可能接触血液或人体残骸时，必须佩戴全面罩和护目镜、穿着一次性工作服和防护靴。

调查员抵达现场的速度对找到事故原因至关重要。这也是调查组随时待命的原因所在。NTSB把调查组命名为"快速行动队"。AAIB称之为"现场工作组"，显得较为低调。它们在性质上相同，都由专业人员组成，随时准备奔赴现场并启动调查。

大型空难调查可能需要有100多位专业人员参与，众多机构和政府部门代表、国际专家都会参与并给予帮助。一个"快速行动队"通常由以下领域的专家构成：空中

---

① 罗雅丹,朱波.走近空难调查员[J].英语世界,2021,40(3)：71-75

交通管制、运行、气象、人为表现、飞机结构、飞机系统、动力装置、维修记录、生存因素、飞机性能、驾驶舱话音记录器(CVR)、飞行数据记录器(FDR)和冶金等。英国AAIB工作组还配有一名医疗顾问,以及一名由皇家空军(RAF)调派的、擅长航空病理学的专家。AAIB认为,参与空难调查的病理学家应具备航空和航空医学知识,确保不错过任何关键线索。

在对2001年导致蓝调歌星艾莉雅(Aaliyah)丧生的空难的调查中,飞机制造商的帮助得到了体现。一开始,调查人员对失事原因的梳理毫无头绪。失事时,机上共有9名乘客,还有大量行李。根据制造商赛斯纳公司提供的信息,该机型(Cessna 402B)核载人数为6～8人(包括飞行员在内),而失事飞机上共有9名乘客,还有大量行李。事故原因就此揭晓。

空难调查员身陷危险?

空难调查人员通常在应急人员之后到达现场,面临的危险相对少很多。当幸存者(如有)从残骸中被救出后,调查人员才会进入。但是,对失事飞机进行调查仍存在一定危险。寻找、检查和记录残骸的工作人员可能受到危险货物、易燃或有毒的材料式气体、尖锐物或重物、高压设备甚至疾病的伤害。按照惯例,调查组会先派出一名人员,与其他机构的人员(如警察和消防人员)进入现场开展安全分析,然后再安排其他人员进入。在危险程度较高时,调查人员不得进入现场。

(本文编译自 *National Geographic*,载于《英语世界》2021年第3期)

附录4　空中交通管制员的语言任务

1　空中交通顺序管理

1.1　同飞行员讨论交通管理行动。

1.2　询问飞行员偏离原因和程度。

1.3　发布适当的控制偏离的管制指令。

1.4　告知他人空域限制的实施/放开。

1.5　将离港航班在现有交通中排序。

1.6　询问他人有关偏离的情况。

1.7　发布纠正地面交通偏差的指令。

1.8　接收飞行员的起飞请求。

1.9　发布适当的离港信息。

1.10　向飞行员发布滑行入位并等待的指令。

1.11　发布修正的放行许可。

1.12　发布有关机场运行的补充信息（如跑道状况、跑道视程）。

1.13　发布起飞放行许可/起飞撤销。

1.14　接收飞行员对着陆指令的请求。

1.15　发布航空器着陆许可或选择许可。

1.16　接收航空器执行着陆/选择通知。

1.17　接收飞行员始发无线电通信。

1.18　发布/核实飞行员已有当前进港信息。

1.19　发布进港/离港指令。

1.20　发布空域或活动区内非管制物体通报。

1.21　通知其他人有非管制物体侵入空域或活动区的情况。

1.22　请求飞行员或非管制物体操作人做出响应。

1.23　请求其他方面协助，同非管制物体方面进行联系。

1.24　发布受影响空域或活动区限制航空器活动的指令。

1.25　接收临时使用空域或活动区的请求。

1.26　发布复飞指令。

1.27　接收中断进场并复飞/复飞/着陆后即起飞/停止后即起飞通知。

1.28　接收起飞确认。

1.29　接收飞行员起飞中断通知。

1.30　通知其他人空域状况发生变化。

2　控制航空器或车辆的地面活动

2.1　发布在入口等待指令。

2.2　建议飞行员地面延迟。

2.3　通知飞行员预计离港放行许可时间。

2.4　接收并通报取消交通管制。

2.5　接收飞行员对于牵引后退/动力滑行后退指令的请求。

2.6　接收飞行员对于滑行指令的请求。

2.7　发布机场状况信息。

2.8　接收飞行员或车辆飞行员在活动区活动或通过活动区的请求。

2.9　发布在滑行道/跑道外等待的指令。

2.10　拒绝地面活动请求。

2.11　发布交通绕开封闭活动区的指令。

3　安排航路或规划飞行

3.1　向飞行员发布放行许可和指令。

3.2　询问飞行员是否遵守放行许可或与其保持一致。

3.3　通过其他人中转,向飞行员发布放行许可。

3.4　准许或拒绝放行许可请求。

3.5　发现飞行员或航空器的问题(如缺氧)。

3.6　用无线电或雷达搜寻延误航空器。

3.7　接收飞行员报告的紧急情况通知并确定所需的帮助。

3.8　接收飞行员或航空器出现问题的通知(如延误、失去无线电联络)。

3.9　向其他人转发意外事故/紧急情况/特殊状况信息。

3.10　接收飞行员的飞行计划。

3.11　接收口头转发的飞行计划。

3.12　询问其他人有关飞行计划或飞行计划修订的情况。

3.13　接收所请求的飞行计划变更。

3.14　接收取消仪表飞行规则的请求。

3.15　终止同航空器的无线电通信。

3.16　接收进港信息。

3.17　向飞行员发布频率变更情况。

3.18　酌情在初始联络时发布高度表定位。

3.19　向飞行员核实航空器高度。

3.20　通知飞行员失去雷达联络或建立雷达联络。

3.21　终止雷达服务。

3.22　分配信标代码。

3.23　向飞行员要求必要的飞行计划信息。

3.24　接收特殊情况或紧急情况通知。

3.25　通知飞行员或车辆驾驶员航空器或车辆的异常状况。

3.26　宣布紧急情况和执行应急预案。

3.27　向出现特殊状况或紧急情况的航空器发布滑行指令。

3.28　将特殊运行情况通知其他人。

3.29　发布二次监视雷达信标代码分配变更。

3.30　向飞行员建议放行许可供选方案。

3.31　向飞行员发布识别转弯或应答机应答指令。

3.32　通过语调感知出现的特殊情况或突发事件。

3.33　讨论飞行计划/飞行计划的修订。

3.34　通知管制员或请求人不能遵从飞行计划/飞行计划的修订。

3.35　通知飞行员雷达位置。

3.36　接收飞行中飞行员申报飞行计划的请求。

3.37　接收来自录音电话的飞行计划请求和信息。

3.38　向飞行员核实飞行计划。

3.39 接收启动飞行计划的请求。

3.40 询问飞行员有关飞行计划终止的情况。

3.41 通知飞行员放行许可状况。

3.42 接收飞行员对放行许可的确认或拒绝。

3.43 根据天气、航空情报信息、飞行员选择和飞行员/航空器限制,评估备用航线并通知飞行员。

3.44 接收飞行员有关提供机场咨询通告的请求。

3.45 向飞行员转达所请求的咨询通告。

3.46 向飞行员转达机场状况。

3.47 向飞行员转达交通信息情况/天气条件。

4　航空器状况监控

4.1 记录机场环境情况(如跑道上的冰)或系统设备状态信息。

4.2 要求飞行员报告导航设备状态。

4.3 通知飞行员所需飞行跟踪服务的备用指令。

4.4 接收/拒绝跟踪飞行的请求。

4.5 接收/请求飞行员或操作员的位置报告。

4.6 搜索并核实航空器或车辆的位置。

4.7 核实飞行员是否已得到现用航站自动情报服务或通知飞行员现用航站自动情报服务。

4.8 通知/要求飞行员申报/再申报飞行计划。

5　航空器冲突情况处置

5.1 接收可能冲突或实际冲突的通知。

5.2 发布航空器冲突/航空器接近的交通情况咨询通告或安全警戒。

5.3 清除交通或非管制物体后,通知飞行员或报务员。

5.4 发布限制空域接近情况通报。

5.5 发布航路/低空情况咨询通告或安全警戒。

5.6 要求/接收飞行员所视交通情况通知。

5.7 发布空域/活动区违规情况通报。

5.8 发布地面活动许可或指令。

6　评估气候影响

6.1 从他处接收/要求得到天气情报。

6.2 向他处发布天气通报或更新情报。

6.3 规划天气通播。

6.4 以规定格式记录定期天气报告或通报。

6.5 以规定的无线电频率播报定期和非定期天气报告或通报。

6.6 接收飞行员简报请求。

6.7 以规定格式向飞行员通报天气数据。

6.8 通知/核实飞行员是否已收到有关危害天气的情报。

6.9 向飞行员提供所请求的其他情报信息。

6.10 如果条件允许,通知飞行员建议不采用目视飞行规则。

6.11 通知飞行员飞行监控能力。

6.12 通知飞行员空中交通管制延迟。

6.13 通知飞行员发送飞行员天气报告的频率和电台。

6.14 提醒飞行员接收其他数据。

6.15 播音时保持清晰和一致的言语模式。

7 应急响应和执行应急程序

7.1 通信。

7.2 接收飞行员的应急服务请求。

7.3 要求飞行员提供有关应急情况性质的信息。

7.4 通知飞行员在宣布应急情况时呼叫 7700。

7.5 要求航空器联系相关空中交通管制单位,并通知飞行员,在不能同空中交通管制单位联系时,回到原频率。

7.6 采取适当的行动,处置应急情况。

7.7 要求提供有关航空器的信息,以确定失踪航空器的高度、航向和空速。

7.8 通知是否需要变更高度或航向、是否保持目视飞行规则。

7.9 告知用磁罗盘调整陀螺仪。

7.10 通知飞行员航空器位置。

7.11 收到飞行员引导至机场的请求。

7.12 向飞行员发布航道指令和通报。

7.13 告知飞行员机场情况信息。

7.14 提醒飞行员提供飞行中信息。

7.15 核实飞行员是否按飞行计划飞行。

7.16 告知飞行员最低飞行高度。

7.17 通知飞行员失去通信联系程序。

8 扇区或位置资源管理

8.1 发送取消先前替代航线通知。

8.2 向他处发送导航设备状态通知。

8.3 发送通信状态通知。

8.4 向飞行员或其他管制员发送新的分配频率。

8.5 接收备用通信路径通知。

8.6 发布空中或地面传输备份通信。

8.7 询问他处是否收到航空器传输信息。

8.8 接收操控机场或滑行道照明系统的请求。

8.9 拒绝操控机场照明系统请求。

附录5　管制事件、适用范围和子适用范围

1. 机场管制下的事件、适用范围和子适用范围
EVENTS, DOMAINS, AND SUBDOMAINS IN AERODROME CONTROL

危险接近 Airmiss(es)

空中交通规则;规避动作;轨迹/飞行航迹;速度;距离/范围;飞机特征;方位。

air traffic rules; avoiding action; trajectory/flight path; speed; distance/range; aircraft characteristics; position.

航展 Air shows

飞行活动信息;活动;特技飞行;编队飞行;程序。

traffic information; activity: acrobatics, formation flights; procedures.

进近延误 Approach delays

等待指令;等待程序;机场航线;续航时间;改航/备降;必要条件;三类盲降;全天候着陆。

holding instructions; holding procedures; aerodrome circuit; endurance; diversion/alternate; necessary conditions; CAT 3; all-weather landing.

机腹着陆 Belly landing

试图机动;灯光状态;目视检查(低空通场);起落架位置;续航时间;剩余油量;空中放油;速度;飞机活动的信息;跑道状态;机场环境;机场设备;紧急撤离(应急滑梯/逃生滑梯等);火灾/火险;损坏;地勤。

attempted maneuvers; status of lights; visual check (low pass); position of landing gear; endurance; fuel remaining; fuel dumping/jettisoning; speed; traffic information;

state of runway; aerodrome environment; airport installations; emergency evacuation (emergency slides/escape chutes, etc.); fire hazard/risk; damage; ground services.

鸟击风险/危险 Bird risk/hazard

位置;数量;鸟类名称/种类;正受鸟击威胁;飞机受损情况;延误;受鸟击威胁方式;鸟类行为。

position; quantity; names/types of birds; bird scaring in progress; damage to aircraft; delays; bird scaring methods; behavior of birds.

炸弹威胁/警告/恐吓 Bomb threat/alert/scare

旅客离机;改航;(可疑)行李识别;空中放油;飞机内部情况;机组动作/机组行为;地勤;机场设施。

disembarking passengers; diversion; baggage identification; dumping/ jettisoning; aircraft interior; crew actions/behavior; ground services; airport installations.

货物问题/危险品 Cargo problems/dangerous goods

海关;货物种类;移植用(易腐烂)器官;有毒物质;办理手续;包装;兽医用设备;警方搜索;搜索犬;装载不合理或货物损坏;拦截;扣押。

customs; type of cargo; (perishable) organs for transplant; toxic substances; handling; packaging; veterinary services; police search; sniffer dogs; load badly fixed or damaged; intercepting; impounding.

机上着火 Fire on board

地勤;飞机内部;烟;窒息;异味;氧气面罩;警告灯;灭火设备;灭火器;受伤;烧伤;医疗救助;消防队/消防员;应急滑梯/逃生滑梯;发动机关车;撤离。

ground services; aircraft interior; smoke; asphyxia; smells; oxygen masks; warning lights; fire-fighting equipment; extinguishers; injuries; burns; medical assistance; fire brigade/firemen; emergency slides/escape chutes; engine shutdown; evacuation.

地面活动事故征候 Ground movement incidents

地面活动;消防队训练与介入;地面车辆;刹车效果与能见度;飞机活动信息;开车;牵引设备;发动机检查;远距离等待;等待点;跑道入侵;延误;陷入泥浆/土;地面车辆导致的损坏;忽略禁入的标志;碰撞;车辆或飞机故障;信号灯损坏;异物(名称、描述);问题登机或离机旅客;证实可疑行李;离机方式;健康服务;残疾人/病员;停机位置/区域。

activity on the field; fire-brigade training exercises and interventions; vehicles on the field; braking action and visibility; traffic information; start-up; towing equipment; engine checks; remote holding pattern; holding point; runway infringement; delays; stuck in the mud; damage caused by vehicles on the ground; no entry disregarded; collisions; vehicle or plane breakdown; damage to beacons; foreign objects（name, description）; problems boarding or disembarking passengers; baggage identification; means of disembarking; health services; handicapped/sick passengers; parking position/space.

健康问题 Health problems
症状；急救；飞机内部情况；医疗救助的种类；具备医疗（工作）背景的旅客；改航；机场设施；地勤；疾病；身体不适；伤口；流行病；医疗设备；血型/输血；医疗建议；人体；法医；隔离；食物中毒；食物；疫苗；医疗工作人员；药物与假肢。

symptoms; first aid; aircraft interior; type of medical assistance; medical background of passengers; diversion; airport installations; ground services; sickness; discomfort; wounds; epidemics; medical equipment; blood type/transfusion; medical advice; the human body; forensic surgeon; quarantine; food poisoning; food; vaccines; medical staff; medicines and artificial limbs.

着陆事故征候 Incidents on landing
长/短着陆；错过出口；陷入泥浆/土；天气；货舱问题；跑道混淆；鸟类或动物危害；轮胎受损；飞机故障；失去进近。

long/short landing; missed exit; stuck in mud; weather; cargo problems; runway confusion; bird or animal hazard; damage to tires; aircraft breakdown; missed approach.

罢工 Industrial action
地面工作人员；管制/运控人员；对飞行活动的影响；延误；罢工形式；示威游行；静坐。

ground staff; control/operational staff; effects on traffic; delays; types of strike; demonstrations; sit-ins.

气象（天气）情况 MET（weather）conditions
航站自动情报服务（能见度、云层，等）；（雷）暴，闪电；损坏和故障；除雪；阵风；风切变和微暴；最低标准；跑道状态；顺风，侧风；刹车效果；跑道目视距离；逆温；颠簸；自然灾害；跑道关闭；跑道变更。

ATIS（visibility, clouds, etc.）;（thunder）storms, lightning; damage and breakdown; snow clearing; gusts; wind shear and microburst; minima; state of runway; tailwind, crosswind; braking action; runway visual range; temperature inversion; turbulence; natural disasters; runway closed; change of runway.

失去进近 Missed approach
复飞;最低标准;飞机位置;续航时间;原因;飞机活动;程序;速度。
go around; minima; traffic position; endurance; reasons; traffic; procedures; speed.

跳伞/坠落 Parachute jumping/dropping activity
位置;其他飞机活动的情况;坠落过程;坠落区域。
position; information on other traffic and activity; duration of drop; drop zone.

飞行员不熟悉机场 Pilot not familiar with airfield
程序;机场设施;地勤。
procedures; airfield installations; ground services.

飞行员临时失能 Pilot's temporary disability
健康问题;飞机操控和仪表;飞行员动作/行为;机场环境;机场设施。
health problems; aircraft controls and instruments; pilots' actions/behavior; airfield environment; airport installations.

飞行计划导致的问题 Problems linked to flight plan
延误;起飞时限;飞行计划更新;电脑故障;没有飞行计划;飞行计划正确;飞行计划的处理;搜救;飞行计划种类。
delays; slots; flight plan updating; computer breakdown; no flight plan; flight plan conformity; flight plan processing; search and rescue; type of flight plan.

旅客行为＋非法干涉 Problems linked to passenger behavior ＋ unlawful interference
暴力/威胁行为;原因(醉酒等);飞机内部情况;损坏;武器;所采取的制服(此类行为)行动;请求警方/火警搜救小组的协助;需求;种族来源;身体状况描述;政治信仰;地勤;机场设施;伤害/伤口;偷渡者。
violent/threatening behavior; reasons (drunkenness, etc.); aircraft interior; damage; weapons; actions to overpower; assistance requested of police/fire rescue; demands; ethnic origin; physical description of persons; political allegiances; ground services; airport installations; injuries/wounds; stowaways.

返回航路/改航 Re-routing/diversion

进近图;程序;航路上飞行;续航时间;天气;机场设施;地勤;飞机故障。

approach plates; procedures; routing; endurance; weather; airport installations; ground services; aircraft breakdowns.

特殊飞行 Special flights

仪表着陆系统校准;特殊测试飞行程序;旗帜,热气球等;超轻型,滑翔机;直升飞机;航空摄影;高速公路观测;灭火飞机;输电线路的监控;军事训练程序;军用飞机类型。

ILS calibration; Special test flight procedures; banners, balloons, etc.; ultra-lights, gliders; helicopters; aerial photography; highway watch; fire-fighting aircraft; supervision of power lines; military training procedures; types of military aircraft.

起飞事故征候 Take-off incidents

中断;鸟类或动物危害;与其他飞机活动冲突;跑道侵入;过热;牵引;调头;冲出跑道;许可取消和变更;舵机故障;发动机功率;飞机故障。

abort; bird/animal hazards; traffic interference; runway incursion; overheating; towing; 180° turn back; runway excursion; cancellation and change of clearance; problems with steering gear; engine power; aircraft breakdown.

目视飞行迷航/困难 VFR flights lost/in difficulty

机场环境;定向仪;为识别而采取的机动动作;续航时间问题;备降/改航机场设施;迫降;地勤。

aerodrome environment; direction finder; maneuvers for identification; endurance problems; installations at alternate/diversion field; forced/crash landing; ground services.

要客(VIP)乘坐的航班 VIP flights

官方仪式;协议(问候致敬等);转场飞行;军机护航;外交申明;国名和国籍;停机坪/长期停机坪;航站楼;旅客登机或离机;贵宾车辆;对飞机活动的影响。

official ceremonies; protocol (greetings, etc.); ferry flight; military escort; diplomatic clearance; country names and nationalities; apron/ramp; terminal; boarding and disembarking of passengers; VIP vehicles; effects on traffic.

2. 与航路空中交通管制相关的事件和范围
EVENTS AND DOMAINS LINKED TO
EN-ROUTE AIR TRAFFIC CONTROL

行政管理问题 Administrative problems

外交申明;海关规章制度;公务部门;被扣押的飞机。

diplomatic clearances; customs regulations; civil service departments; impounded aircraft.

目视飞行辅助 Aids for VFR flights

仪表板;机载设备;飞行员等级;飞行计划;当地地名;目视地标;位置;方向;续航时间;飞机故障;天气问题。

instrument panel; on-board equipment; pilot rating; flight plan; local place names; visual landmarks; positions; directions; endurance; aircraft breakdown; weather problems.

飞机故障 Aircraft breakdowns

仪表板;仪表操纵;无线电信标;位置/坐标;噪声/声音;异味;烟;机场设施;地勤;发动机性能;速度;地形/高地;消除故障的动作;天气;空中放油;飞行剖面;结构损坏(玻璃、金属);健康问题;飞行系统;飞机控制;回答管制员;机体;警告灯;起落架。

instrument panel; instrument operation; radio beacon; positions/fixes; noises/sounds; smells; smoke; airport installations; ground services; engine performance; speed; relief/high ground; actions to solve problem; weather; dumping/jettisoning; flight profile; structural damage (glass, metal); health problems; flight systems; aircraft controls; response to controls; airframe; warning lights; landing gear.

飞机危险接近＋飞行员抱怨 Aircraft proximity ＋ pilot complaints

冲突情况;交通负荷;飞机特征;飞行剖面;天气情况;伤害;距离/范围;飞行员操作;规则;程序;规避动作。

conflict situations; traffic load; aircraft characteristics; flight profile; weather conditions; injuries; distance/range; pilot maneuvers; rules, procedures; avoiding action.

空中交通管制系统故障 ATC system breakdowns

空中交通管制设备/故障;雷达显示;雷达性能;无线电操作;先前的信息;转播信息;

修复工作;延误/持续时间;电话线。

ATC equipment/systems; radar display; radar performance; radio operation; previous messages; relaying messages; actions to repair; delays/duration; telephone lines.

炸弹恐吓 Bomb scare

飞机内部情况;搜索方式;空中放油;地勤;机场设备;地面活动。

aircraft interior; search methods; dumping/jettisoning; ground services; airport installations; ground movements.

货物问题/危险品 Cargo problems/Dangerous goods

包装;物质;有毒物质;动物;异味;客舱设备;货物装载布局;装货/卸货。

packaging; substances; toxic substances; animals; smells; cabin equipment; load distribution; loading/unloading.

飞行计划变更 Change in flight plan

飞行计划。

flight plan.

碰撞 Collisions

机体;结构损坏(玻璃、金属等);回答管制员;碎片;机场设施;地勤;地形/高地;天气情况;空气动力。

airframe; structural damage (glass, metal, etc.); response to controls; debris; airport installations; ground services; relief/high ground; weather conditions; aerodynamic behavior.

机上着火 Fire on board

失火;火情控制;破坏;飞机内部。

outbreak of fire; control of fire; damage; aircraft interior.

健康问题 Health problems

身体部位;器官;症状;疾病;伤害/伤口;假肢;药物/毒品;急救;医疗设备;医疗人员;医疗专家;疫苗;隔离。

parts of the body; organs; symptoms; sicknesses; injuries/wounds; artificial limbs; medicine/drugs; first aid; medical equipment; medical staff; medical specialists; vaccines; quarantine.

燃油不足 Lack of fuel

机场设备/设施;地勤;高地;位置/方位;续航时间;剩余燃油

airport facilities/installations; ground services; high ground; positions/locations; endurance;fuel remaining.

错误传达 Misunderstandings

先前的信息;信息种类;无线电性能。

previous message; type of message; radio performance.

旅客行为＋非法干扰 Passenger behavior ＋ unlawful interference

暴力威胁行为;毒品;枪支弹药;伤害;精神状态不稳定;国籍;政治信仰;需求;威胁;地勤;医疗救助;帮助镇定的方式;所采取的制服(此类行为)行动;驾驶舱和客舱人员。

violent/threatening behavior; drugs; firearms; injuries; mental instability; nationalities; political allegiances; demands; threats; ground services; medical assistance; means of calming; means of overpowering; flight deck and cabin personnel.

请求信息传达 Request to relay

人员姓名;信息传达方式。

names of people; means of relaying.

进场时的特殊情况 Special conditions on arrival

地面飞机活动的情况;优先航班;罢工;事故;地面天气情况;地面设备故障;机场设施;地勤;宵禁;进近程序。

state of traffic on ground; priority flights; industrial action; accidents; weather conditions on the ground; ground equipment failure; airport installations; ground services; curfew; approach procedures.

特殊飞行 Special flights

飞机型别;转场交接;外交人士;国名;国籍;空军方面的行话;军方训练;空中/半空加油;飞行员操作;位置/坐标;天气情况;目视飞行规则程序/仪表飞行规则程序;目视飞行规则;机场设施;地勤。

type of aircraft; ferrying; diplomatic personnel; country names; nationalities; aeronautical military slang; military exercises; in-flight/mid-air refueling; pilot maneuvers; positions/fixes; weather conditions; VFR/IFR procedures; visual flight rules; airport installations; ground services.

未经批准的机动飞行 Unauthorized maneuvers
空域;规则;先前的信息;飞行剖面;位置/方位;失速水平。

airspace; rules; previous messages; flight profile; positions/locations; stall levels.

天气/气象情况 Weather/MET problems
结冰;云层;雷击;颠簸;飞机外部;发动机性能;回答管制员;仪表性能;警报;异常活动;地形/高地;飞行剖面;伤害;计划目标;失明/丧失视力。

icing problems; clouds; struck by lightning; turbulence; external parts of aircraft; engine performance; response to controls; instrument performance; alarms; violent movements; relief/high ground; flight profile; injuries; objects in plan; blindness/loss of visibility.

3. 其他适用范围
OTHER DOMAINS

机场活动 Activities on the field
跑道和航线的变更;停机坪车辆;除雪;扫除;除草;收割;关闭、开放联络道;检查跑道。

change of runway and pattern; ramp vehicles; snow clearing; sweeping; mowing; harvesting; closure, opening of runway access roads; runway inspection.

机场环境 Aerodrome/airfield environment
地势(丘陵、斜坡、海岸线、森林等);土木工程(水、塔、桥梁、高压电线架等);高地/地形;积雨云区;建成区;道路和铁路网;电线;方位基点;当地特殊情况(射击范围);农业作业。

topography (hill, slope, coastline, forest, etc.); civil engineering (water, tower, bridge, pylon, etc.); high ground/terrain; built-up areas; roads and railway lines; power lines; cardinal points; particular local activities (firing range, etc.); agricultural activities.

飞机故障 Aircraft breakdowns
飞机零配件;系统(氧气、液压、电气、除冰等);驾驶舱;控制;仪表;仪表操作;噪声和故障征兆;应答机故障;失去无线电联系;故障;过热(刹车、发动机等);空中放油;起落架/轮胎。

aircraft spare parts; systems (oxygen, hydraulic, electrical, de-icing, etc.); flight deck/cockpit; controls; instruments; instrument operation; noises and symptoms of malfunction; transponder problems; loss of radio contact; malfunctions; overheating (brakes, engine, etc.); dumping/jettisoning; landing gear/tires.

机场设备/设施 Airfield facilities/installations

仪表着陆系统,雷达,甚高频全向信标等;灯光系统;无线电辅助设备可靠性;定向仪;低能见设备;停机坪/柏油道面/长期停机坪;跑道;滑行道;跑道长度和宽度;停机区域;等待区域;航站楼;装卸货区域;承载强度。

ILS, radar, VOR, etc.; lighting systems; reliability of radio aids; direction finder; poor visibility equipment; aprons/tarmac/ramps; runways; taxiways; length and width of runway; parking zone; holding area; terminal; cargo area; bearing strength.

地勤 Ground services

开放时间;夜间可用服务;地面协助;安全高度;机上乘客/人员;不可用设备(扶梯、行李、手推车等);辅助动力组件;除冰;加油;因除冰或加油导致的延误;受鸟击威胁;牵引;灭火方法;安全服务;医疗救助;行李装运。

opening hours; availability of services at night; assistance on ground; safety altitude; passengers/persons on-board; unserviceable equipment (stairs, luggage, trolleys, etc.); auxiliary power unit; de-icing; refueling; delay due to de-icing or refueling; bird scaring; towing; fire-fighting methods; safety services; medical assistance; baggage handling.

程序 Procedures

降噪;离场;进近;全天候起飞和着陆;复飞;等待程序;土地用途;宵禁;当地居民。

noise abatement; departure; approach; all weather take-off and landing; go-around; holding procedures; land use; curfew; local residents.

参考文献

1. 外文文献

[1] AHMAD K, ROGERS M. Evidence-based LSP: translation, text and terminology[M]. Bern: Peter Lang, 2007.

[2] ALDERSON J C. The politics of aviation English testing [J]. Language assessment quarterly, 2011,8(4): 386-403.

[3] ARGYRIS C, SCHÖN D A. Organizational learning: a theory of action perspective[M]. Reading: Addison-Wesley, 1978.

[4] BARSALOU L W. Situated simulation in the human conceptual system[J], Language and cognitive processes, 2003(18):513-562.

[5] BUCHANAN D A, DENYER D. Researching tomorrow's crisis: methodological innovations and wider implications[J]. International journal of management reviews, 2013, 15(2):205-224.

[6] BIRKLAND T A. Disasters, lessons learned, and fantasy documents[J]. Journal of contingencies and crisis management, 2009, 17(3):146-156.

[7] BELL R T. Translation and translating: theory and practice[M]. New York: Longman, 1991.

[8] CABRÉ M T. Terminology: theory, methods and applications[M]. Amsterdam/Philadelphia: John Benjamins, 1998.

[9] CABRÉ M T. Elements for a theory of terminology: toward an alternative paradigm[J]. Terminology, 2000, 6(1): 35-57.

[10] CABRÉ M T. Theories of terminology: their description, prescription, and explanation[J]. Terminology, 2003, 9(2): 163-199.

[11] CABRÉ M T. Terminology and translation[A]//GAMBIER Y, DOORS-LAER L V. Handbook of translation studies[C]. Amsterdam/Philadelphia: John Benjamins, 2010.

[12] RAMOS R, CHATHAM R, HENNING G. Language tasks in Air Traffic Control English Language Project (ATCELP): identifying basic English language proficiency for international air traffic controllers (FR-EADD-99-62). Hum RRO/FAA, 1999.

[13] CLARK B. Aviation english research project: data analysis findings and best practice recommendations [M/OL]. Civil Aviation Authority, 2017. [2017-03-21]. https: //publicapps. caa. co. uk/modalapplication. aspx? catid = 1&pagetype=65&appid=11&mode=detail&id=7802.

[14] COFFEY B. ESP-English for specific purposes[J]. Language teaching, 1984, 17(1): 2-16.

[15] CROFT W, CRUSE A. Cognitive linguistics[M]. Cambridge: Cambridge University Press, 2004.

[16] CUSHING S. Fatal words: communication clashes and aircraft crashes[M]. Chicago: University of Chicago Press, 1994.

[17] CUTTING J. English for airport ground staff[J]. English for specific purposes, 2012(31): 3-13.

[18] DARIAN S. More than meets the eye: the role of visuals in science text-books [J], LSP & professional communication, 2001(1): 10-36.

[19] DEVERELL E C. Crisis-induced learning in public sector organization[M]. Utrecht: Utrecht University Press, 2010.

[20] DOLBEER R A, WELLER J R, ANDERSON A L , et al. Wildlife strikes to civil aircraft in the United States 1990—2015 [R]. Washington: U. S. Department of Transportation, Federal Aviation Administration, 2016.

[21] DRUPSTEEN L, GROENEWEG J, ZWETSLOOT G I J M. Critical steps in learning from incidents: using learning potential in the process from reporting an incident to accident prevention[J]. International journal of occupational safety and ergonomics, 2013, 19(1): 63-77.

[22] ELLIOTT D. The failure of organizational learning from crisis-a matter of life and death? [J]. Journal of contingencies & crisis management, 2009, 17(3): 157-168.

[23] ELLIOTT D, MACPHERSON A. Policy and practice: recursive learning from crisis[J]. Group & organization management, 2010, 35(5): 572-605.

[24] ESTIVAL D, FARRIS C, MOLESWORTH B. Aviation English-a lingua franca for pilots and air traffic controllers[M]. London & New York: Routledge, 2016.

[25] FABER P. Terminological competence and enhanced knowledge acquisition [J]. Research in language, 2003(1): 95-117.

[26] FABER P, LINARES C M, VEGA EXPÓSITO M. Framing terminology: a process-oriented approach[J]. Meta: translators' journal, 2005, 50 (4): 35-60.

[27] FABER P, MONTERO MARTÍNEZ S, CASTRO PRIETO M R, et al. Process-oriented terminology management in the domain of coastal engineering[J]. Terminology, 2006, 12(2): 189-213.

[28] FABER P, ARAUZ P L, VELASCO J A P, et al. Linking images and words: the description of specialized concepts[J]. International journal of lexicography, 2007(20): 39-65.

[29] FABER P. The dynamics of specialized knowledge representation: simulational reconstruction or the perception-action interface[J]. Terminology, 2011, 17(1): 9-29.

[30] FABER P. A cognitive linguistics view of terminology and specialized language[M]. Berlin/Boston: De Gruyter, 2012.

[31] ROBERTS J, FRIGINAL E, MATHEWS E. English in global aviation: context, research, and pedagogy [M]. London & New York: Bloomsbury, 2019.

[32] GIBSON J J. Affordances and behavior[C]//REED E, JONES R. Reasons for realism: selected essays of James J. Gibson. Hillsdale: Lawrence Erlbaum, 1975.

[33] GOLDBERG A. A construction grammar approach to argument structure [M]. Chicago: University of Chicago Press, 1995.

[34] HUTCHINSON T, WATER A. English for specific purposes [M]. Cambridge: Cambridge University Press, 1987.

[35] ICAO; Manual on the implementation of ICAO language proficiency requirements, 2004/2010.

[36] Management of terminology resources—terminology database international organization for standardization: ISO 26162-2: 2019[S/OL]. [2023-04-26]. https://www.iso.org/standard/71942.html.

[37] JONES R K. Miscommunication between pilots and air traffic control[J]. Language problems and language planning, 2003, 27(3): 233-248.

[38] KIM H, ELDER C. Understanding aviation English as a lingua franca[J]. Australian review of applied linguistics, 2009, 32(23): 1-17.

[39] LANGACKER R W. Foundations of cognitive grammar: theoretical prerequi-sites [M]. Stanford: Stanford University Press, 1987.

[40] LANGACKER R W. Essentials of cognitive grammar[M]. Oxford: Oxford University Press, 2013.

[41] LUNDBERG J, ROLLENHAGEN C, HOLLNAGEL E. What you look for is what you find—the consequences of underlying accident models in eight

accident investigation manuals[J]. Safety Science, 2009, 47(10): 1297-1311.

[42] MARTÍN A S, CABEZAS-GARCÍA M, CASTRO M B, et al. Recent advances in EcoLexicon[J]. Dictionaries, journal of the dictionary society of North America, 2017, 38(1): 96-115.

[43] MARTIN R M. On paradigms and cognitive translatology[C]//SHREVE G M, ANGELONE E. Translation and Cognition. Amsterdam/Philadelphia: John Benjamins, 2010.

[44] MARTIN R M. Looking toward the future of cognitive translation studies [C]//SCHWIETER J W, FERREIRA A. The Handbook of Translation and Cognition. New Jersey: John Wiley & Sons, 2017.

[45] MARTIN W. Frames as definition models for terms[C]//Proceedings of the International Conference on Professional Communication and Knowledge Transfer: Terminology Work and Knowledge Transfer, Vienna, TermNet, 1998: 189-221.

[46] MODER C L. Aviation English[C]//PALTRIDGE B, STARFIELD S. The handbook of English for specific purposes. Oxford: Wiley-Blackwell, 2013.

[47] MELL J. Étude des communications verbales entre pilote et controleur en situation standard et non-standard [D]. Toulouse: Université du Mirail, 1992.

[48] MONTERO-MARTíNEZ S, FABER P. Terminological competence in translation[J]. Terminology, 2009, 15(1): 88-104.

[49] PHILPS D. Linguistic security in the syntactic structures of air traffic control English[J]. English world-wide, 1991, 12(1): 103-124.

[50] ROGERS M. Multidimensionality inconcepts systems [J]. Terminology, 2004, 10(2): 215-240.

[51] SAGER J C. A practical course on terminology processing[M]. Amsterdam & Philadelphia: John Benjamins, 1990.

[52] SMITH D, ELLIOTT D. Exploring the barriers to learning from crisis: organizational learning and crisis[J]. Management learning, 2007, 38(5): 519-538.

[53] STEMPLESKI S, TOMALIN B. Video in action: recipes for using video in language teaching[M]. Hemel Hempstead: Prentice Hall International Elliott (UK) Limited, 1990.

[54] STEVICK E W. Affect in learning and memory: from alchemy to chemistry [C]//ARNOLD J. Affect in Language Learning. Cambridge: Cambridge University Press, 2000.

[55] TAN Y S. Construal across Languages: a cognitive linguistic approach to Translation[M]. Shanghai: Shanghai Foreign Language Education Press, 2009.

[56] TEMMERMAN R. Towards new ways of terminology description: the socio-cognitive approach[M]. Amsterdam& Philadelphia: John Benjamins, 2000.

[57] TAO J, GAO X S. Teacher agency and identity commitment in curricular reform[J]. Teaching and teacher education, 2017(63): 346-355.

[58] ГРИЙЁВ С В. Терминовеление [M]. Москва: Издательс-кий центр "Академия", 2008.

[59] VELÁSQUEZ G. Translation and terminology in mediated bilingual communication[J]. Meta: translators' journal, 2002, 47(3): 444-459.

[60] WANG A G. Teaching aviation English in the Chinese context: developing ESP theory in a non-English speaking country [J]. English for specific purposes, 2007(29): 121-128.

[61] XU M J, ZHAO T Y. On translator training in industry-specific universities in China - a case study of 16 MTI programs [J]. Lebende sprachen, 2020(1): 1-19.

[62] ZHAO K, GUO X H, GAO X S. Learning English to fly: a study of Chinese cargo airline pilots' learning engagement [J]. English today, 2017(4): 5-11.

[63] ZHU B, GAO H, WU H X, et al. Studying crashes to avoid clashes: A translational approach to develop terminological competence for aeronautic communication[J]. Círculo de lingüística aplicada a la comunicación, 2019 (79): 119-138.

2. 中文文献

[1] 鲍梦瑶,李迅.国际民航组织出版物的体系架构及制定特征研究[J].航空标准化与质量,2017(6):49-54.

[2] 蔡基刚.再论我国大学英语教学发展方向:通用英语和学术英语[J].浙江大学学报(人文社会科学版),2015,45(4):83-93.

[3] 蔡基刚.国际语言服务定位及其课程体系:学科交叉研究[J].东北师大学报(哲学社会科学版),2022(1):13-19.

[4] 陈雪.认知术语学概论[M].北京:商务印书馆,2017.

[5] 戴万稳.跨文化组织学习能力研究[M].南京:南京大学出版社,2007.

[6] 樊林洲,陈胜男.术语翻译的识解成本与传播模型——"metaverse"在汉语文化中的译介传播与知识转化[J].中国科技术语,2023,25(2):78-84.

[7] 方梦之.ESP 与 MTI[J].上海理工大学学报(社会科学版),2018,40(4):301-305.

［8］冯建文,吴长波,刘金龙.航空发动机非包容性失效案例及思考［J］.航空动力,2018(2)：75-79.

［9］冯建中.基于 ESP 的 MTI 教育模式研究［J］.外语研究,2015,32(2)：51-55.

［10］冯志伟.现代术语学引论［M］.北京：语文出版社,1997.

［11］冯志伟.语言规划的重要领域——术语学［J］.北华大学学报,2009,10(3)：37-46.

［12］郝秀辉.马航 MH370 事件的空难赔偿与事故调查报告之关系［J］.北京航空航天大学学报(社会科学版),2014,27(5)：35-40.

［13］费尔伯.术语学、知识论和知识技术［M］.邱碧华,译.北京：商务印书馆,2011.

［14］葛岱克.职业翻译与翻译职业［M］.刘和平,文韫,译.北京：外语教学与研究出版社,2011.

［15］格里尼奥夫.术语学［M］.郑述谱,吴丽坤,孟令霞,译.北京：商务印书馆,2011.

［16］韩光清,王法政.英语缩略语略议［J］.北京大学学报,2000(国内访问学者、进修教师论文专刊)：242-247.

［17］黄大勇,吴土星.民航英语通讯失误引发飞行事故分析［J］.中国民航学院学报,2005(1)：45-48.

［18］黄大勇,周易之,张永忠,等.民航无线陆空通话用语差异现象［J］.中国民用航空,2014(2)：100-102＋94.

［19］黄德先.民航陆空通话英语的特点与翻译［J］.中国科技翻译,2004(4)：14-16＋46.

［20］黄德先,黎志卓.民航术语的透明翻译［J］.北京航空航天大学学报(社会科学版),2017,30(1)：108-114.

［21］姬瑞鹏,陈曦光,许家祺.国际民航组织概论［M］.北京：北京航空航天大学出版社,2017.

［22］姜望琪.论术语翻译的标准［J］.上海翻译,2005(翻译学词典与翻译理论专辑)：80-84.

［23］句云生.“术”业专攻——俄罗斯认知术语学［N］.中国社会科学报,2019-04-02(3).

［24］句云生.加快发展中国特色术语学［N］.中国社会科学报,2020-08-11(3).

［25］罗德里格斯.商业航空运输安全概论［M］.唐伟斌,等译.北京：工人出版社,2018.

［26］孔令翠,王慧.MTI 热中的冷思考［J］.外语界,2011(3)：9-15＋30.

［27］冷冰冰,王华树,梁爱林.高校 MTI 术语课程构建［J］.中国翻译,2013,34(1)：55-59.

［28］李丹,黄忠廉.零翻译类型考［J］.山东外语教学,2012(2)：93-97.

［29］李海斌.认知术语学：术语学研究的新方向［J］.外语学刊,2014(3)：149-154.

[30] 李健民.面向翻译的术语教育[J].中国科技术语,2010,12(4):24-31.

[31] 李双燕,苗菊.面向技术文档翻译的双语术语知识库建设研究[J].中国科技术语,2016,37(6):60-64.

[32] 李亚舒,徐树德.剖析术语误译 兼论"找译译法"[J].中国科技术语,2018,20(6):67-72.

[33] 李志宏,王海燕.知识视角下的突发性公共危机管理模式研究[J].科技管理研究,2009,29(10):51-53.

[34] 梁爱林.我国翻译教学中术语学培训体系的建设[J].术语标准化与信息技术,2009(3):4-11.

[35] 梁爱林.论认知术语学的理论基础及其应用[J].术语标准化与信息技术,2009(1):4-10+18.

[36] 梁爱林.从术语的属性看中国的术语学教育[J].中国科技术语,2010,12(4):32-36.

[37] 刘继新,程晨.我国空管如何应对 ICAO 英语标准的挑战[J].空中交通管理,2007(5):38-41.

[38] 刘清贵.为什么要强化安全高度[J].中国民用航空,2018(3):11-12.

[39] 刘振江.鸟击的因素及防治策略[J].中国民用航空,2011(10):62-64.

[40] 罗国清.零翻译概念辩证[J].上海翻译,2005(S1):88-91.

[41] 罗雅丹,朱波.Versant 航空英语测试:构成、特色与启示[J].民航学报,2022,6(2):104-108.

[42] 卢华国.框架术语学视角下的双语专科学习型词典设计研究[D].南京:南京大学,2016.

[43] 卢华国.框架术语学的三大研究焦点[J].中国科技术语,2021,23(1):3-9.

[44] 马奔,程海漫.危机学习的困境:基于特别重大事故调查报告的分析[J].公共行政评论,2017,10(2):139+195-196.

[45] 毛延峰.民航事故调查报告公开制度的发展及对调查信息建设的启示[J].民航学报,2020,4(5):63-65.

[46] 苗亚男.理工类院校英语本科与翻译硕士(MTI)课程设置比较研究[J].上海翻译,2016(4):57-60.

[47] 苗菊,高乾.构建翻译专业教学模式——术语学的借鉴意义[J].外语与外语教学,2008(10):57-60.

[48] 苗菊,宁海霖.翻译技术的知识体系化演进——以双语术语知识库建设与应用为例[J].中国翻译,2016,37(6):60-64.

[49] 孟令霞.国际术语的特点类型及构成途径[J].外语学刊,2010(6):168-170.

[50] 穆雷,王巍巍.翻译硕士专业学位教育的特色培养模式[J].中国翻译,2011,32(2):29-32+95.

［51］牛保义.认知语法的语境观［J］.解放军外国语学院学报,2017,40(6)：78-86
　　　＋158.

［52］彭萍.对ESP翻译教学几个重要问题的思考［J］.中国ESP研究,2010(1)：161-
　　　166＋196-197.

［53］齐泽克.事件［M］.王师,译.上海：上海文艺出版社,2016.

［54］秦秀白.ESP的性质、范畴和教学原则——兼谈在我国高校开展多种类型英语
　　　教学的可行性［J］.华南理工大学学报(社会科学版),2003,5(4)：79-83.

［55］邱碧华.术语本体编纂学：本体建造和术语描述的社会认知方法［J］.中国科技
　　　术语,2009,21(4)：24-29.

［56］邱懋如.可译性及零翻译［J］.中国翻译,2001(1)：24-27.

［57］赛道建,孙涛.鸟撞防范概论［M］.北京：科学出版社,2012.

［58］邵军航.术语翻译的原则及应用：以Cognitive linguistics一书的汉译为例［J］.
　　　上海翻译,2021(6)：39-43.

［59］石春让,覃成强.语篇零翻译：名与实［J］.外语学刊,2012(5)：109-112.

［60］宋子寿.缩略语也是术语［J］.中国科技术语,2006(2)：23.

［61］孙凤兰.识解理论视角下的《黄帝内经》医学术语翻译［J］.外语学刊,2016(3)：
　　　107-111.

［62］孙寰.术语的启智功能［J］.中国科技术语,2009,11(4)：22-26.

［63］孙佳.民航安全管理指南［M］.北京：中国工人出版社,2017.

［64］孙毅,孟林林.认知术语学视角下的外交部网站新闻术语翻译［J］.上海翻译,
　　　2018(4)：30-38.

［65］孙迎春.汉英双向翻译学语林［M］.济南：山东大学出版社,2001.

［66］谭业升.翻译能力的认知观——以识解为中心［J］.中国翻译,2016,37(5)：15-
　　　22＋128.

［67］唐凤英.“术语翻译”并不仅仅是“翻译术语”［EB/OL］.(2022-08-29)［2023-04-
　　　28］.中国科技术语http：//www.term.org.cn/CN/news/news252.shtml.

［68］王华树.浅议实践中的术语管理［J］.中国科技术语,2013(2)：11-14.

［69］王华树,王少爽.翻译场景下的术语管理：流程、工具与趋势［J］.中国科技术语,
　　　2019,21(3)：9-14.

［70］王洁宁,钟彬.人为差错导致的可控飞行撞地风险研究［J］.中国民航大学学报,
　　　2019,37(3)：38-43.

［71］王少爽.面向翻译的术语能力：理念、构成与培养［J］.外语界,2011(5)：68-75.

［72］王少爽.翻译专业学生术语能力培养：经验、现状与建议［J］.外语界,2013(5)：
　　　26-35.

［73］王寅.事件域认知模型及其解释力［J］.现代外语,2005(1)：17-26＋108.

［74］王寅.认知语言学的“翻译观”［J］.中国翻译,2005(5)：15-20.

[75] 王寅.认知语言学的"体验性概念化"对翻译主客观性的解释力[J].外语教学与研究,2008(3)：211-217＋241.

[76] 王寅.什么是认知语言学[M].上海：上海外语教育出版社,2011.

[77] 王寅.认知翻译学与识解机制[J].语言教育,2013,1(1)：52-57.

[78] 魏向清.人文社科术语翻译中的术语属性[J].外语学刊,2010(6)：165-167.

[79] 魏向清.论大众翻译时代译者的术语意识与素养[J].外语学刊,2016(1)：150-153.

[80] 文秋芳."产出导向法"与对外汉语教学[J].世界汉语教学,2018,32(3)：387-400.

[81] 文旭,肖开容.认知翻译学[M].北京：北京大学出版社,2019.

[82] 吴土星.陆空通话值得注意的几个问题[J].民航经济与技术,1994(6)：30-32.

[83] 吴土星.中国民航飞行人员英语：无线电陆空通话教程[M].北京：中国民航出版社,1996.

[84] 吴云涛.框架语义学视角下航空英语半技术词一词多义现象及汉译策略探究[J].中国科技术语,2018,20(4)：34-39.

[85] 肖坤学.识解重构：认知语言学视角下的译文表达[J].外语研究,2013(4)：81-87.

[86] 肖凌.全球飞行事故案例分析英文导读[M].北京：外语教学与研究出版社,2011.

[87] 信娜.术语翻译标准体系刍议[J].中国科技翻译,2011(2)：24-27＋16.

[88] 信娜.试析术语符号性及翻译策略[J].上海翻译,2011(4)：69-72.

[89] 许建忠.翻译安全学[M].天津：天津大学出版社,2021.

[90] 杨红燕,王旭年.政治术语翻译过程中的认知识解——以"新型大国关系"英译为例[J].外国语文研究,2020,6(3)：69-77.

[91] 殷健,刘润泽,冯志伟.面向翻译的术语研究："中国学派"的实践特征和理论探索[J].中国翻译,2018,39(3)：74-79.

[92] 袁宜平.科技术语的零翻译[J].术语标准化与信息技术,2010(3)：65-68.

[93] 张斐瑞.从通用走向专用：高校英语教学改革之路——王立非教授访谈录[J].山东外语教学,2015,36(2)：3-8＋2.

[94] 张济华,高钦,王蓓蕾.语料库与大学专门用途英语(ESP)词汇教学探讨[J].外语界,2009(3)：17-23.

[95] 张美莲.西方公共部门危机学习：理论进展与研究启示[J].公共行政评论,2016,9(5)：163-191＋208.

[96] 张美莲.危机学习面临的挑战：一个事故调查报告的视角[J].吉首大学学报,2016,37(1)：91-99.

[97] 张涛.从事故中学习：事故调查的社会因素及其制度安排[J].哈尔滨工业大学

学报(社会科学版),2015,17(2):55-60.

[98] 张跃民.再谈如何避免可控飞行撞地[J].中国民用航空,2020(7):55-57.

[99] 赵宇.非常规突发事件危机学习的内涵、情景和模型分析[J].领导科学,2021
    (18):16-21.

[100] 郑述谱.术语的定义[J].术语标准化与信息技术,2005(1):4-11+14.

[101] 郑述谱.对开展术语教育的几点思考[J].中国科技术语,2009,11(6):25-29.

[102] 郑述谱.术语翻译及其对策[J].外语学刊,2012(5):102-105.

[103] 钟开斌.事故调查如何变教训为财富[N].光明日报,2014-04-14(11).

[104] 仲伟合.我国翻译专业教育的问题与对策[J].中国翻译,2014,35(4):40-44.

[105] 仲伟合.十年扬帆,蓄势远航:MTI 教育十年回顾与展望[J].中国翻译,2017,
    38(3):7-9.

[106] 周其焕.航空术语的构词分析[J].中国民航大学学报,2007,25(4):60-64.

[107] 周其焕.民航术语规范化探索[J].中国民航大学学报,2010,28(4):41-45
    +50.

[108] 周有光.漫谈科技术语的民族化和国际化[J].中国科技术语,2010(1):8-10.

[109] 朱波,王伟.民航专业文本中的术语翻译——以 ICAO 术语为例[J].中国翻
    译,2013,34(6):94-98.

[110] 祝世兴.英汉民航缩略语词典[K].北京:中国民航出版社,2013.